L'OR

PROSPECTION — GISEMENT — EXTRACTION

PAR

Georges P. PROUST

INGÉNIEUR CIVIL (MINES)

PARIS

GAUTHIER-VILLARS ET Cⁱᵉ, ÉDITEURS

LIBRAIRES DU BUREAU DES LONGITUDES, DE L'ÉCOLE POLYTECHNIQU

55, Quai des Grands-Augustins, 55

—

1920

1102

A la fin : important
lexique minéralogique.

BIBLIOTHÈQUE GÉNÉRALE DES SCIENCES

L'OR

PROSPECTION — GISEMENT — EXTRACTION

PARIS. — IMPRIMERIE GAUTHIER-VILLARS ET Cie,
Quai des Grands-Augustins, 55.
60080-19

L'OR

PROSPECTION — GISEMENT — EXTRACTION

PAR

Georges P. PROUST

INGÉNIEUR CIVIL (MINES)

PARIS

GAUTHIER-VILLARS ET Cie, ÉDITEURS

LIBRAIRES DU BUREAU DES LONGITUDES, DE L'ÉCOLE POLYTECHNIQUE

Quai des Grands-Augustins, 55.

—

1920

L'OR

PROSPECTION. — GISEMENT. — EXTRACTION.

INTRODUCTION.

L'Or est de tous les âges.

On le trouve dans le primitif, dans des granites, probablement précambriens, de certaines contrées du Brésil (Campanha), dans des dépôts huroniens, interstratifiés dans des roches (Alleghanis; Black Hills), dans des Itacolumies au Brésil; on en trouve enfin, de cette période, à la Nouvelle-Ecosse, en Calédonie, en Sibérie, où des filons sont encaissés dans le Silurien. C'est du reste la formation silurienne qui a le plus contribué à la formation de dépôts aurifères connus.

Dans le carbonifère, on trouve l'or de la Nouvelle-Zélande, du New Brunswick. Dans le tertiaire, on le trouve dans les trachytes du crétacé de Californie, dans les dépôts de Hongrie, etc.

On le trouve dans toutes sortes de roches : acides, basiques, éruptives.

Dans les roches acides : granulites de l'Amérique du Sud, des Blach Hills de l'Oural, du Dakota, dans les roches éruptives de la Sierra Madre au Mexique (trachytes altérés), dans les andésites du Darien (Colombie), du Callao (Vénézuéla); dans les trachytes de Vorospatak (Transylvanie). Dans des roches magnésiennes : serpentines de la Sierra Nevada (Espagne); les diorites de la Guyane, du Piémont et, enfin, dans les alluvions de ces roches : Guyanes, Obi, Californie, etc.

L'or s'est donc introduit dans les roches, depuis les origines de la formation de la croûte terrestre jusqu'à nos temps.

Comme nous venons de le voir, on trouve de l'or dans les roches les plus primitives comme dans les roches les plus récentes, dans les granites comme dans les cendres volcaniques qui forment certains placers californiens, etc., qui sont sans doute venus au jour avec les basaltes de cette contrée.

Toutefois, dans les granites, l'or se trouve en petites teneurs, disséminé dans les éléments de la pâte : quartz, feldspath, mica, et c'est sans doute ce peu de richesse qui fit dire à certains auteurs que les granites ne sont pas aurifères et que l'or qui s'y trouve provient d'une remise en mouvement, d'une infiltration ultérieure à la mise en place de ces granites.

Il est cependant juste de dire ici qu'effectivement l'or peut être déplacé d'une roche, pour être introduit dans une autre roche, par suite de phénomènes très profonds, tel le métamorphisme; par suite aussi de la dissolution de cet or par des agents dissolvants : fumerolles de chlore, de fluor, de tellure, par des dissolutions hydrothermales siliceuses, etc., qui, passant dans les interstices de roches aurifères, en enlèvent l'or, sur leur passage, pour le porter ailleurs dans des craquelures d'autres roches, jusque-là stériles, ou bien se déposer en filon, avec la silice, lorsque celle-ci se dépose, se cristallise. Ces venues hydrothermales, étant souvent aussi sulfureuses, antimonieuses, arsénieuses, etc., ont formé, disons-nous, ces nombreux filons à éléments plus ou moins complexes, exploités actuellement, comme mines d'or, ou mines métalliques à teneurs d'or. Nous étudierons plus loin ces phénomènes.

La chimie du globe a dû, à de certaines époques, être ex-

trêmement active et complexe, surtout lors des phénomènes
éruptifs, amenant en contact, à des températures élevées,
des roches de compositions diverses, et toutes les suppositions
sont possibles, quant à l'échange de roche à roche, de l'an-
cienne à la nouvelle, lorsque celle-ci traverse celle-là à des
températures parfois très élevées.

Il nous est donc actuellement difficile d'affirmer que telle
roche, contenant de l'or, n'est aurifère que par suite d'une
remise en mouvement, ou est aurifère dès sa sortie du foyer
interne.

Notamment, pour les roches de Campanha, au Brésil, que
certains auteurs déclarent être aurifères par suite d'une
remise en mouvement, nous croyons que cette affirmation
est pour le moins risquée, attendu que de recherches per-
sonnelles, très nombreuses, il résulte que l'or se trouve disséminé dans tous les éléments de la pâte et loin de toute cra-
quelure ou stratification. Par contre, dans la même région,
certaines quartzites sont extrêmement enrichies en surface
donnant parfois des teneurs de près de 1000^g à la tonne,
mais cet enrichissement ne porte que sur des épaisseurs
variant de quelques millimètres à 3^{cm} ou 4^{cm} au plus, en
surface, et dans les feuillures ou stratifications de la roche,
avec accompagnement de sulfurations en gros cristaux de
mispickel très aurifères et de silice calcédonieuse.

Nous répéterons donc que l'or est de tous les âges et que
l'on peut le rencontrer dans toutes sortes de roches.

Or. — Poids atomique : 196,4, métal de couleur jaune.
Densité : 19,5, fond à 1045°; malléable et ductile, peut se
laminer en feuilles de $\frac{1}{1000}$ de millimètre, translucides, laissant filtrer la lumière en vert. Dureté : 2,5.

Inaltérable à l'air. Le chlore et le brome l'attaquent à
froid. Les acides sont sans action s'ils sont purs; il n'est attaquable que par le mélange des acides chlorhydrique et azo-

tique (eau régale) qui le dissout. Le phosphore et l'arsenic l'attaquent à une température très élevée.

Le mercure l'attaque à froid. Enfin, l'or peut s'associer à la plupart des métaux, à température très élevée.

Symbole chimique : *Au*.

CHAPITRE I.

ÉLÉMENTS DE MINÉRALOGIE.

1. — FILONS.

Il a été émis, au sujet de la formation des filons, des théories nombreuses et parfois fantaisistes. Des nombreuses études faites ces dernières années, il résulte que l'on peut émettre maintenant plusieurs hypothèses très claires qui, non seulement résistent au raisonnement, mais que les nombreux filons actuellement à jour confirment en tous points.

Un filon est un remplissage d'une fracture de roche, soit que le remplissage ait été fait par des éléments de même nature à peu près que les éléments constituant la roche encaissante qui a été ouverte par la fracture et qui forme maintenant les parois, *le moule* du filon en question, soit que le remplissage ait été fait par des éléments différant sensiblement de ceux de la roche encaissante, ou enfin que ces éléments de remplissage soient de nature absolument différente. On donne généralement le nom de *filon* à ce remplissage, pourvu qu'il contienne une minéralisation suffisante pour donner lieu à une exploitation industrielle, et le nom de *dyke* à un remplissage stérile, industriellement.

Un filon peut avoir été rempli par les éléments de la roche encaissante elle-même, auquel cas il s'agit d'une sorte de remplissage alluvionnaire, la roche mère pouvant être elle-même plus ou moins minéralisée. Ce genre de remplissage aurait été opéré par les bords supérieurs de la fracture, *de par en haut*. Si la roche mère est elle-même minéralisée, l'alluvionnement a pu donner lieu à une sorte de concentra-

tion du minerai, c'est-à-dire à un enrichissement, et alors
le filon est plus riche que la roche encaissante. Pour employer
un terme de minéralogie, nous appellerons ce genre de remplissage *de remise en mouvement*.

Mais le remplissage, si la roche mère est stérile, sera lui
aussi forcément stérile, la masse filonienne étant perméable,
formant une sorte de filtre. Beaucoup plus tard, cette sorte
de filtre aura pu être pénétré à nouveau par des eaux venant
du fond cette fois, eaux thermales contenant des solutions
métalliques.

Nous verrons plus tard que des corps dits *précipitants*, formant partie de la masse du filtre-filon, ont pu retenir auprès
d'eux les métaux contenus dans ces eaux, sous forme de sels
solubles, opérant ainsi une sorte de précipitation chimique
de ces sels en dissolution, précipitation métallique qui finalement a enrichi le filon.

Voyons maintenant comment les eaux thermales ont pu
contenir des sels métalliques.

Ces eaux qui peuvent provenir du *magma interne*, venant
au jour pour la première fois, ce que l'on appelle en minéralogie des *eaux vierges*, ont pu, dans les parties internes du
globe, et pour employer une expression populaire, *dans les
entrailles de la Terre*, être en contact avec les métaux que
leur poids, lors du brassage primitif, alors que la Terre n'é-
tait qu'une boule plus ou moins liquide, que leur poids, dis-je,
a empêché, sauf en quelques exceptions tumultueuses, de
venir à la surface du globe, métaux que nous ne connaissons
précisément que par suite de ces exceptions, et d'autant plus
précieux que ces exceptions ont été plus rares. Supposons
que ces eaux soient chargées, dès leur origine, de substances,
actives dissolvantes, elles ont donc pu, en contact avec ces
métaux, agir sur eux et en dissoudre une certaine quantité.
Nous verrons notamment plus loin que l'eau sous forte pression et à haute température agit précisément comme *acide*

fort. Ces eaux venant du fond peuvent donc, en remontant, avoir rencontré sur leur chemin le filon-filtre que nous avons cité plus haut.

Ces eaux thermales peuvent aussi ne contenir à leur origine que des principes actifs, sans avoir été mises, au fond de la Terre, en contact avec des métaux; elles remontent donc seulement à l'état d'eaux actives pouvant dissoudre. Mais dans leur parcours, au milieu des roches, elles peuvent avoir circulé au sein de roches originellement minéralisées. Or, comme elles contenaient des principes actifs, elles ont pu agir sur les métaux de ces roches, les dissoudre, et continuer leur voyage vers la surface, tenant en dissolution ces sels métalliques, agissant sur les roches que ces eaux thermales actives traversent, comme agit l'eau bouillante que l'on verse sur un filtre rempli de café qui en dissout les aromes. Maintenant, ces eaux riches, comme nous venons de le voir plus haut, ont pu rencontrer, elles aussi, le filtre-filon et y déposer leurs éléments, sous forme de précipité, une fois en contact des éléments *précipitants* que pouvaient contenir les éléments minéraux formant le filtre en question.

Nous appellerons ce genre d'enrichissement *gîte de sécrétion latérale.*

Il ne faudrait pas conclure de ce nom que la sécrétion dite latérale implique le fait que les éléments dissous et reprécipités aient été précisément dissous et précipités après un court parcours, ce que signifie un peu le mot latéral. Le parcours, après l'enrichissement, a pu être parfois considérable, quoiqu'il faille convenir que ce parcours a dû s'effectuer dans des conditions de pression et de chaleur ne modifiant pas sensiblement le pouvoir de dissolution de ces eaux thermales.

Voyons maintenant le cas où les eaux thermales ont pu constituer par elles-mêmes le remplissage tout entier.

Il est assez difficile d'imaginer comment une roche ouverte par une fracture a pu rester ouverte pendant une période de temps considérable après cet accident, sollicitée par toutes sortes d'efforts, en tous sens, qui tendent à la faire se refermer. Cependant, nous devons dire, pour expliquer ce phénomène, qu'une roche ainsi ouverte, quelquefois sur une profondeur énorme, et une longueur de plusieurs kilomètres, ne s'est pas cassée suivant une ligne remarquablement rectiligne; cette ligne de direction a subi des zigzags, des retours, des rentrées, et il s'ensuit que les deux parois ne sont pas idéalement parallèles, mais que les murailles de la fracture se rencontrent en bien des points, et ces points de contact ont dû suffire à maintenir l'écartement général, permettant au temps de compléter le remplissage en une ou plusieurs phases.

Certaines de ces fractures, et c'est le plus grand nombre, se sont ouvertes bien au-dessous de la surface, empêchant ainsi le remplissage par les matériaux alluvionnaires, jusqu'au jour où le vide existant entre les deux parois a été rempli par une venue d'eaux thermales. Cette venue a pu être simultanée avec la fracture et peut-être provoquée par elle.

Ces eaux, que nous supposerons venant du fond, à haute température et sous forte pression, cette pression ne serait-elle que celle déterminée par une colonne d'eau de quelques kilomètres de hauteur, ces eaux contenaient, à l'instar de quelques geysers encore en activité, des traces plus ou moins considérables de silice, de calcaires et peut-être d'éléments métalliques.

En arrivant dans le vide existant entre les parois, les conditions de pression et de température ont subi une modification d'où il a pu résulter une sorte de précipitation des éléments dissous sur les parois. L'évaporation se faisant plus haut, peut-être au jour, il s'est formé une sorte de courant continu de ces eaux que nous appellerons *incrustantes*, pour employer un terme connu et qui donne assez bien l'idée que tout le monde s'en fait, et, petit à petit, le dépôt, l'incrustation sur les parois, a pris de l'épaisseur,⁷ de la *puissance*, et le phénomène continuant pendant des siècles, le vide entre les parois s'est trouvé rempli.

En se précipitant sur les parois, la silice, le calcaire ont pu entraîner dans le dépôt ainsi formé les sels dissous, par suite d'un phénomène catalysateur dont nous parlerons plus loin.

Il s'est ainsi formé de véritables précipités chimiques, lors de la rencontre par ces eaux d'éléments précipitants détachés des parois et produits par le métamorphisme local, déterminé précisément par la venue d'eaux thermales, métamorphisme que l'on constate sur nombre de filons, dont les parois ont subi une altération plus ou moins profonde qui a fait donner le nom spécial de *salbandes* à ces parois plus ou moins altérées.

Ces eaux thermales peuvent avoir été accompagnées de dégagements gazeux et contenir des dissolutions de ces gaz, tels que : chlore, tellure, arsenic, antimoine, soufre, fluor, phosphore, sélénium, etc., ou de composés plus ou moins oxydés de ces corps qu'on appelle justement, par suite de leurs propriétés de s'associer aux autres métaux, et aussi pour le rôle complexe qu'ils ont joué dans la formation des filons : *minéralisateurs*.

Parmi ces minéralisateurs, nous citerons le manganèse et le chrome, dont les oxydes, en certaines conditions, agissent comme de véritables acides vis-à-vis des métaux lourds, donnant des permanganates, manganates, chromates, etc., et nous verrons que cette propriété a été reprise par un inventeur, en ce qui concerne l'exploitation de l'or, qui utilise pour l'attaque de l'or dans les minerais un mélange de permaganate et d'acide chlorhydrique.

Nous rappellerons aussi en passant que pendant longtemps

l'unique moyen chimique d'extraction de l'or de ses minerais
était une réaction de l'or sur le chlore.

D'autre part, nous voyons souvent l'or accompagné dans
ses gîtes d'un minéral fluorifère, la *tourmaline*, qui a pénétré
parfois jusque dans les terrains encaissants. Quel a dû être
le rôle joué par ce fluor? A vrai dire, ce rôle n'a jamais pu
être théoriquement expliqué, car l'analyse du minerai, en
dehors de la tourmaline, ne décèle pas la moindre trace de
fluor. Et pourtant, rapprochons de cette incertitude le fait
que le savant Daubrée a pu produire chimiquement, dans
une expérience de laboratoire, de la cassitérite, en faisant
intervenir dans la synthèse la présence du fluor, dont on ne
retrouve plus trace ensuite, dans le corps du minéral cassitérite. Il est cependant incontestable que la présence du fluor
a eu une action capitale sur la constitution de cette cassitérite, et cependant si cette action est capitale, elle reste
inexplicable, puisque le fluor n'entre pas dans la composition du corps produit.

Du reste, d'autres corps, dont la présence a facilité la formation de composés métalliques, sans que leur action soit
bien déterminée, ont été étudiés par les minéralogistes qui
ont résolu d'appeler ces corps *catalysateurs*. Ce nom a du
reste été étendu par la suite, par d'autres minéralogistes,
à des corps jouissant de propriétés *précipitantes*.

Parmi tous les corps dont la Chimie interne a fait un large
usage, nous mentionnerons également l'acide carbonique,
dont le rôle est très important et a dû intervenir fortement
dans la constitution des filons; et nombreux sont les éléments
accessoires accompagnant les minerais qui contiennent en
inclusion de l'acide carbonique liquide. Nous ne citerons
en passant que la topaze du Brésil qui contient ce gaz en
inclusions liquides.

On pourrait alléguer que ces inclusions ont pu être intro-
duites après coup, par suite d'une altération, mais en ce cas

l'inclusion serait peut-être gazeuse, et non liquide, le fait de la liquéfaction impliquant l'intervention d'une forte pression.

Les hydrocarbures, si communs dans les manifestations hydrothermales, sont souvent aussi mélangés à ces inclusions d'acide carbonique, et leur présence se manifeste par l'odeur infecte que dégagent les minéraux qui les contiennent, lorsqu'on les écrase.

De toutes les expériences réalisées, il résulterait que le quartz a dû être déposé, dans les filons, en présence de fumerolles salées, d'hydrocarbures, le chlorure de sodium entrant en proportions assez variables, il est vrai, et la température n'a pas été aussi considérable qu'on l'imaginait anciennement et n'a certainement pas dû dépasser 350°; par contre, la pression a dû dépasser, en certains cas, 100^{kg} et même 120^{kg} par centimètre carré.

Nous attirerons l'attention justement sur ce chlorure de sodium qui peut, en certaines circonstances, dégager des vapeurs de chlore dont l'action dissolvante est connue, en ce qui concerne l'or.

Le soufre, l'arsenic, le tellure sont trop souvent associés à l'or pour qu'on puisse douter du rôle que ces corps ont dû jouer dans cette association.

Les combinaisons sulfureuses sont extrêmement importantes en ce qui concerne les filons, et notamment l'or. La présence des métaux les plus divers dans les sulfures métalliques a été expliquée par ce fait que ces métaux ont dû être dissous et amenés dans ces filons, sous la forme de sulfures solubles dans de l'hydrogène sulfuré, sous forte pression, ou de sulfures doubles alcalins, les chlorures amenant, eux aussi, des réactions complexes favorables à la dissolution des métaux, et nous insisterons : dont l'or.

Ces explications sommaires peuvent donner une idée de l'énorme quantité de suppositions que l'on peut donner aux

formations filoniennes et à leur enrichissement par des sels
métalliques.

Mais on peut maintenant se demander comment ces eaux
thermales, qui contenaient des sels métalliques, ont déposé
leur richesse précisément dans le filon et n'ont pas simplement traversé les couches filoniennes, en gardant leurs sels
en dissolution comme elles avaient déjà traversé l'énorme
masse de roches des étages inférieurs.

Nous ferons alors intervenir les précipitations chimiques,
telles qu'elles peuvent être produites dans des expériences
de laboratoires, lorsqu'un sel d'or en solution est mis en présence d'une solution de sulfate de fer ou d'acide oxalique,
ou que cette même solution de sel d'or circule sur un filtre
de charbon ou un filtre constitué par des copeaux de zinc
dans lesquels il se dépose en poudre d'or, et nous ne faisons
pas intervenir les actions possibles d'électrolyse qui ont pu
se produire dans ces masses métalliques complexes, au sein
de solutions également complexes, actions que nous étudierons plus loin au Chapitre de la cyanuration.

Bien des corps peuvent jouer le rôle d'agent de précipitation, et nous citerons les composés du charbon, les hydrocarbures, si souvent dégagés sous forme de bitume par
exemple, par les puits hydrothermaux, et dont on trouve souvent des traces importantes parmi les éléments constituants
des roches : graphite, charbon, etc. Le feldspath orthose,
notamment, à l'état de division, l'amphibole hornblende, en
poussière impalpable, précipitent les métaux de leurs solutions ; l'acide carbonique, déjà cité, la pyrite oxydée, la blende,
la galène, ces derniers avec faible puissance il est vrai, peuvent également être des précipitants.

Or, au voisinage des filons, les terrains ont souvent subi
de violentes modifications dues au métamorphisme, au point
que des diabases, diorites, andésites microgranites, ont
changé complètement d'aspect et de composition, de dures

qu'elles étaient, ces roches étant devenues friables, écailleuses, *chloritisées*, et prenant généralement une couleur verdâtre qui leur a fait donner le nom vague de *greenstones* qui signifie, en langage de mineurs, anglo-saxons : pierre verte, et que nos savants français dénomment *propylites*.

Cette transformation si complète, due au métamorphisme, proviendrait de l'action, sur ces roches, de l'acide carbonique dégagé par les centres hydrothermaux, qui aurait transformé les pyroxènes et amphiboles en chlorites, et les roches déjà nommées ci-dessus en propylite. Ce métamorphisme prend alors le nom de propylitisation, et il donne encore naissance à un produit d'aspect micacé, *la séricite*, généralement en paillettes d'un beau jaune d'or, qui ne serait que le produit plus altéré du phénomène.

Cette propylitisation, qu'il ne faudrait pas confondre avec une kaolinisation, qui est également un phénomène de métamorphisme, se remarque sur les terrains généralement métallisés, et presque toujours par des sulfures métalliques, ce qui nous ferait supposer que, si c'est l'action de l'acide carbonique qui a transformé les pyroxènes et amphiboles en chlorite, cette action a dû être accompagnée de dégagements de soufre, sous une forme quelconque, et peut-être de sulfures.

Il nous a été donné d'étudier une énorme contrée propylitisée au Brésil, dans l'État de Minas, auprès de la ville de Campanha. Dans ces terrains, la propylitisation a métamorphisé les roches sur des profondeurs énormes et, fait remarquable, ces propylites sont en certains endroits remarquablement enrichis par une minéralisation aurifère et, en d'autres points, par de la monazite. Il est bon de noter que ces propylites longent un énorme filon de plusieurs dizaines de kilomètres de longueur, exploité pour or, depuis la plus haute antiquité, sur un grand nombre de points de sa direction qui est presque Est et Ouest. Ce filon est lui-même très inégalement riche, et plusieurs des exploitations ont abouti à des résultats désastreux; d'autres cependant sont citées dans le pays comme ayant produit des quantités énormes du métal précieux. Ces propylites, qui sont, comme nous venons de le dire, dans le voisinage immédiat de ce filon, paraissent être riches aux endroits pauvres du filon voisin et pauvres aux endroits riches de ce filon. Y a-t-il là une relation? C'est ce que notre examen n'a pas pu bien établir, attendu que les propylites en question sont recouvertes d'une forte épaisseur de terre stérile, de 30^m et jusqu'à 5o^m de hauteur, épaisseur qui rend l'étude coûteuse et par conséquent difficile.

Maintenant que nous avons vu comment pouvait se former et s'enrichir un filon, nous dirons que cet enrichissement peut subir, par endroits, une sorte de concentration que l'on nomme en minéralogie : *cémentation*.

Il s'agit là encore d'un fait qui n'a, jusqu'à présent, reçu aucune explication bien satisfaisante. Certains auteurs prétendent que les filons ont été soumis après leur mise en place à des redissolutions provenant du fait de la circulation, dans ces filons, des eaux de pluie qui apportent avec elles une quantité plus ou moins forte d'acide carbonique. Cet acide carbonique, dont l'action est indéniable sur les roches calcaires, et nous admettrons même sur les roches quartzeuses, nous paraît cependant devoir être sans effet sur l'or. Et pourtant on doit se rendre à l'évidence que certains filons aurifères ont subi sur une certaine zone assez épaisse, bien en dessous de leur affleurement, une sorte de concentration, un enrichissement parfois formidable, donnant à cette zone un enrichissement que les teneurs des zones situées en dessus et en dessous n'expliquent pas. On pourrait être amené à supposer que l'or de ces filons a d'une part descendu du dessus en dessous, et d'autre part a monté de bas en haut. Le premier phénomène est affirmé sinon expliqué par les auteurs qui donnent à l'appui de leurs affirmations, que les zones situées au-dessus de cette zone de cémentation présentent souvent des vides, dans la roche, qui semblent avoir été remplis par des cristaux de pyrite aurifère, la pyrite ayant disparu, laissant simplement trace de son emplacement et une coloration plus ou moins rouillée dans son voisinage immédiat, l'or ayant disparu dans la profondeur de la roche pour se déposer plus bas, précisément dans cette zone de cémentation. Nous donnons cette explication telle que nous l'avons acceptée, sans la vouloir discuter, nous bornant cependant à admettre qu'effectivement, et quelle qu'en soit la cause, les filons aurifères sont plus riches en certaines zones de leur hauteur que dans le reste du filon en dessus et au-dessous, et comme nous ne pouvons donner une explication plus claire, plus limpide, nous n'entrerons pas dans plus de détails sur ce phénomène de la cémentation, que les anciens auteurs appelaient *enrichissement per descendum*, donnant ainsi au phénomène une explication plus latine que scientifique.

Nous reparlerons du reste encore des enrichissements de roches.

L'or peut se rencontrer dans d'énormes filons, comme dans des veines extrêmement minces (de l'épaisseur d'une feuille de papier), et ce fait peut se produire dans une même région où, par exemple à Nagyag, les mines exploitent des zones de filons minces et d'autres de filons épais de près de 2^m de puissance. On peut trouver de l'or exploitable dans une infinité de roches : quartz, quartzites, pegmatites, andésites, grès, traversant des massifs de granites, de gneiss, de roches crétacées ou magnésiennes. Par suite du métamorphisme rayonnant, l'or a quelquefois pénétré fort avant dans les roches encaissantes, au point de rendre celles-ci exploitables; les épontes de ces filons ont souvent subi une modification énorme, presque complète, tant en texture, structure que composition.

Le plus souvent, lorsque l'oxydation n'a pas dénaturé les roches aurifères, l'or est associé à un métalloïde ou à un autre métal : à des sulfures, tellurures, séléniures, antimoniures, arséniures, à l'étain, au zinc, à l'antimoine, au nickel, au cuivre, à l'argent, quelquefois au plomb, rarement au platine, mais presque toujours au fer ou à des composés de fer.

Comme nous l'avons déjà vu, l'or se trouve dans les roches de tout âge, depuis les plus anciennes jusqu'aux plus modernes, dans le gneiss, comme dans les andésites, et les nombreux filons de quartz de l'époque tertiaire.

Aux affleurements, ces filons minéralisés, dits *minerais*, ont presque toujours subi une transformation, due à l'oxydation, qui a modifié la nature de la gangue, kaolinisant les feldspaths, éliminant les sulfures, rouillant le fer et mettant l'or très souvent en liberté, lorsqu'il était accolé ou inclus dans ces minéraux (*free milling* ou or amalgamable).

Il a été très souvent remarqué, dans les contrées de placers, là où l'or a été mis en liberté par suite d'oxydation et d'érosions, ensuite, que la richesse en titre de cet or, c'est-à-dire sa pureté relative, est toujours de beaucoup supérieure au titre de l'or que l'on retrouve ensuite dans les filons qui ont donné naissance, incontestablement, à ces placers.

Il semblerait que l'or s'est enrichi, éliminant par suite d'un phénomène inexplicable, et du reste inexpliqué, les bas métaux avec lesquels il se trouvait associé.

Ainsi, tel filon qui, en profondeur, ne produit que de l'or à un titre de 810, a donné en affleurement des types de 900 et plus, et dans les placers voisins de l'or remarquablement pur, $\frac{980}{1000}$, et même (Guyane, Kalgoorlie) 992. Dans cette dernière contrée, l'or, plus on va en profondeur, diminue de richesse en titre, celle-ci tombant, ces dernières années, à $\frac{530}{1000}$.

Il s'est donc produit, sans qu'aucune explication satisfaisante puisse en être donnée, une sorte d'affinage, par suite de l'oxydation de la roche encaissante et de la gangue elle-même, ce que nous avons vu déjà plus haut.

Au sujet précisément de cet enrichissement de l'or en affleurement, nous pourrons avancer une théorie nouvelle, croyons-nous, en ce sens que nous ne l'avons jamais rencontrée en aucun Ouvrage.

Nous croyons, et tout semble le prouver, que les racines des végétaux possèdent des propriétés dissolvantes en ce qui concerne l'or, qu'elles rendraient ensuite, enrichissant ainsi les terrains en concentrant le métal en certains endroits et en affinant son titre.

Ce qui nous a fait avancer cette opinion est le fait indiscutable suivant. Dans les forêts vierges de Guyane française, il est courant de chercher au pied d'une sorte de palmier, appelé dans le pays *awara*, même dans les endroits peu aurifères et de trouver, entre les racines, surtout aux endroits où de nombreuses radicelles prennent naissance, des pépites parfois considérables enchâssées entre ces racines.

Dans le même pays, un autre palmiste, le *patawa*, offre les mêmes propriétés, mais dans des proportions plus faibles.

En Guinée, nous avons trouvé une essence d'arbre, à bois très dur, dont les fibres sont souvent imprégnées d'une sécrétion très dure, siliceuse, contenant parfois des traces d'or.

Enfin, puisque nous parlons d'enrichissement en titre, nous dirons tout de suite qu'il est un autre fait autrement important, c'est la diminution en teneurs, c'est-à-dire en grammes de métal fin par tonne de minerai, au fur et à mesure que l'on entre plus profondément dans le sol au-dessous de la zone de cémentation.

Les chapeaux de filons sont quelquefois remarquablement riches, et la teneur de ce filon tombe brusquement après le chapeau enlevé, pour prendre une moyenne quelquefois moins de moitié de celle que donnait le chapeau, et plus la mine s'enfonce, plus cette teneur diminue. Tel filon, qui, immédiatement au-dessous de la couche oxydée, donnait du 100^g en moyenne par tonne de minerai, ne donne plus, 200^m plus bas, que 12^g ou 15^g, et, quelques centaines de mètres au-dessous, que 5^g ou 6^g.

Du reste, tous les filons n'ont pas une grande profondeur, celle-ci peut n'être que de quelques mètres ou de plusieurs kilomètres.

Nous avons vu, au Brésil, un filon excessivement riche au-dessous du chapeau, dont les teneurs étaient de plus de 250^g à la tonne, filon de 4^m de puissance, en y comprenant la zone injectée, minéralisée, qui, à 2^m de profondeur, ne donnait plus que 15^g, avec une épaisseur de 0,60, pour se terminer à 3^m de profondeur, avec des teneurs de 3^g. Par contre, au Brésil, existe la mine de Morro Velho, dont le filon se continue en profondeur, actuellement (1917) à 1900^m environ, sur une épaisseur moyenne de 12^m et des teneurs de 11^g à 14^g. Ces 1900^m sont comptés en pendage filon, ce qui donne environ une profondeur verticale de 1400^m. Enfin, les nombreuses mines du Sud Africain, qui recherchent des filons de nature spéciale : galets de quartz stériles, enrobés, noyés dans un ciment de silice aurifère à sulfures, ces filons s'enfoncent à des profondeurs encore inconnues dans l'écorce terrestre.

Ces filons sud-africains du Witwattersrand, ont une formation assez singulière, et les géologues et mineurs ne sont jamais parvenus à se mettre d'accord, tant en ce qui concerne leur origine que le mode de formation et l'époque probable de leur création.

Ces filons sont tout aussi déconcertants dans leur exploitation qu'en ce qui concerne leur existence. Telle *formation*, et l'on appelle formation, en terme de mineur, la façon dont sont composés les minerais, telle formation de gros galets, qui paiera et sera même très riche, quand on la rencontrera dans un filon, sera pauvre et inexploitable dans un filon parallèle où ce seront les formations de galets moyens qui seront une bonne indication.

A notre avis, incontestablement, le remplissage enrichisseur de ces filons, c'est-à-dire le cimentage des galets de quartz, a été très postérieur à la mise en place de ces galets, et lorsqu'ils étaient déjà coincés entre les terrains qui forment maintenant les épontes : les galets sont roulés, leurs arêtes sont entièrement usées, tandis que la pâte du ciment n'a pas été remaniée, puisque les cristaux de sulfures qui sont inclus dans cette pâte sont très bien formés, sans aucune trace d'usure, en cristaux bien nets.

Les eaux qui ont cimenté ces galets, que nous appellerons *pétrifiantes*, ont dû circuler longtemps entre ces galets, sur lesquels l'or s'est précipité, car l'or de ces filons se trouve principalement sur la surface périphérique de ces galets, comme s'il y avait eu sur cette surface un corps organique quelconque : mousse, charbon, matière charbonneuse, qui aurait favorisé cette précipitation. Nous avons déjà expliqué cette théorie.

Enfin, puisque nous parlons en ce moment des bizarreries des formations aurifères, nous dirons que dans une région déterminée, et pour une même formation, les petits filons sont plus riches que les gros, autrement dit la teneur des petits filons est plus élevée que celle des gros filons. On dirait que, dans la même contrée, il y ait eu une même quantité de métal précieux à distribuer dans chaque filon, qu'il soit gros ou petit.

Ainsi, de deux filons parallèles, si le filon de 1^m a une teneur de 50^g par tonne, le filon de 2^m n'aura environ que 25^g, et un troisième filon parallèle de 75^{cm} aura environ 75^g de teneur. Ceci n'est pas absolu, mais est confirmé par de nombreuses exploitations, un peu partout dans le monde.

2. — MINES.

Il n'y a à proprement parler que deux sortes de mines d'or :

1° Les Mines qui exploitent les terrains oxydés, superficiels, ou les érosions et alluvions, ou dépôts de ces roches : *placers;*

2° Les Mines qui exploitent les filons jusque dans les entrailles de la terre.

Dans les premières, les minerais sont obtenus, soit à la pelle, à la pioche, au moyen de dragues, d'excavateurs, soit par le procédé hydraulique, à eau sous pression, et l'or est séparé des terres, sables, graviers qui l'accompagnent, par des moyens appropriés de séparation et de lavage : batées, berceaux californiens, long-toms, sluices de toutes espèces, tables de tous genres, garnis de cuvettes à mercure, de tapis de toutes compositions, etc., suivant que l'or que l'on veut retenir est gros ou fin, suivant que les minéraux qui accompagnent cet or sont lourds ou légers, gros ou fins, d'argile ou terres agglutinantes. Certains placers exploitent en effet de l'or à l'état de division extrême; au Brésil, notamment, il nous a été donné de voir de l'or dont les grains sont une poussière impalpable, chacun d'eux de moins de $\frac{1}{100}$ de milligramme, les grains les plus gros ayant exceptionnellement $\frac{1}{10}$ de milligramme, qui sont du reste une rareté. Ces terres sablonneuses aurifères ont une teneur moyenne de $0^F,48$ au mètre cube tout venant, sur une épaisseur de 35^m par endroits. Les bénéfices réalisés seraient très intéressants s'il n'y avait pas des impossibilités dues au climat sec, qui assèche les rivières donnant la force motrice pendant plusieurs mois par an.

Lorsque les sables aurifères sont emprisonnés dans une terre fortement agglutinante, telle que l'argile guyanaise, il y a lieu de triturer la masse des minerais d'alluvions dans

des appareils spéciaux dits *trommels*, qui ont pour but de réduire les mottes d'argile en boue liquide, d'où les grains d'or s'isolent, cette boue étant envoyée ensuite sur des tables ou dans des sluices où la séparation de l'or et des éléments plus légers se fait par gravitation sur des surfaces rugueuses ou sur des obstacles disposés sur le fond des appareils : riffles et tapis de toutes sortes, pavage de quartz, métal déployé, etc.

Certains minerais enfin, tels ceux de la Haute-Guinée, demandent à être broyés (latérites) et les produits sont encore envoyés sur des appareils de séparation.

Enfin, il existe des mines qui exploitent les roches dures, soit éruptives, soit sédimentaires, et qui exigent des travaux importants pour se procurer le minerai : puits, galeries, travers-bancs, des appareils spéciaux pour arracher ce minerai des entrailles de la terre, et enfin de grosses manipulations, mécaniques et chimiques, pour séparer l'or de la gangue qui l'emprisonne.

3. — ROCHES.

Les roches sont formées de plusieurs éléments constitutifs, qui peuvent se décomposer en silice, feldspaths, micas, pyroxènes, amphiboles, chlorites, talcs, péridots, que nous allons décrire rapidement.

Silice ($Si\ O^2$). — Comprend toute la série des quartz : laiteux, calcédonieux, enfumé, trydimite, opales, jaspes, topaze, améthystes, flint, silex, meulières, qui, par la suite des temps, les altérations, l'usure des roches, ont formé les sables, les grès, etc.

Feldspaths ($6\ Si\ O^2\ Al^2\ O^3 + R$ ou $R^2\ O$), R étant un composé de soude potasse ou chaux. Ce sont donc des silicates d'alumine. Dans les roches acides, le feldspath est

potassique ou sodique, et dans les roches basiques il est calcosodique ou calcique.

Les feldspaths se divisent en deux classes : l'orthose et les plagioclases, qui diffèrent par leur système de cristallisation.

L'orthose ou orthoclase (K^2O, Al^2O^3, $6\,SiO^2$) comprend comme variétés la sanidine, l'adulaire, l'aventurine, la felsite qui porte encore les noms de eurite et de pétrosilex. Ces roches donnent, par décomposition, le kaolin, les argiles.

Les plagioclases se divisent en Anortite (CaO, Al^2O^3, $2\,SiO^2$), de couleur blanche, gris pâle ou verte, et attaquable par l'acide chlorhydrique, et l'Albite (Na^2O, Al^2O^3, $6\,SiO^2$), dont la couleur est blanche ou très légèrement verdâtre, mais inattaquable par l'acide chlorhydrique. Ces deux feldspaths, en se mélangeant entre eux, forment d'autres composés que l'on nomme : *Oligoclase, Andésine, Labrador*. La Saussurite et la Pinite, sont des altérations de ces corps. Enfin, on appelle encore *Zeolites*, de petits cristaux de feldspath, qui tapissent les cavités de certaines roches.

Micas. — Silicates très clivables, dont la formule assez complexe peut s'écrire SiO^2, Al^2O^3 + potasse, soude, magnésie, fer, lithine, plus ou moins hydratés. On distingue parmi eux :

Le mica blanc, ou Muscovite.

Le mica vert, magnésien ou Biotite, quelquefois noirâtre.

Le mica lithique, ou Lépidotite, en écailles violettes.

Pyroxènes et Amphiboles. — Silicates cristallisés, fibreux, radiants, donnant par altération des produits chloriteux ou serpentineux. La formule de ces corps peut s'exprimer : RO, SiO^2, RO étant de la chaux ou de la magnésie, des oxydes de fer, de manganèse et un peu d'alumine. La soude et la potasse disparaissent, sauf pour quelques individus dans lesquels la chaux fait place à la soude; dans les pyroxènes, l'Argirine; dans les amphiboles, la Riebeckite, le Glaucophane,

l'Arfvedsonite, qui ne sont que des roches assez rares. Nous ne nous occuperons ici que des plus communs, dans les pyroxènes, qui sont des silicates calciques et magnésiens, peu attaquables par les acides, nous aurons :

Le Diopside (Ca O, Mg O) 2 Si O^2 (vert ou gris);

Le Diallage (CaO, MgO, Fe^2O^3) SiO^2, quelquefois Al^2O^3 (vert gris nacré, écailles);

L'Augite (CaO, MgO, Al^2O^2) 2 SiO^2. Le plus important du groupe. Vitreux, résineux vert foncé ou noir, peu sensible aux acides : deux variétés, la Jadéite et la Malacolite ou augite blanche.

L'Enstatite, le Bronzite, l'Hyperstène : silicates formant trait d'union avec les amphiboles et dont la classification est peu aisée à déterminer.

Amphiboles. — Même composition fondamentale que les pyroxènes, mais la magnésie domine. On pourrait presque dire que les amphiboles sont d'anciens pyroxènes qui ont perdu de la chaux par métamorphisme. Ces minéraux sont inattaquables par les acides.

La Trémolite, ou amphibole claire: blanche, grise ou verte (amiante du Piémont), en longs cristaux dont les variétés sont l'Asbeste ou Amiante, le Liège de montagne, etc.

L'Actinote verte; variétés : Smaragdite, Néphrite, etc.

La Hornblende, la plus importante du groupe, ou amphibole noire, quoique quelquefois verte, dont les principales variétés sont l'Ouralite, confondue parfois avec l'Augite, le Glaucophane, amphibole sodique, de couleur bleue.

Péridots et Serpentines. — Silicates peu fusibles, attaquables aux acides. Généralement de couleur verte. S'altèrent comme les pyroxènes et amphiboles en produits serpentineux ou chloriteux.

Péridot ou Olivine 2 (Mg Fe) O, Si O^2. Infusible au chalu-

meau, forme l'un des éléments des roches éruptives récentes,
dont les basaltes.

Serpentines $3\,MgO^1$, $SiO^2 + 2\,H^2O$ opaques, mais translucides sur les bords, vert clair à vert foncé, passant parfois
au brun. L'aspect le plus commun est cireux-résineux.

Chlorites 7 $(Mg\,O\,FeO)\,Al^2O^2$, $SiO + 5\,H^2O$. — Produits
d'altérations, sorte de sous-silicates magnésiens hydratés.
Compacte, parfois fibreuse, lamellaire ou grenue. Caractérise les roches et schistes chloriteux; variétés : Clinochlore,
Pennite, Ripolite, Propylite, Veridite, Vermiculite. Difficilement attaquable par acide chlorhydrique bouillant.

Talc $3\,Mg\,O^2$, $Si\,O^2$, $4\,H^2\,O$. — Sous-silicates magnésiens
hydratés, inattaquables par les acides, ce qui les différencie
des précédents : blancs, bleu clair, vert clair. Gras, onctueux,
éclat nacré. Infusibles. Variété : Stéatite (craie de tailleurs).

Lorsque, par suite du rayonnement, la chaleur terrestre,
fut suffisamment diminuée, les minéraux qui étaient liquides
sous les hautes températures (rappelons en passant que certaines étoiles ont, à l'heure actuelle, des températures que
l'esprit a peine à concevoir. et que les savants estiment, pour
certaines d'entre elles, à près de 40 000°) commencèrent,
par suite de ce refroidissement, à se *prendre en masse*, passant de l'état liquide à l'état pâteux, puis durcirent et formèrent les roches qui constituèrent la première écorce de la
terre, écorce peu solide et qui devait, par la suite des temps,
souvent se disloquer, laissant ainsi passage aux matières
encore liquides du magma interne.

Ces roches, gneissiques, sont constituées par un nombre
restreint de minéraux : feldspaths, variétés nombreuses de
silicates d'alumine de bases alcalines (soude ou potasse) ou
alcalino-terreuses (magnésie, chaux); de *micas*, silicates complexes de magnésie, alumine, lithine, fer; de *quartz*, silice

pure, et enfin, mais en quantités minimes, variant de o à 10 pour 100, d'amphiboles, de pyroxènes, silicates de chaux et magnésie.

Ces roches, composées d'éléments constitutifs, dont certains sont solubles dans l'eau, ne tardèrent pas, dans la suite des temps, à se transformer; les éléments solubles, qui, en certains endroits, soudaient entre eux les autres éléments, qui eux n'étaient pas solubles, provoquèrent, par suite de leur disparition, une dislocation de la masse et la désagrégation des éléments insolubles qui, rendus libres, se trouvaient entraînés par les eaux, sous forme de graviers, de sables ou de boues. Ces éléments se déposèrent soit en minces couches, soit en masses, et reconstituèrent, par la suite des temps, des roches dites de *transformation*.

Ces dépôts formèrent principalement ce que l'on appelle les *schistes*, divisés en deux groupes : 1º le schiste bleu, qui repose théoriquement directement sur la première écorce; 2º le schiste vert (dont le schiste ardoisier), qui repose théoriquement sur le schiste bleu.

Mais il est aussi arrivé que, lors des dépôts qui se sont ainsi formés, des éléments provenant de points très distants les uns des autres, se sont rencontrés, et doués d'affinité les uns pour les autres, et, sous l'action de phénomènes chimiques et physiques, ont reconstitué d'autres roches.

En effet, de nombreux phénomènes sont venus aider aux formations de nouveaux éléments, à la transformation de la structure, de la composition des roches en place, ou des dépôts formés par les débris de ces roches.

Phénomènes métamorphiques, chaleur centrale, action de la chaleur solaire combinée avec l'action des eaux de pluie, actions chimiques, etc.

On appelle *métamorphisme* l'action dynamique, autrement dit la série de modifications, parfois tellement profondes, que les roches qui ont subi cette action sont complètement modifiées, tant dans leur composition que dans leur aspect, phénomène très puissant produit par la chaleur, parfois considérable, dégagée par les masses de matières en fusion venant du *magma* intérieur du globe, au travers des roches en place, par les entre-bâillements de ces roches, provoquée par les contractions de la croûte superficielle qui forme la surface de la Terre, dislocations qui ont ébranlé très souvent cette *écorce*.

Les effets de ce métamorphisme se sont souvent fait sentir, parfois à des distances considérables du lieu d'épanchement.

On appelle aussi *métamorphisme* l'action des phénomènes spéciaux à certains lieux, tels que l'ouralitisation, la latérisation, et les phénomènes d'altération plus généraux, la chloritisation, la serpentinisation, etc.

Bref, sous l'action de tous ces phénomènes, les roches primitives les mieux définies seront transformées en produits présentant, nous venons de le dire, un aspect totalement différent et ayant subi des transformations profondes de composition.

Il est aussi arrivé que des débris de roches anciennes, se trouvant réunis, ont été, par suite d'une agglutination, soit siliceuse, soit calcaire ou autre, retransformés, sous leur aspect primitif, *arksoses* ou granite reconstitué, ou en conglomérats, brèches, grès, etc.

Par contre, nous venons de le dire, la plupart du temps ces roches primitives ont été transformées jusque dans leurs composés chimiques, et tout au moins dans les propriétés physiques de leurs éléments constitutifs, et formèrent des péridots, des serpentines, des chlorites, des calcites, des talcs, des roches chlorurées, carbonatées, tellurées, fluorurées sulfatées, etc.

Enfin, l'action des plantes et la vie animale ont, elles aussi, contribué à la dislocation ou à la reconstitution des roches provoquant de nouvelles combinaisons, produisant de l'acide carbonique, des coquilles calcaires, etc., formant des carbonates, des dépôts de houille, de chaux, etc.

La décomposition des pyrites, qui imprègnent certaines roches primitives, a produit aussi des acides (sulfurique, arsénieux, etc.), attaquant certains éléments et formant ainsi les sulfates, | arséniates, arsénites, etc. Cet exposé rapide montre assez clairement la transformation infinie que peut provoquer la chimie universelle, jointe aux forces physiques naturelles.

Comme nous l'avons déjà dit, l'écorce terrestre s'est souvent rompue, craquelée, soit pas des dislocations provoquées par la dissolution des éléments constituant les roches, soit par des phénomènes sismiques, et, en se rompant, la surface s'est crevassée, et des masses parfois considérables de matières en fusion sont venues au jour. Ces masses de matières étaient souvent accompagnées de fumerolles minéralisantes qui ont fait de ces roches nouvelles de véritables dépôts de minéraux métalliques : *Or, Argent, Platine, Fer, Étain, Cuivre, Plomb, etc.*

Ces masses en fusion étaient parfois émises à de très hautes températures qui ont provoqué, comme nous l'avons déjà dit, des cristallisations nouvelles, isolant parfois des éléments : rubis, grenats, tourmalines, béryls, etc.

Enfin, l'action solaire, les eaux, etc., ont joint leurs effets à ceux de la chaleur centrale et ont donné lieu à des phénomènes tels que la latéritisation, l'ouralisation, la serpentinisation, la chloritisation, etc.

En ce qui concerne l'âge approximatif de la Terre, il a été fait de nombreuses suppositions. Un savant anglais, Mr R. J. Strutt, en recherchant la quantité d'hélium que contenaient certains minéraux, a déterminé l'âge de certaines roches. C'est ainsi qu'il a analysé des basaltes d'Auvergne, de l'époque tertiaire, auxquels il a pu attribuer 6 000 000 d'années, des roches amphiboliques, telles que des syénites de Norvège, ont dépassé 5o ooo ooo d'années, des terres bleues de Kimberley, diamantifères, auraient près de 4o ooo ooo d'années et des granites du Canada, dans l'Ontario, auraient été constitués il y aurait 622 ooo ooo d'années, 6 220 ooo siècles !

Or, à cette époque, la Terre était déjà refroidie depuis un certain temps. Nous pouvons donc attribuer à notre globe quelque chose comme 1 ooo ooo ooo d'années.

Pour en revenir aux transformations des roches, nous dirons tout de suite que les roches vertes sont celles qui subissent le plus aisément les transformations. Ce sont en effet des diabases qui donnent naissance à toute une catégorie de roches différentes : gabbros, roches à ravets, diorites, etc. Ces roches sont aussi très curieuses, en ce sens qu'elles accompagnent la plupart du temps des minéralisations métallifères, c'est ce qui leur a valu d'être souvent recherchées par les prospecteurs.

Ces roches peuvent se serpentiniser, se chloritiser, etc., et, si le pyroxène domine, s'ouralitiser, et enfin, dans les pays tropicaux, se latéritiser, se transformant alors en une sorte de minerai rouge dur, poreux, dont l'alumine est remis en mouvement, et cristallisé sous forme de gemmes (béryls), aux dépens des feldspaths plagioclases, qui se décomposent en latérite et alumine, le pyroxène s'oxydant en oxyde de fer qui donne sa teinte rougeâtre à la latérite, qui arrive à former ainsi de véritables minerais de fer [Konakry (Guinée française), Guyane, etc.].

ROCHES VERTES.

Ces roches, qui ont de fréquents rapports de voisinage avec les gîtes ou filons métallifères, sont intéressantes.

Famille des Diabases.

Diabases porphyroïdes (feldsp. plagiocl. et pyroxènes).
Roches pyroxéniques. — Pyroxénite, Gabbros, etc...

Famille des Diorites.

Diorites granitoïdes (feldsp. anort. ou alb. et amphib.).
Roches amphiboliques. — Amphibolite (composée presque exclusivement d'amphibole).

Famille des Péridotites.

Péridotites porphyroïdes (péridots avec plus ou moins pyrox).
Roches serpentines. — Serpentine éruptive (porphyrique foliacée ou grenue).

Roches serpentineuses.
Roches chloriteuses. — Produites par l'altération métamorphique des roches ci-dessus.

Il existe des roches vertes récentes, *Dolérite* (diorite récente) vitreuse ou celluleuse, *Trachyte vert* (rugueux et porphyroïde), *Andésites* (augitiques et celluleuses). Roches basaltiques vertes, très dures, rayant l'acier, cassure esquilleuse, de couleur généralement foncée.

Le tableau ci-dessous donne la classification des roches principales, suivant que l'on se place au point de vue de leur structure ou de leur composition chimique, acide ou basique, et nous ajouterons que plus une roche contient de quartz ou silice, plus elle est acide, et que les roches qui n'en contiennent pas sont basiques.

Classification des roches éruptives par leur structure.

Structure granitoïde, c'est-à-dire granuleuse. Texture : petits cristaux. Cassure : brute. Apparence : grossière.
Granite ordinaire et granulites (Quartz, Feldspath, Mica).
Syénites (Feldspath, Amphibole, Quartz).
Greisen (Mica blanc, Quartz. sans consistance).
Diorites (Amphiboles, Feldspaths plagioclases).

Structure porphyroïde ou euritique (pâte fine). Texture : cristaux peu visibles. Cassure : brillante et polie. Apparence : lisse, presque vitrée.
Porphyres syénitiques ou orthophyres (Feldspath, Orthose).
Porphyres quartzifères (Orthose, Quartz, Feldspath, Mica).

Diabases (Pyroxènes, Feldspaths plagioclases).

Serpentine, porphyrites, mélaphyres (silicates complexes magnésiens; feldspaths plag. Pyrox. Amph. Orthose).

Structure schistoïde. Texture: stratifiée. Cassure : brute. Apparence : feuilletée.

Gneiss (Quartz, Feldspath, Orthose, Mica).

Micaschistes (Mica peu coloré, Quartz).

Leptynites (Feldspath, Orthose, Quartz, pâte fine).

Classification des roches éruptives, acides ou basiques.

Silice
pour 100.

Ultra-acides : 75-90 pour 100 de silice.

Quartz, quartzites, grès compacts quartzifères............... 90

Silex (variété de quartz)...................... 80

Granulites, pegmatites : quartz, feldspath orthose, mica...... 75

56 à 75 pour 100 de silices acides.

Porphyres quartzifères : feldspath orthose, quartz........... 72

Granites : quartz, feldspath, orthose, mica................. 70

Syénites : feldspath, amphibole, quartz................... 68

Porphyrites : feldspath, plagioclase, mica, amphibole, quartz. 66

Basiques : 45-55 pour 100 de silice.

Porphyres dioritiques : amphiboles, feldspaths, plagioclases... 55

Diorites : feldspaths, plagioclases, amphiboles.............. 5o

Diabases : feldspaths, plagioclases, pyroxènes................ 5o

Rhodonite : roche *spéciale* $MnOSiO^2$...................... 45

Ultra-basiques : 10-43 pour 100 de silice.

Péridotite : péridotiques, pyroxènes....................... 43

Serpentines : serpentines, complexes...................... 4o

Magnétites : Fe^2O^3 alumine (corindon) 10

Nous noterons, qu'au point de vue du chercheur d'or, l'étude des roches, suivant leur structure, est seule intéressante.

Nous allons donc voir rapidement les roches principales, en les divisant en A : granitoïdes; B : porphyroïdes; C : schistoïdes; D : ignées ou récentes.

A. — Granitoïdes.

Qui comprend évidemment les granites ; mélange de mica, de quartz, en grains plus ou moins gros, et de felspath orthose, en grains également. Ces grains sont disposés en alignement ou en discordance, ce qui donne à la cassure une apparence plus ou moins lisse, ou rugueuse. Ces roches sont accompagnées de chlorite, graphite, hornblende, épidote.

La couleur des granites varie du blanc rose au vert.

Granulites. — La composition est la même que celle des granites, mais les grains sont plus fins, surtout le quartz, et le mica tend à diparaître, au point que dans certaines parties d'un bloc il fait totalement défaut. Cette roche passe très souvent au quartzite. Dans les granulites, nous rangerons les pegmatites, qui sont en somme des composés de quartz en grains fins, mais dans lesquels le feldspath est en très gros grains, parfois lamellaire, les grains de quartz étant intimement accolés, soudés avec le feldspath, soudure délimitée seulement par les contours des cristaux. La pegmatite est souvent remplie de cavités plus ou moins grandes (druses), dont les parois sont revêtues de petits cristaux de zéolites blancs, roses, grisâtres.

La granulite à mica vert se trouve parfois altérée, en Protogine, par suite de l'altération précisément du mica vert en un composé gras vert que l'on a longtemps prétendu être du talc vert.

Syénites. — La composition est formée de feldspath, d'amphibole et de plus ou moins de quartz. Le feldspath y est généralement de couleur rose ou rouge et l'amphibole est de la hornblende (noire) ou de l'actinote (vert). Parfois il se trouve aussi des cristaux d'augite, le plus souvent altérée, et du mica (biotite).

La couleur générale est grisâtre, tirant plus ou moins sur le rouge.

Greisen ou hyalomicte. — Cette roche semble être un granite à mica blanc dans lequel le feldspath aurait été dissous. Cette roche, n'étant pas agglutinée, est extrêmement friable. Elle se trouve le plus souvent au contact du granite. C'est souvent l'indice d'une minéralisation de cassitérite (étain).

Diorite. — Formée d'amphibole et de feldspath albite blanc (sodique) ou anorthite vert (calcique) ou de mica magnésien (biotite). Il peut arriver que ces derniers éléments, feldspath et mica, disparaissent entièrement, la roche passant à l'amphibolite (grise ou vert noir). Variétés : kersantite (vert foncé) à cavités pleines de calcaire; rosso antico, à grains fins, et épidote rouge. Parfois, la diorite se charge de quartz et devient diorite quartzifère, ou de mica et devient diorite à biotite, etc.

B. — Porphyriques ou Euritiques.

Ces roches tiennent le milieu entre les roches à éléments cristallisés et les roches d'aspect vitreux, on les trouve rarement en filons, mais généralement en nappes, en *tables*, *trapps* qui font affleurer ces roches en sortes d'escaliers. Ils ont souvent, à première vue, l'aspect de calcaire, mais leur cassure brillante, la cristallisation fine et parfois vitreuse des éléments qui les constituent les font reconnaître sans trop de difficulté.

Orthophyres. — Roches composées comme la syénite; orthose, amphibole, pyroxène, mica, quartz; l'amphibole étant le plus souvent de la hornblende, le pyroxène est de l'augite et le mica de la biotite. Chacun de ces éléments lui donne, lorsqu'il domine, son nom propre : porphyre quartzifère, porphyre augitique, si c'est le quartz ou l'augite qui sont associés au feldspath et dominent parmi les autres éléments.

Le porphyre quartzifère diffère un peu, en ce sens que, dans la pâte feldspathique, presque vitrifiée, se détachent des cristaux bien nets de quartz et aussi des cristaux de feldspath orthose.

La couleur des orthophyres est généralement rougeâtre du gris rouge au brun rouge.

Eurite ou pétrosilex ou felsite. — Cristaux extrêmement fins enrobés dans une pâte lisse d'orthose. Ces petits cristaux sont formés de la juxtaposition de cristaux de quartz et de cristaux d'orthose, soudés ensemble, ce qui différencie l'eurite du porphyre quartzifère, dont les cristaux sont uniquement du quartz. L'eurite est une roche très dure, dont la pâte est parfois semée de points d'oxyde de fer. Cette roche ressemble fort au silex, mais ce dernier est absolument infusible au chalumeau, tandis que le pétrosilex fond, quoique très difficilement, sur les bords.

La couleur de l'eurite varie du gris rougeâtre ou jaune au vert noirâtre.

Elle forme des bancs, quelquefois des dykes, dans les schistes.

Diabases. — Roche très dure, massive, pesante, faite à parties presque égales de feldspath plagioclase et de pyroxène augite. Cette pâte renferme de nombreux éléments accessoires : illménite, sphène, magnétite, pyrite, quartz, mica, calcite, olivine, hyperstène, etc. La structure peut être cependant, quoique rarement, schistoïde ou sphérulitique. La couleur est verte quand la roche n'a pas été altérée, mais devient jaunâtre, *rouillée* par oxydation.

En dykes, en cônes, parfois au travers des granites, cette roche passe à la diorite par ouralisation, en stéatite par hydratation, en produits serpentineux ou chloritiques, suivant le phénomène destructeur, et devient écailleuse. Parmi les variétés, citons : gabbros, diabases dont l'alumine de l'augite est remplacée par le fer de la diallage; ce minéral est du reste granitoïde.

Cette roche est appelée par les Anglais *greenstone* ou pierre verte.

Parmi les variétés altérées, citons encore : le gabbro rosso, la diabase ferreuse ou roche à ravets de la Guyane.

Péridotites. — Roches vertes très dures, dont le feldspath est remplacé par du péridot 2 (Mg Fe) $O.Si O^2$, associé à du pyroxène et à plus ou moins de biotite. On y trouve : magnétite, chromite, corindon, platine, diverses pierres précieuses.

La pâte est grenue et verte, et l'on y distingue des grains cristallisés de pyroxène et de petits cristaux noirs brillants de chromite. Ces roches s'altèrent en carbonate de magnésie ou en produits serpentineux.

En masses ou en dykes, dans les gneiss, et quelques schistes cristallins. Il y a de nombreuses variétés, qui portent plus ou moins le nom de la contrée où on les a découvertes, ou du savant qui les a cataloguées. Nous citerons les principales : hazburgite, werhlite, picrite, lherzolite, dunite.

Serpentine. — Généralement verte, quand elle n'est pas altérée. Presque toujours associée à des roches porphyriques ou à la diorite. Très souvent décèle la présence de métaux. On trouve dans la pâte : pyrites, diallage, nickel, chlorite, grenats, chromite, chaux carbonatée spathée, de l'asbeste, chrysotile (serpentine fibreuse) (Russie, Canada).

Le minéral serpentine s'altère en stéatite, mais il ne faut pas confondre ce minéral avec les roches produites par l'altération des minéraux amphiboliques, pyroxéniques, péridotiques, que l'on appelle parfois également «serpentines», produits hydratés amorphes, généralement friables, et qui conservent presque toujours dans leur masse des cristaux originels non entièrement décomposés.

La serpentine n'est cependant pas très dure et se raye au couteau.

Porphyrites et mélaphyres. — Roches à éléments amphiboliques à grains très serrés, qui forment les roches de la famille des *trapps*, qui est la terminologie anglaise de roches, dont l'étude et la corrélation avec les gîtes de métaux ont été faites et observées par des ingénieurs américains.

Ces trapps sont en général, si l'on peut s'exprimer ainsi, des orthophyres inversés, car dans ces roches la pâte est plagioclastique, et les éléments englobés sont des cristaux d'orthose ou d'oligoclase (ce dernier étant aussi un plagioclase). La couleur de ces roches est foncée, brune, brun violet, verte ou noire.

Les mélaphyres sont formés de cristaux de pyroxène augite, de péridot et de plagioclases, enrobés dans une pâte lisse, de feldspaths et de pyroxène augite laissant souvent des cavités dans lesquels se trouvent souvent cristallisées des pierres précieuses : agates, calcédoines, améthyste, etc.

C. — SCHISTOÏDES.

Gneiss. — Roches très anciennes, de même composition que le granite. Le mica s'y trouve disposé par couches alternant avec du quartz et du feldspath. On y trouve : grenat pyrites, amphiboles, tourmalines, etc. Lorsque cette roche est en affleurement, les pyrites sont généralement oxydées.

Micaschistes. — Cette roche est exclusivement composée de mica, alternant avec des couches plus ou moins épaisses de quartz. Lorsque ces couches de quartz dominent, la roche tend à passer au quartzite schisteux. On y trouve beaucoup de grenats, du graphite, des pyrites, des amphiboles.

Schistes séréciteux. — C'est un micaschiste, dont le mica est de la sérécite (mica hydraté fluorifère) de belle couleur jaune d'or ou légèrement verdâtre, au toucher très onctueux,

ce qui a fait prendre longtemps ce minéral pour du talc, d'où
le nom que l'on donnait à ces roches: talcschistes ou stéaschistes. On y trouve : grenat, feldspath, chlorites.

Leptynites. — Granulites schisteuses, à grains fins et serrés,
avec un peu ou pas de mica. On y trouve : grenats, pyrites,
magnétite.

Grauwake. — Grès à ciment argileux, à grains de quartz,
parsemé de cavités remplies de calcaire. C'est un schiste
sédimentaire, mais nous le plaçons ici, en ce sens qu'on le
rencontre souvent en prospection.

D. — IGNÉES OU VOLCANIQUES (RÉCENTES).

Ces roches sont d'origine très récentes, les plus vieilles
datant de l'époque tertiaire, et les volcans en produisant
encore à l'heure actuelle.

La plupart de ces roches ont un aspect de scories de haut
fourneau, ou de mâchefer, plus ou moins vitrifiés. Se présentent en masses, en dykes, ou en coulées (laves).

Basaltes. — Roches noirâtres, sortes de laves très dures,
rayant l'acier. La composition de la pâte de ces roches
est assez complexe, mais les éléments principaux sont le
feldspath anortite et le pyroxène augite, auxquels viennent
se mélanger la magnétite et l'apatite.

Cette roche peut donc être considérée, quant à sa composition, comme une diabase récente d'origine volcanique.
On y trouve du fer natif, des pyrites, des amphiboles, du
péridot.

Recouvre souvent des gîtes de diluvium aurifère.

Dolérite. — Sorte de diorite récente : verte, noire ou brunâtre. En filons ou en coulées.

La structure est grenue ou vitreuse, présentant souvent des
cavités.

La composition est du feldspath plagioclase et du pyroxène

augite. On y trouve les mêmes minéraux que dans les basaltes, c'est-à-dire du fer natif, des pyrites, etc.

Téphrites. — Roche spéciale. Sorte de basalte, dont le feldspath calcique (anortite) est remplacé par un silicate double de soude et alumine, ou d'alumine et potasse (néphéline et leucite). Ces silicates se trouvent associés à l'augite.

Trachytes. — Roches composées de cristaux ténus, presque microscopiques, de plagioclases anortite ou oligoclase. La pâte est parsemée de cavités emplies de cristaux d'orthose sanidine. Ce sont des porphyres récents, clairs, gris rougeâtre, verts, parfois rendus bruns par le fer.

En masses, coulées, dykes, dans des tufs ou cendres volcaniques.

On y trouve : fer titané, opales, amphiboles, principalement de la hornblende.

On distingue une grande variété de ces roches : domite, rhyolite, liparite, phonolite, perlite, etc.

Andésites. — Comme les basaltes, on peut considérer ces roches comme des diabases nouvelles, à pâte de plagioclases, cimentant de petits cristaux de plagioclases, d'amphiboles, de mica biotite, de pyroxènes. Ces éléments donnant leur nom à la roche : andésite quartzeuse, si c'est le quartz qui domine parmi les éléments; andésite à augite, si c'est l'augite, etc.

La couleur des andésites est généralement foncée.

Ponces et obsidiennes. — Andésites et trachytes récents, vitrifiés. Sorte de laitiers de couleur verdâtre. Fondent au chalumeau en un verre laiteux.

Très dures, rayent le verre. Les éléments cristallisés sont rares. Parfois les obsidiennes sont spongieuses et grises, et forment les ponces qui, par fusion au chalumeau, donnent un émail blanc.

Nous donnons ci-contre une figure, dressée par MM Du-

frénoy et Elie de Beaumont, qui représente graphiquement
l'âge approximatif des roches ci-dessus décrites.

Fig. 1.

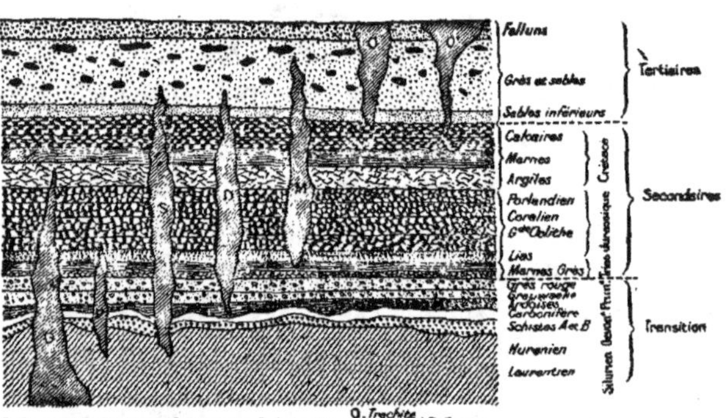

TABLEAU DES ROCHES.

Roches silicatées.

Roches silicées ou quartzeuses....		Quartz, quartzite, grès, sables, silex, jaspe, tripoli, granites, greisen, psammite, macigno, poudingne (plus ou moins), quartzeux, gompholite, arkose, pegmatite. Grenats, éclogite, amphigénite. Orthose, sanidine, adulaire, amazonite, aventurine, eurite, granite, pegmatite, gneiss, leptinite, porphyres.
Roches feldspathiques.	Feldspaths orthose. Orthose.	Syénite, labradorite, protogine, pyroméride, argilophyres, hyalophane, euphotite, oligoclase.
	Feldspaths Plagioclases. — Albite (Na.).	Hypersténite, phonolite, granitone, saussurite, pinite, perlite, variolite, rhyolite, domite, lyparites, trachytes, andésites, basaltes, dolérite, trapps,
	Anortite (Ca).	Diabases, diorites, obsidiennes, ponces, andésites, téphrites, néphélinites, mélilites.

Roches silicatées (suite).

Roches micaciques.	Mica Bl : muscovite ...	Micaschiste, gneiss, phlogopite.
	» Magnésie, biotite.	Fraidonite, neptinite.
	» lithique, lépidolite.	Kersanton, séricite.
Roches amphiboliques.	Amp. noir, hornbl. ...	Hémithrène, glaucophane, ouralite.
	» vert actinot....	Diotite, smaragdite, téphrite.
	» blanc. Trémolite.	Aphanite, jade, asbeste, liège de montagne.
Pyroxéniques.	Augite, diallage, diobside, enstatite, bronzite, hyperstène.....	Diabases, dolérites, mélaphyres, malacolite, trapp, basalte, andésite, jadéite, spilite, wake, pipérine, téphrite.
Péridotites et serpentines..........		Lherzolite, olivine, chrysotyle, chrysolite, serpentine.
Talqueuses......................		Stéatite, magnésite, pennite, clinoclore.
Chloritiques....................		Chlorite, veridite, vermiculite, ripidolite.
Schisteuses......................		Phyllades, talschistes, pséphite, porcellanite, grauwakes, schistes, gneiss, leptynite.
Argileuses.......................		Argiles, kaolin, limon, ocre, sanguine, marnes.

Roches chimiques.

Fluorurées......................		Fluorine.
Chlorurées.....................		Sels gemmes et sels marins.
Tellurées		Kalgoorlite, calavérite, kremrite, nagyagite, sylvanite.
Sulfatées.	Aluniques.............	Alunite.
	Barytiques	Barytine.
	Gypseuses..	Gypse, karsténite.
Carbonatées.	Calcareuses...	Calcaires, cipolin, calcite, marbres. Ophicalce, dolomie.
	Magnésiennes.........	Giobertite.

4. — GISEMENTS.

Les gîtes et gisements sont des dépôts naturels de minerais : *Minéraux*, d'où s'extraient les métaux usuels, ou encore des substances métalloïdes, tels que : arsenic, soufre, etc. Ces gisements sont dits *irréguliers* ou *réguliers :* réguliers, lorsqu'ils se trouvent en filons, ou amas très importants ; irréguliers, lorsqu'ils se rencontrent comme par hasard en petites poches sans intérêt d'exploitation, en inclusions dans des roches, ou en veines trop minces et sans continuité, ou bien encore quand ils sont disséminés en petites quantités dans des alluvions ou roches sédimentaires, c'est-à-dire remis en place après avoir été transportés et mélangés à d'autres minéraux ou matériaux.

Au point de vue de leur formation, on les groupe en :

a. Gîtes primaires, c'est-à-dire tels que la nature les a produits. Exemple : pyrite.

b. Gîtes secondaires, c'est-à-dire en produits altérés : oxydes, carbonates, sulfates.

c. Alluvions, qui peuvent contenir les deux types ci-dessus et qui proviennent des débris de roches, décomposées ou non décomposées, arrachés par des phénomènes mécaniques nombreux : eaux de pluie, torrents, sables des vents, etc., et transportés au loin par l'action des vents, des eaux, des glaces, etc. Des diamants, avalés par des cyriémas, sortes d'autruches du Brésil, ont été évacués loin de leur gîte primitif, et retrouvés par des gens qui se sont mis à chercher le gîte qui les avait produits.

Un gisement est en somme un volume et possède par conséquent trois dimensions, la longueur (en direction), l'épaisseur ou puissance, et, suivant que l'on se trouve en présence d'une couche ou d'un filon, une largeur ou une profondeur.

Pour déterminer un gisement, on se rapporte toujours à l'orientation donnée par l'aiguille aimantée, ou boussole, c'est cette indication qui donne la direction.

Un filon est un *dyke*, mais rempli de minerai, et un dyke est un remplissage par une roche quelconque, d'une fracture de roche; soit que cette fracture ait été produite par un phénomène d'ébranlement sismique, soit qu'elle se soit produite simplement par un phénomène physique de refroidissement. Dans ces divers cas, cette roche peut avoir subi un glissement. Il résulte de ces accidents, si l'on veut bien admettre ce mot, que les roches sont lézardées et que, par la suite des temps, les matériaux se sont accumulés, remplissant ces fentes. Ces fentes, ces lézardes, sont plus ou moins régulières, plus ou moins longues et profondes, plus ou moins larges.

Le remplissage a pu se produire, soit par dépôt ou par précipitation, et ce remplissage a pu s'opérer soit par les bords supérieurs, soit par des infiltrations, ou enfin ce remplissage a pu avoir lieu consécutivement à la rupture de la roche, par des matières ignées venant du *magma* intérieur.

Comme nous l'avons expliqué déjà, on conçoit très bien qu'en se cassant, une des parties cassées vienne à glisser, suivant une ligne *xy*, et qu'il y ait eu déplacement des couches 1, 2, 3, 4. Cette cassure à déplacement s'appelle : *faille* ou *paraclase* (*fig.* 2).

Si les terrains sont restés en place, que la cassure se soit

Fig. 2.

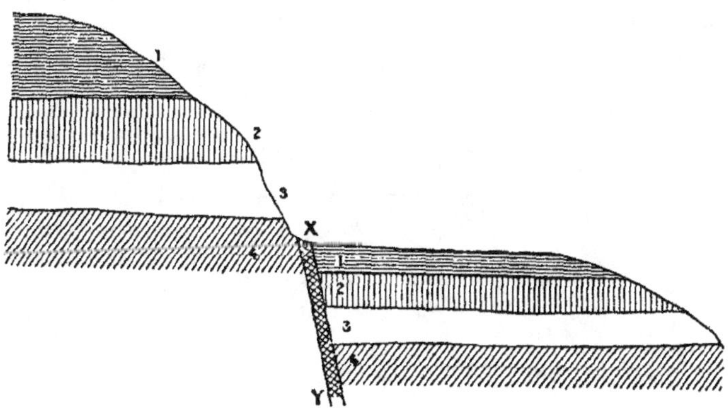

produite sans avoir bouleversé les roches, elle s'appelle *diaclase* (*fig.* 3).

Ces cassures sont plus ou moins inclinées vers le centre

de la terre, et cette inclinaison se mesure suivant l'angle qu'elle forme avec la verticale, angle qui se nomme *pendage*.

Un filon, un dyke, se trouvera donc déterminé par sa

Fig. 3.

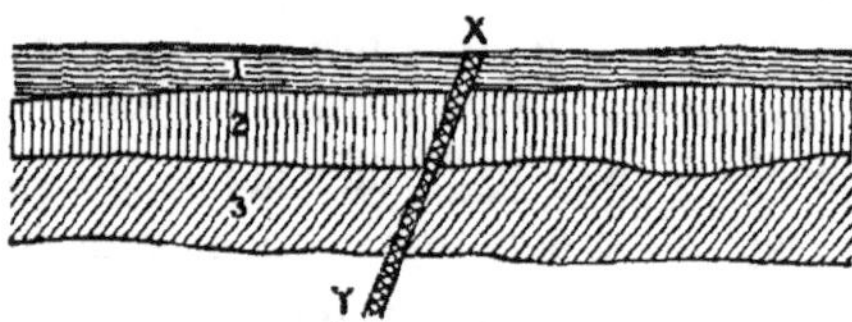

direction en longueur, son épaisseur, sa puissance, son pendage en profondeur.

Les dykes, filons, ont pu, après le remplissage, être brisés et déplacés à nouveau par une nouvelle fracture, laquelle se remplira à son tour, peut-être d'une roche différente de celle qui remplit la première, qui se trouve être de ce fait *recoupée*. Ces deux cassures peuvent avoir chacune un pendage et une direction propres. L'une ou l'autre peut encore avoir subi un autre glissement (*fig.* 4).

Pour en terminer avec la description et la formation des

Fig. 4.

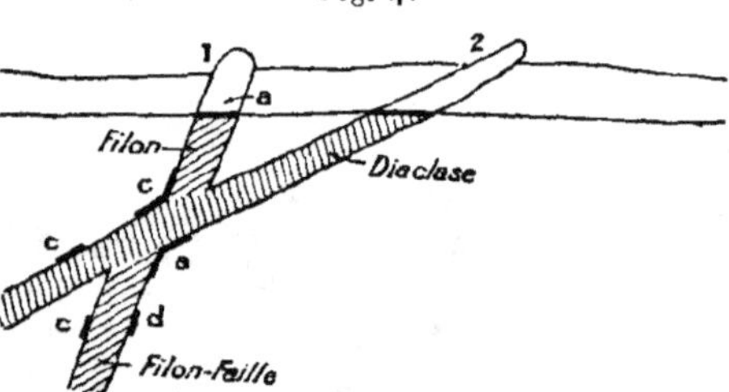

filons, nous appellerons *toit* du filon la partie (C), qui se trouve au-dessus, et *mur* la partie (*d*) qui forme le dessous.

Les roches qui ont servi de moule à ces filons s'appellent *épontes*, lesquelles quelquefois, par suite d'un travail mécanochimique dû à diverses causes, par exemple par suite de la haute température des roches qui provenaient du centre de la terre, ou par la chaleur déterminée par le glissement des roches l'une sur l'autre, par suite du frottement énergique ; ces roches ont subi, dans la zone de contact, une transformation tellement profonde qu'elle la rend comme étrangère à la composition des autres parties : roche encaissante et filon. La zone immédiate de contact se nomme *salbande*. Voir au sujet de ces effets, ce que nous avons dit au sujet des *roches* et au début de cette étude.

Par suite de la période de temps qui s'est écoulée depuis la mise en place des roches et des filons qu'elles contiennent, il arrive que la partie supérieure de ces roches et filons a subi une altération due à l'infiltration des eaux.

Quelle que soit la dureté des roches, l'humidité pénètre dans l'intérieur, et cette humidité, qui provient le plus souvent des eaux de pluies, entraîne toujours un peu d'air en dissolution. Cet air, au contact de l'humidité, attaque les parties métalliques en inclusions dans ces roches et filons. Les parties ferrugineuses, par exemple, se transforment en rouille, et les sels mêmes de fer se trouvent hydratés et s'oxydent. Par suite de ce fait, l'aspect, la couleur, la solidité, etc. des roches sont modifiés. Cette partie *oxydée*, se trouvant être hydratée, s'appelle *zone oxydée*, et la zone de contact, entre cette partie oxydée et la roche non oxydée, se nomme *niveau hydrostatique*.

Envisagé au point de vue de la roche encaissante, nous dirons que le filon est *primaire*, dans la partie B, qui n'a pas subi d'oxydation ou d'altération due à l'hydratation, et *secondaire* dans la partie A, *oxydée*, située au-dessus du niveau hydrostatique (*fig. 4*).

A première vue, au simple raisonnement, étant données les densités des matériaux qui imprègnent les roches filoniennes, on serait tenté de croire que les parties les plus riches,

c'est-à-dire les plus lourdes, sont plus abondantes à mesure
que le filon s'enfonce en profondeur, et pourtant, généralement, il n'en est rien et l'on peut dire, pour donner un chiffre,
que huit fois sur dix un filon très riche en affleurement primaire, c'est-à-dire juste sur la zone du niveau hydrostatique, perd de sa richesse et parfois tombe rapidement à des
teneurs extrêmement faibles et quelquefois aussi à rien en
arrivant dans les parties basses, ce que nous avons déjà
expliqué.

En mine d'or, principalement, les très grandes richesses
en affleurement, ont presque toujours été l'indice d'un gîte
sans profondeur et, surtout si les roches aurifères étaient
à or visible, en gros cristaux, d'imprégnation.

Les points de croisement, lorsqu'il s'agit de filons qui se
croisent, se recoupent, sont généralement plus riches que la
moyenne générale; on pourrait presque supposer que les
richesses de l'un se sont ajoutées aux richesses de l'autre.

Ainsi, si l'on envisage le croisement de deux filons, dont
l'un est de 20^g à la tonne, l'autre de 30^g à la tonne, les points
de croisement pourront avoir 40, 45, et quelquefois beaucoup
plus, comme teneurs.

Dans le corps même d'un filon, les teneurs ne sont pas
uniformément réparties dans la masse, des points très riches
voisinent avec des zones presque absolument pauvres.

Dans les roches aurifères, il a été observé, toutefois, que
la minéralisation en or suit des directions assez régulières,
affectant souvent l'allure de *cheminées*, de *colonnes* plus ou
moins cylindriques, assez bien définies, qui s'enfoncent en
profondeur dans la masse.

Ainsi, supposons un filon F, recoupé par trois galeries :
1, 2, 3, à trois étages différents. Si nous trouvons, dans la
galerie 1 une partie a très riche, nous retrouverons cette
partie, presque certainement, en a^1 a^2 des galeries 2 et 3,
et disposées presque exactement de la même façon (*fig.* 5).

En général, les parties les plus riches d'une roche aurifère sont les plus tendres, les plus facilement désagrégeables.

Fig. 5.

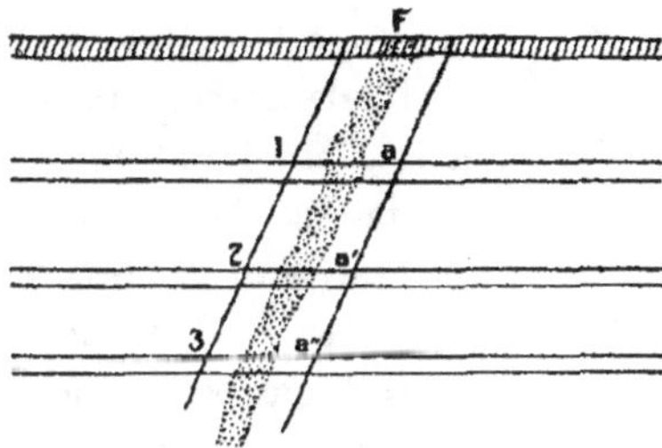

Dans une région quelconque, s'il a été découvert un filon aurifère, dans une sorte de roche, il y a de fortes probabilités pour que des roches de même nature contiennent, un peu plus loin, d'autres filons ayant une analogie, souvent très grande, avec le premier filon.

Toutefois, ces filons pourront avoir une direction, un pendage absolument différents. Ils pourront faire un angle plus ou moins grand avec le premier filon, ils pourront le recouper même ou lui être parallèle.

Certaines roches, telles que les roches vertes basiques (diorites, diabases, ophite, certaines quartzites, certains porphyres, etc.), sont, pour le chercheur d'or, comme des indications favorables, des jalons sûrs de la présence d'un minerai aurifère en place.

Il n'y a évidemment pas de règle absolue dans la recherche des gisements aurifères, cependant on peut donner comme certain que les contrées recouvertes par une très épaisse couche de terrains sédimentaires peuvent être considérées comme ne présentant aucun intérêt pour le chercheur d'or, qui considère ces régions comme stériles, c'est-à-dire comme ne contenant aucun filon ou dépôt en place de minerai.

La pratique a prouvé, démontré que les veines métallifères ne se sont guère produites qu'en des endroits remués, bouleversés par des accidents du sol, comme par exemple dans des endroits montagneux, ou bien les contreforts des chaînes de montagnes. On trouve habituellement les minerais aurifères là où les terrains d'apport, les terrains sédimentaires sont traversés, bouleversés, par des venues de roches primitives ou ignées. Des pointements de granite, de syénite, de diorite, de gneiss, des affleurements de ces mêmes roches indiquent des terrains remués, des terrains qui ont dû être fracturés, présenter des bâillements de roches entre lesquels des dépôts, des filons ont pu se former.

Si l'on veut regarder la carte du monde, on verra que la presque totalité des mines d'or se trouvent en terrains montagneux principalement, ou tout au moins sur les versants ou contreforts de ces montagnes.

On pourra même aller plus loin et dire que les grands filons se trouvent presque tous sur les contreforts des montagnes *récemment bouleversées*. Presque toutes les grandes mines du monde se trouvent situées dans des bouleversements *tertiaires*. Les grandes chaînes tertiaires, telles que les Montagnes Rocheuses et la Cordillère des Andes, qui traversent l'Amérique du nord au sud, de l'extrême nord à l'extrême sud, ont été les grandes sources, et sont encore actuellement les grands centres de recherches et de trouvailles de zones aurifères.

Les granites, etc. des terrains primaires, qui n'ont pas subi de bouleversements ultérieurs, ont donné lieu à quelques belles exploitations remarquables par leur continuité en teneurs, en profondeur, mais la moyenne des teneurs est généralement moins forte que la moyenne des filons des terrains bouleversés lors de la période tertiaire.

Il y a évidemment de vieilles mines en terrain primitif telle la Saint-John del Rey, au Brésil, qui va chercher ses minerais à l'heure actuelle, en 1917, à plus de 1800^m de profondeur, ce qui est, à notre connaissance, la plus grande profondeur à laquelle les mines d'or aient jamais atteint avec des teneurs payantes. Mais, malheureusement, les terrains primitifs, qui n'ont pas subi de bouleversements ultérieurs, sont généralement recouverts par d'assez grandes épaisseurs de terrains d'apport qui empêchent les prospections. Ou bien alors, si ces roches primitives n'ont pas été recouvertes, il arrive que le rabotage de ces roches a été tel que les filons qu'elles pouvaient contenir ont disparu avec l'érosion qui a quelquefois raboté la roche sur plusieurs centaines de mètres d'épaisseur, et c'est sans doute les produits de ces rabotages qui ont constitué les placers et les alluvions en général qui se trouvent en contre-bas et au voisinage des montagnes.

Ce rabotage a été produit par les phénomènes que nous avons déjà décrits : altération des roches par la pluie, le soleil, le froid, et désagrégation consécutive de ces roches. Usure produite par la circulation, à la surface nue de ces roches, des graviers provenant de la désagrégation voisine, charriés par les eaux des pluies, par les torrents, par le vent, etc. Usure qui s'est continuée sans interruption, au cours des milliers de siècles, qui se sont écoulés depuis la mise en place de ces roches.

C'est ainsi, du reste, nous venons de le dire, qu'il est plus que probable que se sont constitués les placers qui ont été formés par les produits d'érosion des roches aurifères. Ces produits d'érosion, étant drainés dans un bassin où les parties les plus lourdes se trouvaient déposées, les plus légères s'en allant avec le courant : bassin qui jouait le rôle des nombreux appareils actuellement employés dans le traitement des minerais par lavage et qui ont permis la concentration de minerais qui n'auraient probablement jamais pu être exploités par la main des hommes, la teneur des roches étant trop faible, dans la majorité des cas, pour permettre un broyage des roches par les procédés mécaniques, mais broyage que la nature a effectué au cours des siècles, comme nous venons de le dire, par altération et érosion.

Cependant, comme l'or n'est attaqué par aucun des éléments naturels de l'eau et de l'air, il s'ensuit que certains de ces bassins, enrichis il y a des milliers de siècles, sont restés intacts là où les circonstances avaient constitué ces dépôts, et il arrive parfois que l'on trouve l'un d'eux, et quelquefois de très importants, là où aucune règle ni aucun raisonnement ne conseilleraient de les y aller chercher.

Enfin, les rivières, les cours d'eau peuvent être un indice pour le prospecteur.

Un cours d'eau dont le lit est tourmenté, interrompu par de nombreux *sauts*, chaînes de roches, de rapides, est un indice que le sol est peu recouvert de sédiments, c'est-à-dire que la roche est proche, et ces roches peuvent renfermer un filon.

S'il se trouve recoupé par le cours d'eau, il s'ensuit que des fragments de ce filon sont entraînés par les eaux, et par conséquent de l'or peut s'y rencontrer : un coup de batée donnera une certitude.

L'art du chercheur d'or, du *prospecteur*, est une chose qui ne s'apprend pas par des règles immuables, mais par une pratique de plusieurs années, au cours d'une longue suite de recherches.

5. — GITES.

L'*or* se présente à nous, en général, dans un nombre restreint de minéraux : *silice, sulfures, tellurures, sulfo-arséniures*, et les décompositions de ces roches et composés, et enfin en mélange avec d'autres métaux : *argent, cuivre, antimoine*, etc.

Dans la *silice*, on le trouve, soit en pépites, ou cristaux, intimement mélangé à la pâte, comme fondu avec elle, ou encore à l'état d'un vernis (itacolumites), ou enfin à l'état colloïdal, invisible, même au moyen d'un fort grossissement, et dans les alluvions de ces roches.

Dans les *sulfures* et *arsenio-sulfures*, on le trouve dans les quartz ou roches pyriteuses et conglomérats de ces roches, et enfin dans les alluvions plus ou moins oxydées de ces roches.

Dans les *tellurures*, on le trouve dans de petites fractures, de teneurs considérables, sous forme de filons plus ou moins puissants, mais dont la majorité n'a que quelques millimètres d'épaisseur (Australie, Mexique, Californie, Hongrie).

Dans la décomposition des *sulfures* et *sulfo-arséniures*, on le trouve dans les alvéoles des quartz, d'où ces composés sulfureux ont été dissous, laissant un vide dans la roche, cavité dans laquelle un cristal d'or plus ou moins gros peut se trouver isolé.

Souvent l'or se trouve dans des gisements qui ne sont pas spécialement des mines d'or, mais associé à d'autres métaux, association dans laquelle l'or ne se trouve que comme élément purement accessoire, et son extraction nécessite souvent alors de gros traitements métallurgiques.

En général, le prospecteur pour or recherche les roches où l'or est associé au quartz, à des schistes talqueux ou argileux, à certaines roches dioritiques, voire même à des grès ou à des meulières.

Enfin, on trouve les alluvions, un peu partout, dans des régions aurifères.

6. — FILONS AURIFÈRES.

Les filons se trouvent le plus généralement au contact de roches d'origine granitique (Californie, Amérique en général, Sibérie), ou en rapport avec des diorites. Il arrive même que ces granites encaissants sont eux-mêmes aurifères (Minas au Brésil) et les filons formés dans ces granites sont peut-être des filons dus à une remise en mouvement de l'or, se trouvant dans les roches encaissantes, dissous par les sources

hydrothermales qui contenaient sans doute des agents dissolvants de l'or, en même temps que la silice qui a formé
la pâte de ces filons, ce que nous avons déjà expliqué.

L'or de ces filons est généralement associé, en proportions
plus ou moins grandes, avec d'autres métaux : argent, étain,
cuivre, bismuth, etc.

On trouve des filons en contact avec la diorite (Australie
et Amérique du Sud). A Swift's Creek (Victoria) un filon suit
le contact de la diorite et des schistes métamorphiques, ce
qui se voit aussi au Vénézuela et en Turkestan.

Dans des trachytes pyriteux (Queensland et Nouvelle-
Zélande), où la roche encaissante est du trachyte, le filon lui-
même étant quartzeux.

Comme on le voit, les filons sont encaissés dans des roches
de nature et d'époque bien différentes.

Dans les filons, l'or, lui-même, peut se trouver dans une
gangue quartzeuse, sans sulfure, ou bien dans une gangue
quartzeuse, sans sulfures complexes.

Dans ces deux cas, la gangue, ou le quartz, est peu transparent, jaunâtre, comme rouillé dans les parties oxydées,
ou légèrement bleuâtre, ou gris bleuâtre dans les parties profondes. Parfois, il est presque blanc, présentant seulement
quelques traînées plus ou moins visibles de magnétite en
grains extrêmement fins, quelquefois le quartz est constitué
de cristaux de quartz plus ou moins nets, enrobés dans une
sorte de ciment, moins vitrifié, farineux, de silice tendre
et friable. Quelquefois encore, l'or se trouve isolé dans de
petites cavités creusées dans le quartz, qui proviennent,
comme nous venons de le voir, de pyrites dissoutes, ayant
laissé de leur présence une poudre rougeâtre de limonite, la
pyrite elle-même, nous le répétons, ayant disparu. Les quartz
sont alors sillonnés de rayures ocreuses, rouillées.

Les quartz bien blancs, laiteux ou cristallisés, calcédonieux, sont en général stériles.

En général, le quartz très dur est peu riche et, comme nous l'avons déjà dit, les parties les plus tendres d'un minerai sont généralement les plus riches.

Les minerais peuvent être des minerais complexes : pyrites de fer cuivreuses, chalcopyrites du Tharsis (Huelva), de Suède, de l'Arizona, où l'on trouve aussi des galènes aurifères.

Dans les mispickels, au Brésil (Faria, Ouro Preto), au Honduras (Santa-Cruz); enfin, en 1890, on en a trouvé en France même dans le Plateau Central, dans la Creuse, dans le Limousin, en Bretagne.

Dans des tellurures à gangues quartzeuses : Sibérie (Altaï); Californie (Mellones, Calavéras); Golden Rule (Tuolumué C°); au Chili, au Mexique, etc.

En pratique, on ne peut extraire l'or qui se trouve dans le granite, les quantités d'or y étant beaucoup trop faibles.

En général, dans un gisement, les filons les plus riches sont les plus pyriteux, et l'on pourrait ajouter ceux qui sont les plus riches en fer.

Lorsqu'en frappant un quartz, le marteau rebondit sans qu'aucune particule se soit détachée, c'est un mauvais indice. Un coup de marteau appliqué sur une corne de quartz d'affleurement doit, pour que ce quartz soit intéressant, ou tout au moins susceptible d'être examiné, en détacher des fragments, eux-mêmes aux trois quarts désagrégés, fendillés et les morceaux devront s'écraser presque comme un morceau de sucre, ce qui n'empêche pas ses éléments constitutifs de rayer le verre.

Toutefois, un filon peut être dur en affleurement et devenir friable après quelques mètres en profondeur.

Un filon au voisinage d'une roche verte mérite toujours d'être analysé : c'est là une mesure de sûreté.

Comme nous l'avons déjà dit, la richesse d'un filon n'est pas uniformément répartie, les parties les plus riches se

trouvant souvent comme tassées autour de certaines lignes,
et ces centres de hautes teneurs affectent particulièrement
les pendages les plus abruptes, dont le type idéal serait un
filon vertical et de direction parallèle à la direction générale
du système de soulèvement auquel il appartient.

Nous avons déjà expliqué que, lorsque deux galeries de
niveau différent ont rencontré des points de richesse, il y a
de grosses probabilités pour que cet enrichissement persiste
en concordance jusqu'à une certaine profondeur (*fig.* 6).

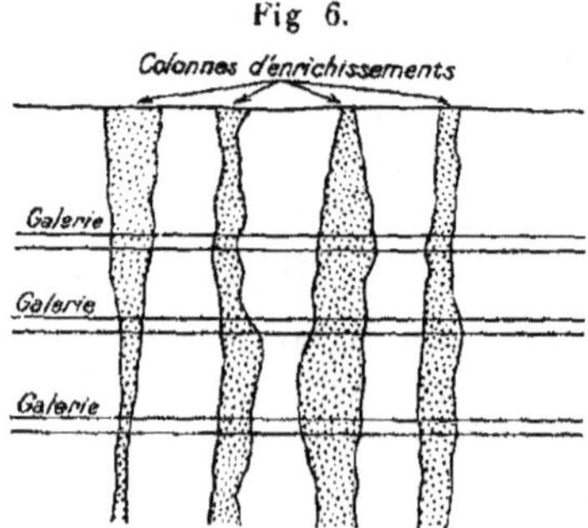

Fig 6.

Lorsque les filons s'éparpillent en direction, c'est-à-dire
se divisent en plusieurs filons plus minces, ce qu'on appelle
stockwerk, il faut y voir, la plupart du temps, un signe de
terminaison prochaine. Mais il ne faut pas envisager cet épanouissement en stockwerk comme un indice de désillusion,
car il arrive que la masse de ces filons peut valoir beaucoup
mieux que le corps du filon lui-même.

Pour en revenir à l'or, nous avons déjà dit que ce métal
était presque toujours accompagné de pyrites, de fer le plus
généralement.

Il est même très souvent *inclus* dans ces minéraux.

Le type de mine le plus courant, et pour ainsi dire le type
des mines d'or, est le minerai de quartz, soit que cette roche
soit en place, soit qu'elle se soit trouvée usée et transportée

au loin sous forme de débris, constituant ainsi les *alluvions*.

Le mineur ne doit pas s'attendre à trouver l'or en grosses masses, en morceaux très gros, ce qui arrive parfois, mais ce qui constitue aussi une rare exception, des cas que l'on cite. L'or se rencontre en petites parcelles, sous forme de petits grains disséminés dans la masse, parfois en vernis, et même à l'état colloïdal, à raison de quelques grammes par tonne de minerai quartzeux. Exemples : les mines de conglomérats du Sud Africain, qui exploitent des minerais contenant 6ᵍ par tonne, l'or se trouvant à l'état de division extrême ; Saint-John del Rey, qui exploite à 7ᵍ l'or se trouvant dans des minerais à sulfures complexes. Non seulement ces mines exploitent par moyens mécaniques, mais doivent encore, par surcroît, traiter leurs minerais par un procédé chimique très dispendieux, étant donnée la complexité des sulfures et arséniures qui accompagnent cet or.

Lorsque l'or des minerais aurifères est à l'état libre, qu'il jouit de la propriété d'être amalgamé par le mercure, sans qu'il soit besoin pour cela de lui faire subir aucune préparation, cet or est dit *free-milling*, par opposition à celui qui, étant enrobé dans une pellicule ou préservé par une sorte de vernis, ne peut être amalgamé tel que, et que pour cette raison on nomme *refractory gold*, ces deux termes étant des expressions anglaises adoptées par la généralité des mineurs.

Dans les minerais sulfurés, et bien entendu pour un minerai considéré, la teneur en or est d'autant plus élevé que la quantité de sulfures différents est plus grande et plus variée, c'est-à-dire que, dans un filon, les parties qui se trouvent dans les conditions ci-dessus décrites sont les parties les plus riches.

Nous avons déjà dit que certains minerais de métaux communs : cuivre, zinc, antimoine et surtout d'argent, contiennent de l'or, mais ces minerais sont du domaine de la métallurgie du métal considéré. Toutefois, certains minerais d'argent sont plutôt des minerais d'or et sont travaillés

comme tels ; il est du reste actuellement d'usage de traiter ces deux métaux par la cyanuration, et les deux métaux ne sont dissociés qu'après le traitement chimique qui sépare ces métaux de leur gangue.

Enfin, nous l'avons dit aussi, il existe des filons de tellurures d'or qui se trouvent encastrés dans des roches, indifféremment acides ou basiques, dans des granites, des andésites, des dolérites, etc.

L'or qui se trouve accumulé dans les terrains de sédiments, dans le lit des rivières, sur le fond de certains étangs, se nomme *or alluvionnaire*. Cet or a été déposé à la suite de la désagrégation des roches aurifères par les agents d'altérations, tels que pluies, torrents, etc.

Cet or se présente le plus souvent sous forme de poussière fine, mélangée à des débris provenant de l'effritement, de la désagrégation des roches, débris qui se présentent sous forme de sables et graviers.

Cette poussière est généralement *free milling*. Cependant, certains placers, nom donné aux mines alluvionnaires, produisent une certaine quantité d'or inamalgamable, ou *refractory*, que l'on appelle aussi *or rouillé*, et souvent aussi *or flottant*, du fait que, très souvent, les particules d'or ainsi inamalgamables flottent sur l'eau de lavage et se trouvent entraînées en dehors des appareils, par conséquent perdues.

Ce fait, assez étrange, étant donnée la grande densité de l'or, est attribué à ce que ces grains d'or flottant, généralement très fins, sont enrobés dans une sorte de vernis d'un supposé sulfure, qui l'aurait enveloppé et le tiendrait ainsi à l'abri de l'action du mercure. Toutefois, cette explication ne suffit pas pour expliquer pourquoi cet or flotte. A notre avis, l'explication suivante serait plus logique. Du fait du long séjour de ces parcelles d'or au contact d'une glaise verdâtre qui accompagne le plus souvent des minerais alluvionnaires, ce qui, entre parenthèse, ferait supposer que ces allu-

vions proviendraient de la désagrégation des roches vertes (Guinée, Guyane, etc.), une légère couche de cette glaise formerait enveloppe au grain d'or, laissant entre le grain d'or et cette enveloppe un petit réservoir d'air qui ferait flotter l'or. Ce qu'il y a de certain, c'est que l'exposition au soleil de grains d'or flottant suffit pour rendre cet or amalgamable.

Dans un ancien placer abandonné depuis de nombreuses années dans le Haut-Sinnamari (Guyane), il nous a été donné, en lavant une batée, de trouver des grains d'or au contact de mercure échappé des appareils des indigènes ayant exploité ce terrain, et cet or ne présentait aucune trace d'amalgamation; cependant, sa couleur était d'un beau jaune, alors que souvent l'or flottant a un aspect plutôt rouillé. Cette remarque prouve la résistance de la pellicule protectrice, étant donné le long séjour en contact intime du mercure et des grains d'or en question.

Les placers sont très souvent délimités par des dykes d'une roche terreuse, noirâtre, amphibolique, dont le ciment semble avoir été détruit, d'où sa friabilité. Cette roche se nomme, en Guyane, *roche morte;* aux Etats-Unis, *roche pourrie*, etc.

Les alluvions sont formées, nous l'avons dit, de particules de roches entraînées par les eaux. Le tableau ci-dessous nous donne un aperçu de la vitesse nécessaire pour entraîner ces matériaux, en ce qui concerne les matières siliceuses, dont la densité est de 2 environ, alors que la densité de l'or est de 18 à 19 suivant la proportion de bas métaux avec lesquels il se trouve mélangé.

Matières entraînées.	Vitesse du courant par seconde.
Argile	$0^m,08$
Sable fin	16
Sable (grain de mil)	19
Sable de rivière (haricot)	32
Galets (0,025 de diamètre environ)	65
Galets (œuf de poule)	$1^m,00$

Cette vitesse est calculée sur le fond, ce qui signifie qu'en surface elle est environ le double.

Les alluvions, dans la majorité des cas, se trouvent, sauf pour les alluvions de rivières, enterrées sous une couche plus ou moins épaisse de terre, généralement de couleur jaune, plus ou moins rougeâtre.

Ces alluvions se sont déposées par couches plus ou moins épaisses et sont constituées par des graviers et cailloux de quartz roulés, agglutinés ou non par une sorte d'argile blanche, ou vert bleuté, fortement mélangée de sable fin de quartz.

Ces alluvions reposent la plupart du temps sur une couche d'argile un peu plus foncée en couleur. La zone de contact est parfois peu commode à déterminer exactement, les cailloux roulés ayant très souvent pénétré fort avant dans la couche argileuse du fond, que l'on appelle, improprement du reste, *bed-rock*.

Cette zone, mal définie, est généralement la plus riche, et c'est là aussi que l'or est le plus gros. Les grains un peu gros, que l'on nomme *pépites*, pénètrent quelquefois fort avant dans la couche argileuse de dessous.

Lorsque l'argile du fond est franchement blanche, elle est généralement stérile. Plus la couleur de l'argile tire sur le bleu verdâtre, meilleur est l'indice.

Toutefois, en Guyane, certains placers très riches avaient leurs alluvions cimentées par une argile blanche, légèrement verdâtre.

Les alluvions aurifères, précisément par suite de la densité de l'or, sont rarement très éloignées de leur lieu d'origine de plus de 2^{km} à 5^{km}.

Il y a donc tout lieu d'estimer qu'en remontant le thalweg, c'est-à-dire les déclivités des terrains qu'ont suivis les eaux alluvionnaires, on arriverait jusqu'aux roches qui ont donné naissance à ces placers.

Si le placer est situé à flanc de coteau, il est fortement recommandé de rechercher sur l'autre versant, *à contre-versant*. Il est rare que, en un point à peu près symétrique par rapport à la crête, on ne trouve pas également des teneurs presque identiques, ce qui ne signifie pas que l'on trouve un gîte d'égale valeur comme étendue.

Plus les fragments sont rouillés, plus les alluvions contiennent de pyrites roulées ou non (si les pyrites ne sont que peu roulées, cela indiquerait que le gîte d'origine n'est pas très éloigné), plus la couche est riche en or.

On pourrait presque dire que la teneur en or est directement proportionnelle à la richesse en pyrites aurifères. Cela peut se rapprocher de ce que nous avons déjà dit au sujet des filons.

Quand, sur le flanc d'une colline, on trouve des traces d'or, il est bon, au pied de cette colline, de donner des coups de sondages (terres de montagne), surtout si les terrains considérés sont constitués de petits graviers roulés, très ferrugineux, mélangés de sable. Certains de ces petits cailloux roulés sont de la sanguine.

En rivière, nous avons remarqué, en diverses exploitations, que les argiles jaunâtres, à gros graviers de quartz roulés ou non sont très riches, surtout quand ces argiles sont d'une teinte tirant sur le vert.

L'argile bleuâtre est riche, si elle est mélangée de sable blanc sale, argileux.

L'argile presque rouge est riche en or gros, surtout quand elle est accompagnée de mica détritique et de débris de roches amphiboliques, ou de micaschistes mélangés de gros débris de quartz rouillé.

Enfin, dans les tournants brusques des rivières, charriant des alluvions aurifères, il serait utile de travailler avec beaucoup de soins, car généralement ces tournants ont favorisé les dépôts d'or.

Du reste, les alluvions anciennes sont toutes, à notre connaissance, formées par des anciens lits de rivières. Ces rivières ont subi un déplacement parfois considérable (Californie), mais les tracés de ces placers, d'alluvions anciennes, montrent nettement leur origine et permettent le rapprochement avec les tracés des cours d'eaux actuels. Toutefois, nous le répétons, ces tracés ont subi parfois des déplacements très considérables qui prouvent que dans ces contrées le sol fut parfois terriblement remué, nous dirons même bouleversé.

De même sur les hauts fonds, là où le courant diminue d'intensité, l'or se dépose sur les matériaux du fond.

CHAPITRE II.

PROSPECTION ET ÉTUDE.

1. — MATÉRIEL. PREMIÈRES RECHERCHES.

Trousse de prospection.

Chalumeau, lampe à alcool, alcool, pinces d'acier à bouts ronds, pince d'électricien, brucelle, pince à bouts de platine. Fil de platine, charbon de bois (dur), aimant, loupe, boussole, canif, mortier agate et pilon, petit mortier en fonte d'acier, lames de zinc, de cuivre, de plomb, d'acier flexible, zinc en paille, tubes de verre, tubes à réactions, éprouvettes graduées (une de 1 litre, deux de 250^{cm^3}), pipettes graduées, de 10^{cl}, capsules de porcelaine, tamis, quatre entonnoirs en verre (deux grands, deux en fer émaillé).

Borax, carbonate de soude, carbonate de potasse, cyanure de potassium, sel de phosphore, potasse et soude caustiques, hyposulfite de soude, prussiate, oxalate d'ammoniaque, acide oxalique, nitrate d'argent, protochlorure d'étain, chlorure d'étain, sulfure de fer, sulfate de fer, acide chlorhydrique, acide sulfurique, acide citrique, solution de nitrate de cobalt, ammoniaque.

Pour un laboratoire d'études et d'essais, il faudra en outre un matériel que nous donnerons plus loin.

Lorsque le prospecteur a cru trouver un gîte quelconque aurifère, il lui reste à le connaître, car il ne suffit pas de trouver un gîte aurifère, il faut, avant toute chose, s'assurer que ce gîte a une valeur industrielle quelconque; il reste donc à savoir si les teneurs sont avantageuses et si le gîte est assez étendu pour former une masse d'or pouvant payer les frais d'établissement et l'exploitation rémunératrice dans l'avenir, tout en amortissant largement le matériel.

Une mine d'or est une chose essentiellement éphémère, qui ne dure qu'autant qu'il y a du minerai, lequel, sauf pour les alluvions modernes de rivières, ne se reforme pas.

Il s'agit donc, nous le répétons, de posséder un stock de métal précieux pouvant rembourser les frais de toutes sortes : frais d'établissement, frais d'exploitation, intérêts de l'argent d'apport, amortissements de tous genres, réserves, etc., et payer des bénéfices.

Pour apprécier ce dépôt de métal précieux, il faut en connaître d'abord la masse, c'est-à-dire la quantité de minerai que l'on peut retirer, autrement dit, le volume total. S'il s'agit d'un filon : longueur, puissance, profondeur. S'il s'agit d'un placer, la superficie et la profondeur et l'épaisseur de la couche. Nous disons la profondeur, car le cube des terres à enlever doit être compris dans les frais, et d'autant plus que les terrains stériles qui recouvrent les couches riches peuvent très souvent être un empêchement à l'exploitation.

Quand nous aurons le volume du minerai, nous multiplierons ce volume par la densité moyenne, et nous aurons alors un nombre de tonnes.

En divers endroits de la masse, on prélève des échantillons, ou *samples*, ou *carottes*, afin d'en faire des analyses sévères qui nous donneront la richesse, ou *teneur* en or.

On arrive ainsi, de proche en proche, à obtenir une *carte des teneurs* ou tableau de la mine, et par suite la valeur approximative du filon, ou du gîte, en métal précieux.

Ensuite, il faut rapprocher le coût du matériel et le comparer avec le prix de revient du mètre cube ou de la tonne de minerai extrait, la dépense du procédé à employer pour la récupération de l'or, voir s'il n'y a pas d'impossibilité pratique et si le minerai est susceptible de traitement (nous connaissons des sociétés qui n'ont pas hésité à dépenser des sommes de plusieurs millions pour l'exploitation d'un minerai qui ne payait pas les frais).

Il faudra donc, en résumé, lorsque le prospecteur aura trouvé un gîte, que ce gîte soit étudié sérieusement.

Si le gîte n'est pas découvert, il faudra procéder par des sondages, en commençant autour de l'affleurement, de façon à trouver la direction du gîte. Puis, sur cette direction, il faudra également prélever des échantillons. Si le filon, en admettant que le gîte en question soit un filon, si le filon n'est pas trop recouvert, il faudra procéder par petites tranchées de recoupe, pratiquées de distance en distance, sur la direction supposée. S'il arrive que la dernière tranchée pratiquée sur la direction ne donne pas d'indication de filon, il peut alors se faire qu'entre l'avant-dernière recoupe et celle considérée, le filon ait, soit changé de direction ou disparu. Auquel cas, il faudra pratiquer une recoupe entre les deux dernières et, de proche en proche, retrouver la nouvelle direction.

Quand on aura ainsi reconnu le filon sur une certaine longueur, il faudra alors s'assurer que les teneurs en or se maintiennent en profondeur. Pour cela, sur quelques-unes des tranchées de recoupe, on procédera à des terrassements un peu importants, de façon à pouvoir prendre des échantillons à 4^m ou 10^m, si faire se peut, au-dessous de la crête du filon.

Si le gîte considéré est un placer, il faudra alors procéder à des recherches à la sonde ou au moyen de petits puits verticaux de $0^m,80$ de diamètre, ou rectangulaires de $0^m,60 \times 1^m$.

Dans les sondages, l'emploi du temps peut se répartir ainsi : manœuvre, 15 pour 100; battage, 55 pour 100 ; curage, 20 pour 100; accidents, 10 pour 100. Par poste de 12 heures, il faut compter 4 hommes, comme nous le verrons plus loin.

2. — FILONS.

Lorsqu'il aura découvert un filon, le prospecteur tracera de 100^m en 100^m, sur la direction supposée, des rectangles de 1^m de large sur 3^m de long, que des ouvriers terrassiers attaqueront à la pelle et à la pioche, afin de mettre la roche à nu. Il faut bien entendu, pour procéder de cette façon, que la crête du filon ne se trouve pas à plus de 5^m de profondeur, car si la profondeur augmente, il faudra alors augmenter les dimensions du trou, de façon à permettre de travailler par étages successifs.

Généralement, les filons sont très peu recouverts et il est rare de se trouver dans la nécessité de descendre au-dessous de 10^m, le plus souvent l'épaisseur des morts terrains n'est que de quelques décimètres et, en tout cas, il est rare de se trouver dans la nécessité de recourir au boisage pour maintenir les terrains du trou de prospection. Les terrains sont le plus souvent assez consistants pour permettre de descendre jusqu'à 4^m ou 5^m, sans qu'il soit nécessaire de boiser.

Lorsque ce travail aura permis de reconnaître un filon, sur 1^{km} par exemple, on commencera les travaux d'approfondissement pour obtenir, comme nous l'avons déjà dit, des échantillons au-dessous de la crête.

Il arrive, en effet, que des roches sont extrêmement riches en affleurement, sur la crête, et que cette richesse, quelquefois remarquable, n'intéresse que l'épaisseur de quelques millimètres.

Il nous a été donné de trouver au Brésil (Minas) des roches dont l'affleurement tenait 800^g à la tonne, tandis qu'à quelques centimètres plus bas, ces teneurs tombaient à 20^g ou 25^g, pour ne plus être que 2^g ou 3^g à 0^m,50 au-dessous de la crête.

Il sera donc très prudent, avant de s'engager dans de

grosses dépenses de prospections, de s'assurer aussi vite que possible de la réalité des teneurs.

Pendant ce travail, on continue les recherches en direction. Si, comme nous l'avons déjà signalé plus haut, le filon vient à manquer dans l'un des trous, il faudra revenir en arrière, à moitié chemin, et ainsi de proche en proche jusqu'à ce que le filon soit retrouvé. Si le filon a changé de direction, il faudra alors, bien entendu, suivre les recherches sur cette nouvelle direction.

Il peut arriver que le filon ait subi un glissement, il faudra alors retrouver la faille qui a provoqué ce glissement, pour savoir dans quel sens devront être poussées les recherches : dans le sens de l'angle obtus.

Dans les pays où la culture n'a pas bouleversé la surface des terrains, il est souvent assez facile de suivre, sur le sol, la direction des filons. Ceux-ci, la plupart du temps, sont décelés par des traînées de petits débris de quartz, ou de roches, qui vont même jusqu'à faire une légère saillie en surface, comme une sorte de petit talus plus ou moins large. Toutefois, il n'en est pas de même lorsque les terres de surface ont été dérangées par la charrue ou par la végétation des forêts, les racines bouleversant les terrains de surface.

Un filon se termine quelquefois en feuille de fougère. Cet épanouissement du filon prend le nom de *stockwerk*.

Il faut enfin connaître l'épaisseur du remplissage du filon : pour cela, on creuse comme pour prendre des échantillons, à quelques mètres au-dessous de la crête, en suivant les parois du filon, de façon à déterminer l'angle (α), qui donnera le pendage que ce filon fait avec la verticale. Ensuite, sur le prolongement de ce pendage, on procédera, à l'aide d'une sonde, à des trous qui nous donneront, à diverses profondeurs dans le sol, l'épaisseur du filon, qu'il sera facile de déterminer (*fig.* 7) en se déplaçant en *a*, *b*, *c* sur le terrain;

on aura alors les longueurs aA, bB, cC, desquelles on obtiendra facilement l'épaisseur.

Si, pour effectuer ce travail, on emploie une sonde carottière, on peut alors prélever des échantillons de la roche aux points A, B, C, échantillons qui serviront, pour analyses, à

Fig. 7.

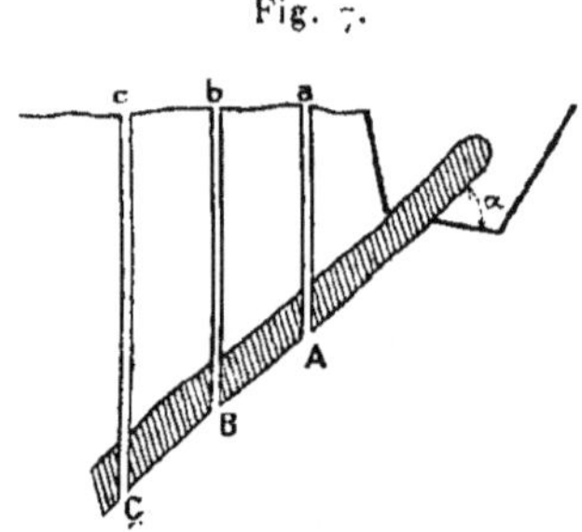

déterminer les teneurs aux points considérés. Ce procédé dispensera alors de procéder aux fouilles en profondeur, comme nous l'avons indiqué plus haut.

Pour les sondages, la main-d'œuvre nécessaire est, sans compter le chef, pour des trous jusqu'à 20^m : 3 hommes; 50^m : 4 hommes; 100^m : 5 hommes.

Il faut compter une demi-journée pour démonter et remonter l'appareil.

A forfait, en France, on admet les prix suivants :

Jusqu'à 20^m : 30^{fr}, les 10^m suivants; 40^{fr}, les 20^m suivants, c'est-à-dire de 40^m à 60^m; 50^{fr}, en augmentant de 10^{fr} par chaque tranche de 20^m. On ajoute à ces prix la location du matériel, comme suit :

10^m : 5^{fr}; 30^m : 6^{fr}; 100^m : 10^{fr}; 200^m : 15^{fr}; 400^m : 20^{fr}.

Quand les prospections sont faites par puits, on admet qu'un *bon ouvrier* peut, dans un terrain meuble, creuser un puits de $0^m,80$ à $0^m,90$ de diamètre, à raison de 5^m le premier jour (12 heures), 3^m le deuxième, 2^m ensuite. Il lui faudra, dès la profondeur de 2^m, un appareil et deux hommes pour remonter les terres.

Ces chiffres s'entendent pour des puits en terrains meubles, telles que les argiles sableuses, comme sont généralement les terrains recouvrant les placers.

La reconnaissance en profondeur des filons n'est jamais poussée très loin par le prospecteur qui descend rarement ses recherches au-dessous de $5o^m$ à $6o^m$.

Avec une sonde carottière, il est facile de reconnaître un filon dans tous ses éléments intéressants.

Il peut arriver que le filon possède un pendage presque vertical, et c'est du reste un indice favorable pour la richesse des teneurs. Dans ce cas, les sondages en grande profondeur deviennent très difficiles, en ce sens que les outils d'attaque glissent sur la paroi dure du filon, sans l'attaquer, et le trou de sondage risque de devenir oblique, et ce fait peut déterminer la rupture de l'instrument.

Dans ce cas, il vaudra mieux, si l'on veut s'assurer des teneurs en profondeur, percer des petits puits de 25^m à 35^m, à main d'homme, comme nous venons de le dire plus haut, de $o^m,8o$ de diamètre, quitte à boiser si les terrains ne sont pas suffisamment consistants, pour tenir seuls (généralement, il est rare d'être obligé de recourir au boisage pour des puits de cette dimension, excepté toutefois si l'on travaille en terrain humide ou très sablonneux).

Nous avons vu, déjà, que la richesse en or était loin d'être uniformément répartie dans toute la masse du minerai. Le prospecteur aura donc soin de ne rien conclure, même de rien augurer, sur un seul sondage.

Il devra au contraire se convaincre honnêtement qu'il lui est nécessaire de faire le plus grand nombre possible de sondages, à l'aide des moyens qui lui sont fournis. Il reste évident qu'un prospecteur ne peut dépenser plus d'argent que celui que le groupe financier qui l'emploie n'en met à sa disposition. Il doit arriver, pour une bonne étude, à trouver des moyennes sensiblement concordantes pour des profondeurs égales, correspondantes.

Les appareils de sondage sont très nombreux, et l'on pourrait même dire qu'autant de constructeurs, autant de modèles différents. Toutefois, tous sont suffisamment semblables pour que l'on puisse dire qu'il n'y a que deux sortes d'appareils : les *tarières*, qui percent par rotation ; les *trépans*, qui percent par choque et rodage.

Les constructeurs ont l'habitude de les classer suivant la profondeur à laquelle ils doivent atteindre.

Les tarières sont des appareils dont la partie intéressante ressemble à une grosse mèche de charpentier ou de menuisier. Cette grosse mèche se visse sur des rallonges, jusqu'à la profondeur désirée.

Il y a des mèches rubannées, c'est-à-dire ayant l'aspect des outils de menuisiers dits mèches américaines, tordues en spirales ; il y a les *cuillers*, qui ressemblent à des tarauds de charpentier, etc.

Les sondes qui permettent de faire de petits sondages sont à main, telle la sonde Palissy. L'outil d'attaque se manœuvre à l'aide d'un tourne-à-gauche, et l'avancement s'obtient à l'aide d'une vis.

Les instruments qui descendent au-dessous de 15^m, se composent de rallonges de 1^m ou 2^m de longueur, se vissant l'une au bout de l'autre.

De temps en temps, et suivant la nature du terrain que l'on traverse, on remonte l'outil, avec ses rallonges, pour le curer.

Toutefois, quand il s'agit d'entrer dans de la roche dure, il ne peut être envisagé de façon pratique d'utiliser les outils ci-dessus. Il faut alors recourir au battage ou aux appareils à couronnes, qui sont maintenant presque uniquement employés, étant donné le bon marché du rendement.

Il y a des appareils dont les couronnes, lorsqu'il s'agit de percer des roches très dures, sont garnies de diamants. Ce sertissage de diamants nécessite de ouvriers spéciaux, très entraînés, et le prix des diamants, qui se perdent assez facilement, s'ils ne sont pas irréprochablement montés, entraîne à des dépenses assez élevées. Il y a quelques années, des constructeurs ont eu l'idée d'utiliser, pour user la roche, des couronnes en acier de trempe spéciale, qui, en tournant, font rouler de petits grains d'acier de même nature, qui, en roulant, usent la roche.

Ces appareils, très pratiques, ont tout de suite attiré l'attention des constructeurs qui se sont, en peu de temps, appropriés le principe fondamental de cet outil qui se trouve maintenant être presque seul en usage.

Il consiste en un long tube, composé de bouts se vissant les uns dans les autres et terminé, comme outil d'attaque, par une couronne de même diamètre que le tube lui-même, couronne, nous l'avons dit, en acier spécialement trempé. Dans l'intérieur du tube, on introduit de petits grains d'acier, très durs, qui, tombant au fond, viennent se loger sous la couronne. Si alors on fait tourner cette couronne, par l'intermédiaire du tube entier, les petits grains d'acier sont entraînés et appuient sur le fond de roche, avec une pression représentée par le poids de l'appareil, et, sous la lubrification obtenue par de l'eau, également introduite par l'intérieur du tube, la roche se trouve désagrégée très rapidement, avec un avancement encore inconnu avec les sondes à diamants et autres, pour des roches d'une dureté très grande, tels les quartz les plus durs, voire même l'émeri.

Cet appareil est d'autant plus avantageux qu'il permet d'obtenir des carottes remarquables, car la couronne découpe dans la roche des cylindres absolument parfaits qu'un tour de main permet de remonter très facilement, et qui donnent alors admirablement, et en toute netteté, la disposition et la structure des éléments, puisque la carotte obtenue est un morceau de roche, découpé très nettement, au sein même (*fig.* 8, montrant le schéma du dispositif).

De temps en temps, soit que l'on emploie des sondes à

Fig. 8.

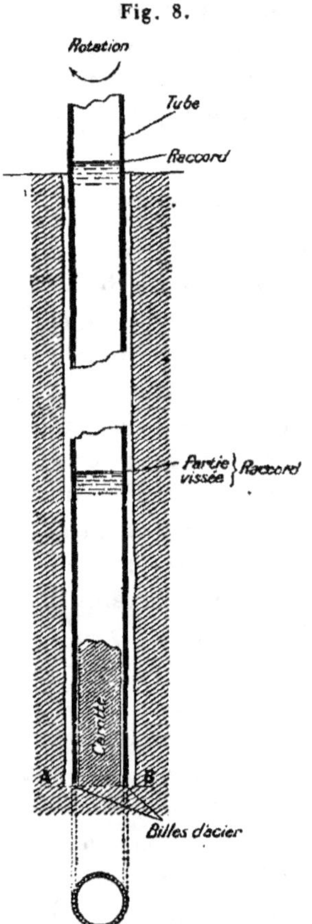

mèches, soit que l'on emploie l'instrument plus perfectionné que nous venons de décrire, il est prudent de remonter toute la sonde : pour curer le trou, et il en sera ainsi avec les instruments à battage (trépans).

Ce curage sera effectué tous les 10^{cm} à 20^{cm} d'avancement, lorsqu'il s'agira de roches dures, et tous les 50^{cm} à 1^{m} lorsqu'il sera travaillé en roches tendres.

De plus, qu'il soit question de roches dures, ou tendres, il faudra toujours que l'attaque soit faite au contact de l'eau. En conséquence, de temps en temps, il faudra verser dans le trou un peu d'eau.

Les appareils perfectionnés, utilisés maintenant partout, ou presque, pour l'attaque des roches, sont munis d'un dispositif spécial, qui introduit l'eau constamment pendant le travail.

Dans les appareils dont nous donnons le croquis, l'eau est introduite par la tête de l'instrument, au moyen d'une petite pompe, et cette eau est refoulée par l'intérieur du tube formant corps de sonde. En même temps qu'elle refroidit l'outil et aide à la désagrégation de la roche, cette eau sert aussi à nettoyer le fond d'attaque, en entraînant les poussières formées, qui remontent, sous forme d'eau sale, sur la surface extérieure du tube sonde.

Quand le trou est très profond, un dispositif spécial permet aux poussières ainsi entraînées de se déposer dans une sorte de récipient, reconstituant par dépôt une deuxième carotte, sous forme de poussières.

Les sondages exigent toujours un peu de pratique et beaucoup d'attention.

Dans les appareils à battage, il faut que le chef de sonde fasse en sorte que l'outil, ou *fleuret* d'attaque, ne soit pas trop usé. Une usure de 3^{mm} a émoussé suffisamment l'outil pour nécessiter son remplacement.

Il n'est pas économique de travailler avec des outils trop émoussés.

Nous avons dit qu'il fallait veiller à ce que de l'eau soit

versée souvent dans le trou. Cette eau, en dehors du mordant qu'elle donne à l'outil, a pour but de le refroidir, l'empêchant ainsi de se détremper par suite de l'échauffement considérable produit par la résistance de la roche à l'arrachement.

Il ne faut jamais laisser *s'engager* un fleuret, pas plus qu'une mèche du reste; il vaut mieux remonter souvent la sonde, si le travail devient dur, et surtout si l'on sent une résistance quelconque, non habituelle, plutôt que d'attendre.

Les appareils qui forent à plus de 10^m sont tous munis d'un dispositif qui permet de remonter la sonde à la manivelle, c'est-à-dire au treuil.

Enfin, pour un travail un peu important, il faut envisager l'approvisionnement d'appareils de sauvetage, pour le cas d'avarie ou rupture.

Pour les petites recherches, il existe de petites sondes dites *sondes Bornet*, qui peuvent travailler à bras jusqu'à 20^m et au moteur jusqu'à 100^m. Cette petite sonde permet d'obtenir des carottes. Elle peut être munie d'un couronne Davis, à pointes d'acier, ce qui rend déjà possible l'attaque de roches de moyenne dureté.

Elle ne nécessite pas le remontage constant de l'appareil pour le curage, car cette petite sonde est creuse et permet l'envoi de l'eau sous petite pression à l'intérieur, et de même que pour les sondes à usure par grenailles d'acier, cette sonde évacue les poussières de roche, sous forme d'eau sale qui remonte entre le corps extérieur de la sonde et la paroi du trou de sonde.

Lorsque l'on doit envisager le sondage au-dessous de 50^m, il est bon de faire travailler l'outil à l'aide de la force motrice, ou tout au moins au moyen d'un manège, mû par la force animale.

Quand les terrains traversés sont ébouleux, il faut alors

consolider les parois du trou de sonde pour éviter des éboulements qui enterreraient l'outil, qui serait alors perdu. Il existe pour cela deux moyens : le premier en date, c'est-à-dire le plus ancien, qui consistait à tuber le trou de sonde, est assez dispendieux et prend un temps considérable. Il existe maintenant un deuxième procédé, de beaucoup plus rapide, et peu cher, qui consiste, au moyen d'un dispositif spécial, à injecter les terres formant parois, au moyen d'un lait de ciment à prise rapide qui leur donne une très grande solidité.

Nous avons dit qu'il existait des couronnes dont on munissait les outils de sonde, lesquelles couronnes sont serties de diamants. Ces couronnes spéciales coûtent très cher, et nous engagerons fortement, étant donnés les ennuis constants que provoquent ces appareils, à donner la préférence aux appareils à grains d'acier. Ces couronnes à diamants étaient, il est vrai, avant la découverte des outils à grains d'acier, les seules qui pouvaient attaquer pratiquement le quartz, les diorites et diabases, et certains porphyres et granites. On était donc, lorsqu'il fallait attaquer un filon de quartz pour en connaître la puissance en profondeur, forcé de recourir à ces outils et à la main-d'œuvre spéciale que nécessitait leur emploi. Il n'en est plus de même aujourd'hui, grâce, répétons-le, aux outils à grains d'acier.

Il existe un grand nombre de marques de ces appareils : tous les constructeurs de matériel de mines en fabriquent à l'heure actuelle, et l'on n'a plus que l'embarras du choix; et tous sont bons, étant tous extrêmement simples et robustes, et leur emploi permet de dresser rapidement une main-d'œuvre quelconque.

Avec ces sondes, l'avancement moyen est de $0^m,40$ dans le quartz, de 1^m environ dans le granite, et peut atteindre 2^m dans le grès pour des sondages ne dépassant 100^m.

Il faut avoir soin toutefois de veiller au bon fonctionnement de la pompe qui refoule l'eau, de façon à ce que la grenaille d'acier travaille toujours sur une surface d'attaque très propre, de façon à empêcher un encrassement possible de l'outil.

Nous répétons encore que cet instrument permet de travailler les roches les plus dures avec succès : basaltes, diabases, corindon, quartz.

Cet appareil permet de travailler à des profondeurs encore inconnues, jusqu'à ces derniers temps, et ceci dans des conditions économiques remarquables.

Les réparations sont extrêmement rares, et les frais ne consistent qu'en force motrice, deux ou trois hommes, et les grenailles d'acier qui se présentent sous l'aspect de grains de la grosseur des plombs de chasse.

Enfin, cet appareil permet, lorsque l'on travaille en terrains tendres, de remplacer la couronne à grenailles par une couronne Davis, à pointes d'acier.

3. — ALLUVIONS.

Un centre d'exploitation d'alluvions se nomme *placer*.

Le matériel de sondage, pour déterminer la valeur d'un placer, est peu compliqué, étant donné le peu de profondeur à laquelle on descend les trous de prospection. Mais nous préférons la méthode par puits, à la sonde.

Un bon matériel pourra être constitué comme suit :

1 appareil de sondage, suivant la profondeur à laquelle on doit descendre, 1 pompe à sable, 1 trépan, 1 échantillonneur, 1 cuiller ouverte, 2 pinces à tubes, 2 tourne-à-gauche, 1 clef d'arrêt, 1 tête de sonde, 1 tête de tube, 1 sabot de tube, 1 caracole, 4, 5, 6, ou plus, tiges de 2^m, 3 tiges de 1^m, 6 manches de tiges, 3, ou plus, tubes de 2^m, 2 ou 3 tronçons de tubes de 1^m, 4 ou 5 manchons de tubes.

Lorsqu'il s'agira de déterminer un gîte alluvionnaire, le prospecteur donnera des coups de sonde d'abord en ligne droite, sur une direction quelconque, de 10^m en 10^m, ou de 20^m en 20^m, suivant l'approximation que l'on désire (*fig.* 9).

Fig. 9.

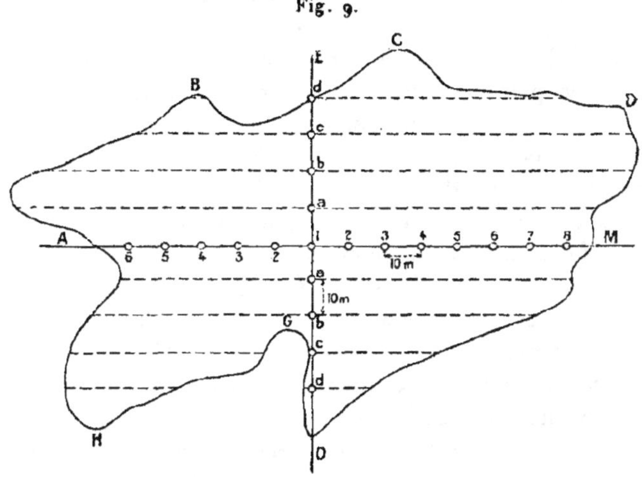

Il déterminera, dans chaque trou, l'épaisseur de stériles, c'est-à-dire l'épaisseur de terre qui ne contient pas d'or et qui recouvre la couche alluvionnaire. Il déterminera ensuite et très soigneusement l'épaisseur de la couche aurifère et son allure de teneurs.

Il poursuivra ses recherches jusqu'à ce qu'il rencontre une zone absolument stérile, qui marquera dans cette direction la limite exploitable.

Supposons qu'il ait commencé en 1, et qu'il se soit arrêté en M.

Il reviendra à son point de départ et repartira dans un sens opposé, vers A. Puis il reviendra, quand il se sera assuré que A est une nouvelle limite en 1, pour repartir sur une direction perpendiculaire à la première direction A, M, vers E, qui sera encore une limite. Il reviendra encore une fois en 1, pour repartir dans la direction O, qui sera encore une limite. Il aura donc ainsi une suite de trous de sonde, 1, 2, 3, 4, etc., 1′, 2′, 3′, 4′, etc., et de chacun de ces trous comme point de départ, il repartira pour trouver les autres limites B, C, D, ..., M, N, O, P, ... A. Quand il aura obtenu tous les points : *a*, B, etc., il tracera alors sa carte et portera en regard de chaque point de sonde les divers renseignements concernant les profondeurs, épaisseurs, teneurs, etc.

Avec ces chiffres, il pourra alors déterminer le cube total de minerai, c'est-à-dire trouver la valeur du placer.

Nous devons toutefois ajouter que le prospecteur ne doit jamais faire mesurer les matériaux enlevés à l'aide d'une mesure quelconque. Il faut mesurer la quantité de sables et terres enlevés en calculant les dimensions 'de la sonde, multipliées par la profondeur du trou.

Il faut en effet tenir compte que la terre enlevée foisonne considérablement. Calculée par les matériaux sortis, les quantités trouvées se trouveraient forcées. Or, il vaut mieux estimer au-dessous qu'au-dessus de la réalité.

4. — ESSAIS RAPIDES ET PRODUITS DE LABORATOIRE.

Le matériel de laboratoire nécessaire pour faire des essais est le suivant :

Tamis n⁰ˢ 40, 60, 90.
20 matras d'essayeur de 25ᵍ.
50 tubes à réactifs.
1 moule à coupelles de 32ᶠ.
1 support pour matras.
12 bâtons de sanguine.
200 creusets de fusion n° 12 (1 creuset peut servir en moyenne pour 3 essais).
25 couvercles de creuset n° 12.
25 fromages 6 × 5.
30 scorificateurs de 5ᶜᵐ.
30 têts à rôtir de 9ᶜᵐ.
100 coupelles de 32ᶠ.

50 coupelles de 28ᶠ.
25ᵏᵍ de cendres d'os.
1 balance d'essayeur avec poids sensible au $\frac{1}{10}$ de milligramme.
2 brucelles acier.
1 trébuchet de 100ᵍ et poids.
1 balance Roberval 25ᵏᵍ et poids.
2 batées en fer conique.
1 fourneau à moufle et grille de 132ᵐᵐ × 85ᵐᵐ.
12 moufles de 132ᵐᵐ × 85ᵐᵐ intérieur.
3 portes de rechange.

6 supports d'arrière de moufle.

2 pinces à matras en bois.

1 pince à creusets bouts courbes de 50^{cm}.

1 pince à creusets, longueur : 90^{cm}.

1 pince à coupelles à garde.

1 pince à scorificatoires.

1 pince à mâchoires plates.

1 mortier en fonte d'acier, 2 litres.

1 mortier en fonte d'acier, 1 litre.

3 pilons en fonte d'acier.

50^{cm} × 50^{cm} toile métallique, n°s 40, 60, 90.

1 mortier pharmacien en agate de 25$^{cm^3}$ de capacité et pilon.

1 spatule en fer de 90^{cm}.

2 grattes-brosses.

1 aimant en fer à cheval.

3 lingottières en fonte 3 trous.

20 agitateurs en verre.

2 marmites en fer émaillé de 2 litres.

2 marmites en fer émaillé de 4 litres avec couvercles fer émaillé.

2 bouillottes fer émaillé de 1 litre avec couvercles fer émaillé.

1 mémorandum de chimie (Dunod).

1 traité de chimie générale.

2 grilles en fonte de 0,40 × 0,40 ou de 0,40 × 0,60.

5^{kg} d'acide nitrique pur à 40°.

50^{kg} de litharge en poudre. ·

25^{kg} de bicarbonate de soude sec et pulvérisé.

50^{kg} de carbonate de soude sec et pulvérisé.

40^{kg} de borax pulvérisé.

10^{kg} de nitre pulvérisé.

200^g d'argent pur en lames ou en fil.

3 mains de papier à filtrer.

5^{kg} de soude caustique du commerce.

6 entonnoirs verre de 11^{cm}.

3 entonnoirs verre de 6^{cm}.

2 capsules tôle émaillée : 16^{cm}, fond rond, à anses et à bec.

2 lampes à alcool.

6 capsules porcelaine, fond rond, à bec : 5^{cm} de diamètre.

1 cuiller porcelaine.

1 chalumeau laiton. Fil de platine (50^{cm} à 1^m).

6 verres à expériences de 125$^{cm^3}$.

1 pèse acide Baumé de 0° à 70°.

2 éprouvettes graduées de 250$^{cm^3}$.

1 éprouvette graduée de 1 litre.

2^{kg} acide chlorhydrique pur.

2^{kg} solution d'ammoniaque.

5^{kg} de mercure.

10^{kg} cyanure de potassium ordinaire.

1 petit tas en acier poli 6 × 6 à queue.

1 petit étau à griffes avec petit tas.

1 marteau rivoire de menuisier.

1 marteau rivoire de tapissier, 200^g.

1 hachette à bois (petite).

1 scie à bois (égoïne).

3^{kg} de clous de toutes dimensions.

1 tenaille de menuisier.

1 pince d'électricien dite universelle.

1 paire de cisailles pour fer blanc.

1^{kg} de fil fer à lier.

1^{kg} fil fer 1^{mm}.

1^{kg} fil fer 2^{mm}.

10 litres alcool à brûler en récipient solide.

2 tubes-éprouvettes gradués avec robinet, de 100$^{cm^3}$ bien enveloppés.

2 tubes - éprouvettes de 50$^{cm^3}$ bien enveloppés.

1 petit souflet à charbon de bois.

6 morceaux petit tube de verre.

1 met. tube feuille anglaise pour raccorder ces tubes.

20 petites boîtes à cigares vides (pour ranger les échantillons).

3^{kg} de plomb en débris.

3^{kg} zinc fin en débris ou tournures.

Le prospecteur devra s'appliquer à la recherche *scrupuleuse* des teneurs des minerais qu'il aura trouvés.

Lorsque, par suite d'une analyse rapide, il sera assuré d'avoir trouvé de l'or, il installera un laboratoire qui lui permettra de s'entourer de toutes les sécurités afin d'aboutir à une précision certaine.

L'épreuve préalable peut être déterminée par de nombreuses méthodes qualitatives. Un essai rapide et commode est celui qui consiste à traiter du minerai par de l'eau régale. On commence à réduire le minerai en poudre extrêmement fine, et l'on met cette poudre dans un vase à pied. On verse dessus de l'acide chlorhydrique et on laisse macérer une demi-heure. Ensuite, on verse le tout dans une capsule en fer émaillé et l'on ajoute de l'acide nitrique chaud. On fait chauffer le tout sur une lampe à alcool, ou sur un bain de sable. On remue souvent. On décante après une heure la liqueur claire, bien déposée. On lave les sables à l'eau, et l'on ajoute le produit clair de ce lavage.

On fait alors chauffer cette liqueur claire, et l'on ajoute à chaud quelques grains d'acide oxalique. On laisse chauffer encore quelques instants, et on laisse refroidir doucement. S'il y a de l'or, celui-ci se précipite, au refroidissement, en poudre brunâtre ou en poudre d'or, suivant que l'opération aura été plus ou moins bien conduite.

Certains prospecteurs recherchent la présence de l'or en utilisant la première partie de cette méthode, c'est-à-dire celle qui consiste à attaquer la poudre de minerai par l'eau régale à chaud, mais décèlent la présence de l'or par la réaction du mélange de chlorure et de protochlorure d'étain sur les sels d'or. Il se forme en effet un beau coloris rouge *pourpre* de cassius nettement reconnaissable.

La réaction de l'eau régale consiste à attaquer l'or du minerai par le dégagement de chlore naissant, qui provient du mélange de l'acide nitrique et de l'acide chlorhydrique.

Le produit théorique de l'eau régale répond au mélange d'un volume d'acide nitrique, à 35° Baumé, et de quatre volumes d'acide chlorhydrique à 22° Baumé. Ces proportions n'ont du reste rien d'absolu et peuvent varier dans la pratique.

On peut encore précipiter l'or de ses solutions au moyen de sulfate de fer ou couperose verte. L'oxydation de ce corps se fait très rapidement ; il sert donc de réducteur auprès des sels d'or, desquels il précipite le métal or sous forme pulvérulente.

Pour dissoudre l'or, on peut se servir de chlorure de chaux du commerce auquel on ajoute de l'acide sulfurique. Lorsque l'or est dissous, on peut le précipiter comme nous venons de le voir, ou encore en faisant passer le liquide, supposé aurifère, sur un filtre de poudre de charbon de bois que l'on pourra rendre encore plus énergique en ajoutant une solution d'acide oxalique. Pour cela on verse de la poudre de charbon dans une solution chaude d'acide oxalique, on fait sécher et on empile la poudre de charbon dans un tube en verre (un verre de lampe, par exemple, ou un flacon dont on a coupé le fond). On brûle ensuite ce charbon, après y avoir ajouté du nitre et l'avoir fait sécher.

La méthode opératoire pour des alluvions est la batée.

Il existe deux modèles courants de batées : l'une conique (*fig.* 10), l'autre à fond plat, dite *pan* (*fig.* 11). A notre avis, la plus précise, qui est celle dont le maniement est le plus délicat, est la batée conique.

Pour se servir d'une batée, et quel que soit le modèle, on commence par l'emplir avec une pelle. On porte alors la batée sur le bord d'un ruisseau ou dans un baquet plein d'eau, on triture le minerai avec les mains très propres ; il faut,

Fig. 10.

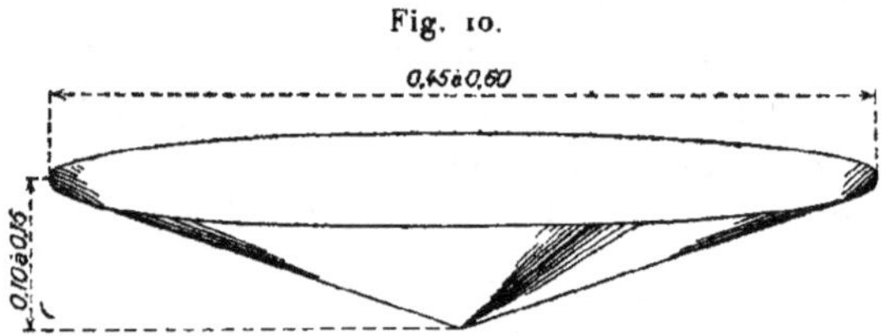

en effet, que les mains soient absolument nettes de toute trace de graisse ou d'huile, même de sueur, ce qui rendrait immédiatement l'or qui viendrait en contact *flottant*. Donc, on triture le sable ou la terre alluvionnaire dans l'eau, de façon que toute la masse soit semi-fluide.

Ensuite, on secoue par petites vibrations, de façon à ras-

Fig. 11.

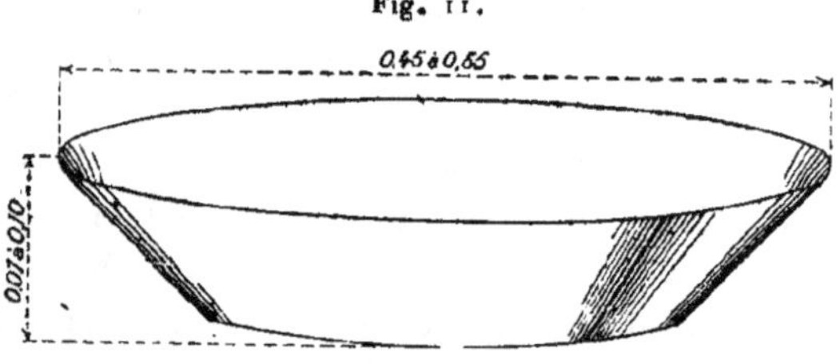

sembler autant que possible les parties les plus lourdes au fond de la batée. Ces parties se classent par ordre de densités. S'il s'agit d'une batée conique, on empoigne alors la batée à deux mains et on lui imprime dans l'eau un mouvement giratoire d'une certaine amplitude, tout en faisant décrire à la batée un quart de tour sur elle-même, de façon à changer la lame de contact de l'eau. On continue ainsi, quelques brassées, et on retire la batée pour lui imprimer encore, en dehors de l'eau, de petites secousses ayant toujours pour but de rassembler les parties lourdes au fond : le mouvement giratoire ayant pour but d'enlever les parties superficielles du dessus de la batée.

Petit à petit, la batée se vide, et il arrive qu'il ne reste plus au fond qu'une petite pincée de sables, noirs généralement, qu'il s'agit de séparer nettement de l'or qui peut s'y trouver mélangé. Pour cela, on incline légèrement la batée, après avoir rassemblé toute cette petite masse sablonneuse au fond et l'on verse dessus, avec la main, un peu d'eau, de façon à entraîner les sables du dessus. Si un point d'or vient à être entraîné, on relève vivement la batée et on rassemble la masse à nouveau pour recommencer à verser de l'eau avec la main. Enfin, quand il n'y a plus qu'un dé à coudre de sables, on prend un peu d'eau dans la batée, on rassemble une dernière fois et l'on fait couler le tout, eau et sable, en penchant légèrement la batée. On voit alors les sables s'écouler vers le bord, en faisant une traînée qui laisse l'or en arrière, sous forme d'une petite queue: *comète*.

Avec le *pan*, qui signifie en anglais poêle à frire, la manœuvre est un peu différente ; après que la terre est suffisamment délayée par l'eau, on incline le pan, légèrement, et on lui imprime de petits mouvements à droite et à gauche, de façon à évacuer chaque fois une petite quantité de terre, et comme pour la batée conique, de temps en temps, on concentre par des mouvements giratoires, pour recommencer ensuite à laver. Il reste finalement un peu de sable noir au fond, et pour en déterminer l'or, on fait promener cette petite masse de sable, tout autour du pan, avec un peu d'eau.

Pour déterminer les *teneurs* à l'œil, il faut une très grande pratique. Cependant on peut procéder ainsi : on recueille le petit tas de sable noir qui reste au fond de la batée ou du pan, on fait sécher, et on enlève le sable noir, généralement magnétique, à l'aide d'un aimant ; il reste l'or que l'on pèse.

Pour accélérer l'évacuation des pierres qui se trouvent
très souvent mélangées à la terre, on peut enlever ces pierres
à la main, après avoir eu soin de bien les laver dans l'eau de
la batée, avant de les jeter, car un peu d'or peut se trouver
collé sur la terre adhérente à ces pierres; c'est même souvent
le cas, les pierres formant *riffles* et arrêtant l'or qui vient
se coller sur elles.

5. — FUSION.

Échantillonnage. — Pour prendre des échantillons, il faut
avoir bien soin de faire en sorte que la partie de terre ou de
sable ou de pierre que l'on prend n'est pas une partie sélectionnée, que l'échantillon pris est bien une moyenne.

Pour être sûr de ce fait, il est bon de prendre des prises un
peu en divers endroits, on mélange alors le tout, bien exactement, et l'on prélève sur ce tas l'échantillon désiré. Pour
cela, on divise le tas en 4 parties, en coupant le tas par le
sommet. On prend un de ces tas, on le mélange bien, on le
divise encore, jusqu'à ce qu'il ne reste plus que la quantité
désirée.

Les échantillons pour quartz sont pris de la même façon;
on casse les morceaux de quartz, en petits morceaux, le plus
petit possible, ensuite on les met en tas, et l'on pratique
comme décrit ci-dessus.

S'il s'agit de déterminer la teneur d'un échantillon désigné,
il faudra quand même agir ainsi: casser l'échantillon en petits
morceaux, et en prélever environ 200^g. On réduit ces 200^g
de petits cailloux en poudre fine, généralement au tamis
n° 40. On met cette poudre dans une boîte en bois; sur une
étiquette que l'on colle sur cette boîte on inscrit l'origine,
le numéro d'ordre, en un mot toutes les indications que l'on
juge utiles.

Lorsque l'on est prêt à faire l'essai, on prend les boîtes,
dans lesquelles on prélève 40^g de l'échantillon, après avoir

bien mélangé intimement le contenu de la boîte, et l'on met le reste de côté, qui servira, si par malheur la suite des opérations que nous allons décrire n'a pu être menée à bien, ou qu'un doute percerait dans l'esprit de l'opérateur, sur la sincérité du résultat obtenu. Du reste, il est coutumier de faire sur chaque échantillon deux essais, conduits parallèlement. Si donc l'on décide de procéder de cette dernière façon, il faudrait donc prélever sur chaque échantillon deux fois 40^g.

Une prise d'essai est mise dans un creuset, avec un mélange de fondants que nous étudierons plus loin. Cette quantité de fondants varie de 80^g à 200^g, suivant que le minerai est plus ou moins complexe, ou plus ou moins terreux.

Comme dans ce fondant il entre une certaine quantité d'un oxyde de plomb, généralement de la litharge, dont on veut faire du plomb métallique, il faut pour cela introduire avec le mélange, dans le creuset, une certaine quantité d'un corps réducteur. On emploie pour cela de la poudre de charbon de bois. Pour avoir un culot de plomb de 30^g environ on introduira dans le creuset 0^g,8 à 1^g de cette poudre de charbon de bois.

Cette poudre peut être faite au laboratoire même, en écrasant du charbon de bois, en choisissant les morceaux les mieux cuits, et les plus durs.

On mélange intimement la poudre de minerai avec le mélange de fondants et de charbon, de façon à obtenir un tout aussi homogène que possible. Pour obtenir un bon résultat, on mélange d'abord le fondant grossièrement avec le charbon, on verse le tout sur une feuille de papier fort, on remue la masse avec une lame quelconque, en fer, puis ensuite on fait remuer le tout sur la feuille de papier, en soulevant les coins l'un après l'autre, de droite à gauche, et de gauche à droite, de façon à *brasser*. Enfin, on verse dans un creuset, on tasse

P. 6

un peu, et l'on recouvre d'un couvercle, en terre ou en fer.

Les creusets doivent être marqués soigneusement d'un numéro d'ordre, au moyen d'un morceau de sanguine. On souligne ce numéro d'un trait, à chaque fusion; de cette façon, en comptant le nombre de traits qui ont souligné ce chiffre, on sait immédiatement combien de fois ce creuset a servi, autrement dit a été de fois au feu.

Quand tous les creusets sont prêts, on dispose des *fromages* (qui sont de petits morceaux de terre cuite réfractaire) sur la grille du four à fusion et l'on y place les creusets, en s'assurant de leur équilibre : il faut en effet que les creusets soient bien assis et ne risquent pas de chavirer. Lorsque tous les creusets sont en place, on dispose ensuite le charbon autour, en ayant soin d'utiliser des morceaux assez gros (un œuf de poule) et l'on monte ce charbon jusqu'à quelques centimètres au-dessus des fromages. Ensuite, on peut charger avec du charbon plus fin. Si l'on emploie du coke, ce qui sera rarement le cas pour un prospecteur, le charbon coke sera chargé jusqu'au bord inférieur des couvercles, et l'on chargera jusqu'à couvrir les couvercles avec du charbon de bois ; si le charbon employé est du charbon de bois, on chargera jusqu'à 5^{cm} ou 6^{cm}, au-dessus du sommet des couvercles, car le charbon de bois brûle beaucoup plus rapidement que le coke; il faut donc charger un peu plus.

Enfin, sur le dessus du tout, on dispose de la paille, ou des herbes sèches que l'on recouvre de brindilles de bois, et l'on allume le feu.

Comme on voit, le feu s'allume par le dessus.

Au début, on a soin de veiller à ce que le charbon prenne bien uniformément, sur toute la surface à la fois. Au besoin, on activera en disposant sur les parties qui ne veulent pas prendre, quelques morceaux de charbon déjà pris.

Lorsque le feu est bien pris partout, on veillera alors à ce que le feu n'aille pas plus vite en un coin que dans l'autre;

pour cela, si cette activité partielle se produit, on modère le feu en versant aux endroits trop ardents une pincée de charbon très fin, qui arrête le tirage, car cette activité se produit aux endroits où s'est formée lors de la charge une cheminée d'air.

Il faut, au début de la fusion, que le feu ne soit pas trop vif; on modère donc le feu, soit en fermant la clef, soit en bouchant le trou de tirage. On ne remet le tirage que lorsque les matières du creuset sont parfaitement en ébullition, ce que l'on entend parfaitement, en ouvrant le couverle du four. Il faut donc, lorsque les matières commencent à fondre, donner tout le tirage de façon à rendre la masse le plus fluide possible. Plus la masse est fluide, plus les chances de bonne opération sont grandes, et voici pourquoi.

A la fusion, le charbon de bois du mélange réduit l'oxyde de plomb, et le plomb ainsi formé, de par son poids, tombe au fond du creuset, en traversant la masse fondue : il se forme donc dans le creuset deux nappes liquides, une très lourde qui reste au fond, l'autre plus légère, constituée par du verre fondu, qui nage au-dessus du plomb. Par suite de l'ébullition, il se produit dans le creuset ce qui se passe dans une casserole d'eau qui bout, la masse de verre fondu bouillonne, en marche ascendante sur les bords chauds du creuset, et en marche descendante au milieu de la masse de verre (*fig.* 12).

Par suite de ce mouvement, toutes les particules de la masse de verre fondu viennent en contact avec le dessus du culot de plomb, et s'il se trouve de l'or, il se trouve tomber dans le culot de plomb, qui l'absorbe. On a donc intérêt à avoir, à un certain moment, une masse très fluide.

Quand le bruit d'ébullition ne se fait plus entendre, on se dispose à retirer les creusets, ce qui peut se faire 15 minutes après que ce bruit a cessé.

Pour cela, on a disposé sur des morceaux de briques la ou

les lingottières, on prépare les pinces à creusets, on s'entoure les
mains avec des gants (faits en campagne de prospection,
d'un morceau de sac) trempés dans de l'eau, de façon à ce
qu'ils soient bien humides et ne prennent pas feu au contact de

Fig. 12.

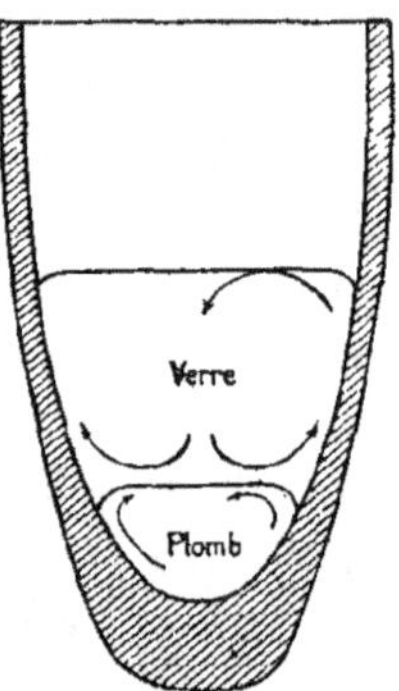

la chaleur. Si l'on a la vue un peu sensible, il faudra avoir soin
également de mettre des lunettes fumées, et rabattre le chapeau sur le front. On bouche l'ouverture du tirage, pour
éviter que la flamme ne vienne dans la figure, mais il ne
faut pas fermer la clef : il faut avoir soin simplement
d'empêcher l'air d'entrer par dessous.

Une fusion complète demande, depuis le moment où fut
mis le feu, jusqu'au moment de retirer les creusets, de 5o minutes à 1^h 15^m suivant que l'opération a été plus ou moins
rapidement conduite, c'est-à-dire suivant la quantité de
fondants employés, le tirage obtenu, la qualité du charbon,
et aussi la qualité du minerai.

Enfin, on retire les creusets, en commençant par le n° 1,
qui sera versé dans le trou n° 1 de la lingottière. Avant
de verser, il est bon de donner un petit mouvement cir-
culaire au creuset, de façon à rassembler tous les globules
de plomb qui pourraient être restés suspendus dans la masse.

Il est bien entendu que le creuset est tenu fermement par

l'opérateur, et qu'avant de verser le contenu du creuset, l'aide de laboratoire aura retiré, à l'aide d'une pince, le couvercle qui le couvrait.

Donc, l'opérateur, après avoir secoué son creuset, pour rassembler les gouttes de plomb éparses dans la masse, approche le creuset du trou de lingottière et renverse le contenu du creuset dans ce trou. Cette opération doit être faite d'un seul coup, sans tâtonnement, et d'une main sûre. Il arrivera donc souvent que le débutant manquera son coup, et répandra le contenu à côté, ou ira trop lentement, ce qui fera que le liquide refroidira et ne coulera plus très facilement.

Il faut donc que cette opération soit faite avec habileté, pour qu'il ne reste pas de plomb au fond et sur les parois du creuset ; chaque globule de plomb ainsi restée dans le creuset est une cause d'erreur.

Le contenu versé dans la lingottière, l'opérateur se saisit d'un deuxième creuset et recommence l'opération ci-dessus décrite, et ainsi de suite, jusqu'à ce que tous les creusets soient versés.

Cette opération, ainsi conduite, convient pour la majorité des cas, c'est-à-dire quand les minerais envisagés seront des minerais pas trop complexes, c'est-à-dire peu chargés de sulfures, ou d'arséniures, ou de tellure, etc. Nous verrons un peu plus loin la modification à apporter aux minerais complexes.

Nous ajouterons que, pour des prises d'essai de 40^g ou même 50^g de minerais peu complexes, c'est-à-dire ne nécessitant pas plus de 180^g de fondant, le creuset n° 12 convient très bien. Ce creuset pourra servir aussi pour fondre 10^g de pyrite avec 125^g de fondant, plus 15^g de silice, et 35^g de nitre, nécessaires à la fusion oxydante.

Le n° 13 servira à fondre jusqu'à 70^g de minerai ordinaire, ou 15^g de pyrites.

Lorsqu'on aura à travailler sur des pyrites, il faudra sur-

tout veiller à ne pas pousser les feux au début de l'opération,
car le nitre provoque de très fortes ébullitions. On peut, par
mesure de précaution, ajouter un peu de litharge en excès,
ce qui aura pour but de diminuer les chances de débordement.
Une forte proportion de litharge ayant pour propriété de
diminuer l'ébullition provoquée par le nitre.

Dans la pratique, on note sur une fiche la couleur du verre
obtenu, la nature du plomb obtenu, ce qui sert d'indication
pour savoir si le minerai est fortement ou peu sulfureux,
s'il contient beaucoup de terre, etc.

Les lingots, une fois refroidis, sont débarrassés de leur
scorie vitreuse, et le plomb, bien nettoyé, brossé à l'aide d'une
petite brosse dure, dite gratte-brosse, est numéroté au poinçon, et mis de côté, pour la coupellation.

Nous avons déjà dit que, dans le creuset, au moment de
la fusion, il se produisait du verre. Revenons sur ce point.

Les minerais mis dans le creuset sont quartzifères, c'est-
à-dire siliceux, ou s'ils ne le sont pas, on y ajoute de la silice.
L'or, et les métaux qui sont dans ces minerais, est enfermé
dans les grains de minerais. On conçoit donc bien que, si par
un moyen quelconque, on parvient à liquéfier cette gangue,
qui emprisonne ces métaux, ceux-ci pourront alors s'échapper, étant mis en liberté, et se trouver absorbés par un corps
approprié.

La fusion n'a pas d'autre but. Le quartz et les matières
terreuses, mis à chauffer à haute température, au contact
de corps chimiques (carbonate de soude et borax) fondent,
coulent, deviennent liquides, et forment tout bonnement
une sorte de verre, mettant en liberté les particules métalliques qu'elles emprisonnaient, lesquelles se trouvent en la
circonstance absorbées par un corps qui se trouve être du
plomb, formé dans la masse même, par la réduction de la
litharge, en présence de la poudre de charbon de bois, que
nous avons ajoutée au dernier moment.

Nous avons noté, entre parenthèses, que les corps utilisés pour la fusion sont le carbonate de soude, le borax, et, nous l'avons vu aussi, la litharge.

Ces trois corps ont le pouvoir, comme nous venons de le dire, de rendre, en se combinant avec lui, le quartz, ou silice, liquide. Le borax a en outre la propriété de servir de véhicule aux oxydes métalliques et aux matières terreuses. La litharge donne, avec les corps oxydables, des composés fusibles; à la rigueur, cette propriété pourrait l'amener à être utilisée seule, même avec des sulfures purs : pyrites, galène, etc., à condition d'être en fort excès : elle donne, dans ces conditions, une scorie vitreuse, et un culot de plomb assez malléable, ayant absorbé l'or et l'argent contenu dans ces sulfures.

Ce mélange de litharge, carbonate de soude et borax, est, à notre avis, le meilleur des fondants utilisés jusqu'à ce jour. Certains auteurs recommandent des produits, quelquefois bizarres, dus à l'imagination de certains praticiens anglo-saxons, qui ne font que compliquer singulièrement les opérations, sans avantage bien nettement démontré.

Nous recommanderons fortement les fondants suivants, qui permettent une grande élasticité, dans le traitement, en ce sens que chacun des poids peut varier dans de très larges limites.

Ainsi, pour 40^g de minerai quartzeux, nous conseillerons :

	Minerais	
	simples.	complexes.
Litharge	de 60^g à	200^g
Carbonate de soude	de 20^g à	70^g
Borax	de 10^g à	40^g

Certains auteurs recommandent encore de ne mettre la litharge qu'au début de la fusion, lorsque l'ébullition commence. Nous avons opéré des deux façons, en procédant sur une même sorte d'échantillon, et les résultats que nous avons obtenus étaient absolument les mêmes, que l'on mette la litharge comme nous l'avons expliqué, avant de mettre le creuset au feu, où qu'on la verse lorsque l'ébullition est commencée. La méthode qui consiste à mettre la charge toute à la fois présente cet avantage d'être moins compliquée, et d'éviter à coup sûr qu'un morceau de charbon de bois vienne à tomber dans le creuset, ce qui produirait un culot de plomb beaucoup trop gros.

Il est évident que si les minerais sont trop complexes, très sulfurés, la méthode par nous décrite serait difficilement applicable, mais dans le cas le plus général de minerais quartzeux ordinaires, cette méthode très simple, est *très exacte* et très *juste*, et, nous le répétons, a le grand avantage de la simplicité.

Donc, pour des minerais très complexes, on pratiquera un peu différemment. Le mélange de fondants sera fait aux proportions de 200 de carbonate de soude pour 125 de borax. On n'ajoutera pas de litharge tout de suite.

Dans le creuset on mettra :

	Minerai.	Fondant.	Nitre.
Sulfurés	30	120	30
Complexes	10	80 à 90	20 à 25
Très complexes	10	100	30 à 35

Si le minerai n'est pas quartzeux, on ajoutera 10^g de silice en poudre, ou de verre quelconque pilé. Il est préférable d'utiliser du verre pilé que du quartz, dont on n'est pas certain de la stérilité.

Enfin, lorsque l'ébullition commence à se calmer dans le creuset, ce qu'il est facile de percevoir à l'oreille, on soulève les couvercles des creusets l'un après l'autre, et l'on verse dans le creuset de 30^g à 40^g de litharge, mélangée à 1^g de poudre de charbon. Toutefois il sera bon de s'assurer avant, que le nitre est totalement éliminé ; pour cela, on projette dans le creuset quelques grains de poudre de charbon de bois : s'ils fusent, c'est que le nitre n'est pas encore entièrement éliminé ; mais s'ils restent rouges, sans auréole, on peut alors mettre la litharge. A moins que l'ébullition ne soit encore très tumultueuse. Dans ce dernier cas, c'est que la proportion de carbonate de soude serait trop forte ; il faudrait donc, pour les essais que l'on aurait encore à faire sur des minerais similaires, diminuer le poids de carbonate de soude, quitte à ajouter 5ᵍ ou 10ᵍ de borax.

Si les minerais sont constitués par de l'argile, ou des roches très argileuses, on pourra introduire, dans un creuset nᵒ 12 :

Terre : 10ᵍ ; litharge : 30ᵍ ; borax : 10ᵍ ; carbonate de soude : 20ᵍ ; silice : 0ᵍ,5, et enfin : poudre de charbon : 1ᵍ. Ce mélange donnera environ 22ᵍ à 25ᵍ de plomb.

Si les quartz contiennent beaucoup de magnésie en association, ou de la chaux, on intervertit les proportions de carbonate de soude et de borax données dans les premières formules, c'est-à-dire que, pour 200ᵍ de litharge, on prendra 40ᵍ de carbonate de soude et 80ᵍ de borax.

Si l'on a à faire l'analyse de sables aurifères pauvres, on pourra suivre la méthode suivante :

On mélange intimement 20ᵏᵍ de sable, on le partage comme nous l'avons vu au paragraphe de l'échantillonnage, de façon à n'avoir plus que 1ᵏᵍ de sable.

Ce sable, s'il contient des pyrites, et même par plus de prudence s'il n'en contient pas, sera mis à rôtir, dans un têt frotté à la mine de plomb ou à la sanguine. Lorsque ce sable est froid, on le verse dans un gros verre de lampe, dont une extrémité est bien bouchée. Ensuite, on verse dessus une solution de cyanure de potassium à 0,05 pour 100 (400ᵍ), on remplace après 10 heures de séjour par une deuxième solution à 0,1 pour 100 (250ᵍ), on remplace, après 12 heures de

séjour, par une dernière solution à 0,02 (250^g), pendant 6
à 10 heures, et enfin on lave en plusieurs fois, avec 200^g
d'eau pure, 50^g le premier lavage, 50^g pour le deuxième, et
100^g pour le dernier lavage. Toutes ces solutions et eaux de
lavages sont mélangées et mises à réduire sur un bain de
sable. Lorsqu'il ne reste plus dans le récipient (une marmite
émaillée ou une capsule en fer émaillé, d'une contenance
d'au moins 2 litres) que 10^{cl} environ de solution, on ajoute
20^g de quartz pilé (silice), et on laisse sécher presque à sec.
On retire lorsque le sable est encore légèrement humide, et
l'on verse dans le récipient 40^g de litharge, avec laquelle on
essuie, *on récure* le récipient, et l'on mélange cette litharge,
au sable recueilli. Le tout est mis à sécher soigneusement,
et ce mélange est additionné de carbonate de soude et de
borax, et de poudre de charbon de bois, et mis à fondre.

Ce procédé n'a pas la prétention de l'exactitude *absolue*,
mais il donne une approximation très grande des teneurs;
en tout cas, il permet de se faire une idée, au-dessus de ce que
l'on obtiendra pratiquement, de l'or contenu, ce qui est largement suffisant dans un laboratoire de prospection.

Il est en effet très peu commode de vouloir établir des
teneurs de 1^g au mètre cube, en prélevant des prises d'essai
de 40^g, ce qui donnerait, en admettant qu'aucune perte
n'ait entaché d'erreur le résultat, un bouton d'or de $\frac{5}{100}$ ou $\frac{1}{20}$ de
milligramme environ. Aucune balance de laboratoire ne peut
permettre d'apprécier un pareil poids. Les balances généralement utilisées en essais sont sensibles au $\frac{1}{10}$ de milligramme,
ce qui est déjà bien honnête, et permet d'apprécier avec
très grande exactitude des teneurs de 2^g,5 à la tonne, ce qui
est le cas des teneurs les plus faiblement exploitables.

Nous ne croyons pas, en effet, que des financiers s'inté-
resseraient à une proposition concernant une exploitation
dont les minerais, même traités par les procédés les plus modernes, ne tiendraient pas un chiffre de 2^g à la tonne. Il fau-

drait en effet un minerai idéalement propre et pur, idéalement
situé, tant au point de vue transport qu'au point de vue
main-d'œuvre, à moins qu'il ne s'agisse d'exploitation par
drague ou par la méthode hydraulique, qui sont des procédés purement mécaniques, mais qui ne traitent que des
sables ou des produits terreux ne nécessitant pas de broyage.

Bref, il est rare que le laboratoire ait à s'occuper de minerais très pauvres; les sables et terres, lorsqu'il s'agit
d'exploitation hydraulique, monitor, sluices, dragues, etc.,
sont plus généralement expertisés au moyen de la batée,
ou du pan, et par de petites installations expérimentales,
dont nous dirons quelques mots un peu plus loin.

6. — COUPELLATION.

Cette opération est basée sur ce principe que les terres
poreuses, dont la cendre d'os, absorbent à chaud les oxydes
métalliques en fusion.

En plaçant dans une coupelle de cendre d'os un lingot de
plomb, et en portant cette coupelle dans un endroit chaud,
suffisamment pour que le plomb fonde et puisse se transformer en oxyde, nous verrons, si l'aération est suffisante, ce
plomb se transformer en un produit appelé litharge, et cette
litharge sera mi-partie absorbée par la coupelle chaude,
mi-partie évacuée sous forme d'une fumée roussâtre; de
façon qu'après un temps plus ou moins long, il ne restera plus
rien dans la coupelle, mais celle-ci, de blanc-gris qu'elle était,
sera devenue jaune, et de légère, devenue plus lourde.

Si, avec ce plomb, on introduit dans la coupelle d'autres
métaux facilement oxydables : antimoine, étain, etc., les
oxydes de ces corps seront entraînés avec les vapeurs de
litharge, partie en vapeurs, partie absorbés par la coupelle.

Mais si des métaux non oxydables sont introduits : or,
platine, argent, ceux-ci se retrouveront intacts, théorique-

ment, dans la coupelle, lorsque les métaux oxydables auront été éliminés. Nous disons théoriquement, car en pratique il se trouve qu'une très faible quantité, souvent même impondérable, d'argent, se trouve entraînée par les vapeurs de plomb. Toutefois, en ce qui concerne plus spécialement l'or, nous n'aurons pas à nous préoccuper de cette perte, du reste, comme nous venons de le dire, très petite.

Donc, la coupellation a pour but de séparer, par ce procédé, l'or des métaux qui l'accompagnent. Le lingot de plomb, oxydable, s'élimine, et laisse à nu les éléments inoxydables d'or, de platine, d'argent.

Voici comment on opère.

Le culot de plomb, que nous avons obtenu par l'opération précédente de fusion, est saisi avec une paire de pinces, et suspendu quelques secondes au-dessus de la coupelle, chauffée au rouge, puis mis dans cette coupelle dans le moufle très chaud. Quand toutes les coupelles sont garnies, on referme pendant un instant la porte du moufle, et l'on ne la rouvre que quand toutes les coupelles sont fumantes. Si l'une d'elles n'est pas encore arrivée à ce point de chaleur, qui fasse que l'oxyde de plomb soit volatil, on refermerait la porte, et l'on attendrait encore quelque temps. Enfin, quand le plomb est bien fondu, que toutes les coupelles *fument*, on retire cette porte (B) (*fig.* 13) pour permettre à l'air d'arriver dans le moufle, et l'on ne craindra pas, lorsque les essais sont poussés seulement pour *or*, d'activer le feu, car nous n'avons pas à craindre ici la perte partielle de l'argent, entraîné avec les vapeurs de litharge.

Nous venons de dire que les coupelles *fument*, et dans les essais d'or, puisque nous savons que le feu peut être poussé activement, cette fumée doit s'élever franchement, sans rabattre, et traîner péniblement sans pouvoir s'élever, ce qui indiquerait que la chaleur mollit, que le feu n'est pas assez vif.

Ici, nous insisterons en répétant que le feu a avantage à être poussé activement. Il faut surtout éviter les formations

Fig. 13.

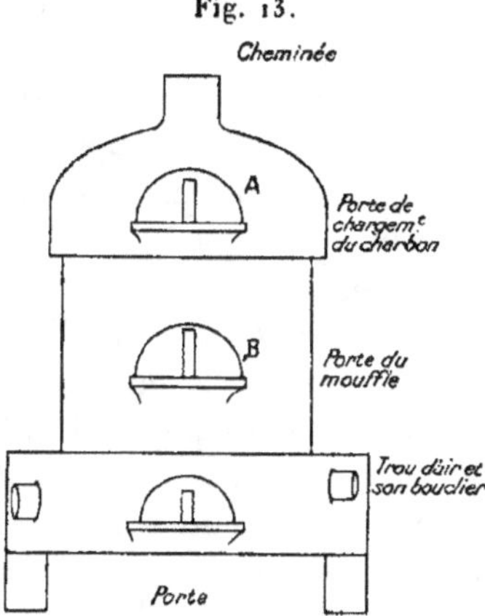

de litharge en petits cristaux, qui se déposent parfois sur le bord de la coupelle, et finiraient par envahir toute la surface du plomb fondu ; ce qui signifie aussi que le four n'est pas suffisamment chaud, et par conséquent la coupelle, pour que celle-ci absorbe la litharge qui se forme. Quand donc on s'aperçoit que des cristaux se forment, on ferme à moitié la porte B, et l'on recharge le feu avec du charbon de bois ; surtout, il ne faudrait pas s'aviser alors de recharger si l'on ne dispose que d'un petit four, avec du coke, car cette charge provoquerait le refroidissement du moufle, ce qui serait le contraire de ce que l'on désire.

Si toutefois ces cristaux étaient déjà formés, lorsque l'opérateur s'en apercevrait, il serait utile de sauver le plomb du *noyage* en procédant comme suit : on découpe une rondelle de papier de la grandeur de la coupelle, et on la place sur le plomb fondu ; en brûlant, ce papier forme un peu de charbon qui réduit la litharge formée, et donne le temps de redonner de la vigueur au feu. On peut aussi disposer sur le devant du four quelques petits morceaux de charbon rouges et en tout cas, on referme la porte, pour éviter les pertes de chaleur. Il faut en effet empêcher, par tous moyens, que le plomb fondu se noie.

Si par malheur, malgré tout, cet accident se produisait, il faudrait absolument retirer les coupelles noyées, laisser refroidir le plomb et débarrasser ensuite celui-ci de la litharge qui le recouvre, et replacer ensuite le plomb dans la coupelle, après l'avoir fait convenablement chauffer.

Petit à petit, le culot diminue, et plus l'opération tire à sa fin, plus ce culot devient petit. Lorsque ce culot devient de la grosseur d'une lentille, l'opérateur fera bien de ne plus perdre son *bouton* de vue, car le moment approche où, tout le plomb étant transformé en litharge, il ne restera plus dans la coupelle que le bouton de métaux précieux. C'est ce moment que l'opérateur doit saisir et qu'un peu d'habitude fait vite apprécier : l'éclat du bouton, de blanc qu'il a été durant toute l'opération, devient subitement d'un blanc éclatant, ce qui est dû à la haute température dégagée par l'oxydation de la dernière et mince pellicule qui recouvre encore ce *bouton* de métaux précieux. Cette oxydation, disons-nous, qui élève considérablement la température, rend le bouton éclatant, ce que les praticiens dénomment l'*éclair*.

On peut alors retirer la coupelle du moufle, mais on ne doit pas l'exposer aux courants d'air, ou la porter dans un endroit froid, car si la proportion d'argent contenue dans ce bouton est très forte, il peut arriver que ce bouton *roche*, c'est-à-dire qu'il cristallise brusquement, ce qui le ferait sauter en dehors de la coupelle et par conséquent risquerait de le perdre.

Ce bouton, dans les prises d'essai de 40^g de minerai, n'est jamais bien gros; il affecte souvent la grosseur d'une très petite tête d'épingle, lorsque les teneurs sont bonnes.

Ce bouton est retiré de la coupelle à l'aide d'une petite

pince spéciale en acier dite *brucelle* ou *bruxelle*, et déposé auprès de la balance, et autant que possible sur une feuille de papier noir mat, car il arrive parfois qu'en saisissant le bouton celui-ci saute, et il est plus commode de le retrouver sur une feuille de papier noir que sur la table ou du papier blanc, car ce bouton a la plupart du temps une couleur blanche, qui ne ressortirait pas sur une teinte neutre.

Le bouton, une fois sorti de la coupelle, sera coulé doucement entre le tas à aplatir les boutons et la panne du marteau, ou entre deux morceaux de verre dépoli, de façon à le débarrasser des petites poussières de coupelle, qui pourraient adhérer. Si le bouton est très petit, on peut le laisser tel quel, mais, s'il est gros, il faudra le réduire à l'épaisseur d'une feuille de papier à écrire. Ensuite, on porte cette pellicule sur une flamme, pour recuire l'or, car le martelage *écrouit* l'alliage, et par l'attaque de l'acide, cette pellicule n'aurait pas de cohésion, et pourrait facilement être réduite en poussière; il est donc prudent de recuire.

Il est bon de s'assurer autant que possible du *titre* de l'alliage, qui forme le bouton, car l'acide n'attaquerait pas un alliage qui ne contiendrait pas au moins deux fois et demi à trois fois plus d'argent que d'or. Il faudra donc, si l'on ne connaît pas ce titre, par des opérations ultérieures, essayer de le trouver, et au cas où ce titre serait trop élevé en or, *inquarter* le bouton, c'est-à-dire ajouter de l'argent, en le refondant avec une quantité de ce métal. Lorsque les teneurs sont de 20⁸ environ, l'argent que contient toujours la litharge est la plupart du temps suffisant pour assurer un bon alliage, facilement attaquable. Mais si ces teneurs sont plus fortes, il faudra recourir à l'inquartation. On pourra effectuer cette opération de plusieurs façons : soit au chalumeau, soit, si le four à coupelles est encore en travail, en refaisant une petite coupellation, comme nous allons l'indiquer.

Pour opérer au chalumeau, on procède comme suit : on prend un morceau de charbon de bois dur, que l'on creuse légèrement. Dans le trou ainsi formé, on met le bouton et le petit morceau d'argent (le plus souvent prélevé sur la tranche d'une pièce de monnaie, et cette prise ne se verra même pas, tant la quantité nécessaire est minime); on peut y ajouter une poussière de cyanure de potassium, et, à l'aide d'un chalumeau, on projette sur le tout la flamme de la lampe à alcool ou d'une bougie; le tout fond rapidement, et on le recueille.

Si le four est allumé, on fait un tout petit cornet, avec une lame de plomb très fine, et dans ce cornet de plomb, qui pèse 1^g ou 2^g, on enferme le bouton, et le petit morceau d'argent, et l'on met le tout dans une coupelle au rouge (une vieille coupelle généralement, non entièrement imbibée de litharge, qui se reconnaît à ce qu'elle n'est pas entièrement jaune). On laisse se coupeler ce plomb, et l'on reprend ensuite le nouveau bouton.

Il faut un peu de pratique pour mener à bien ces diverses opérations, et l'on arrive assez rapidement à savoir si un bouton doit être ou ne pas être inquarté, suivant la litharge que l'on emploie et la grosseur du bouton obtenu. Il faut enfin le coup de main pour inquarter, car, si l'on ajoute trop d'argent, lorsque l'on procédera à l'attaque par l'acide, que l'on appelle *départ*, la pellicule s'en ira en poussière, et il sera alors assez difficile de recueillir toutes ces poussières, et par conséquent d'éviter une erreur. Par contre, si la quantité d'argent est trop faible, on risque que l'attaque ne se fasse pas, ou se fasse mal. Mais, comme la proportion que nous avons indiquée, de 3 d'argent environ pour 1 d'or, est un minimum et qu'on peut augmenter la quantité d'argent, jusqu'à 5 et 6 fois le poids d'or, on a donc une large marge pour l'inquartation. Si l'on craint d'avoir ajouté un peu trop d'argent, on devra faire subir un fort recuit à la pellicule avant de la faire attaquer par l'acide.

Si le bouton a une teinte légèrement jaunâtre, on sera alors sûr que les quantités d'or et d'argent sont approximativement égales, et alors on n'aura rien à craindre en ajoutant à la pellicule un poids d'argent égal.

Si la pellicule est franchement jaune, on pourra alors ajouter le poids et demi. Si par contre elle est franchement blanche, et que le bouton soit très petit, il y a de grosses probabilités pour qu'il ne soit pas nécessaire d'ajouter d'argent.

Nous avons dit que quand le bouton est un peu gros, c'est-à-dire que son diamètre est d'environ 1^{mm}, il est prudent de l'écraser, entre le tas et le marteau, et de l'amener à l'épaisseur de un demi-millimètre environ.

Cette opération a pour but de permettre l'attaque de l'acide.

Mais, nous l'avons dit aussi, cette opération écrouit l'alliage, et il est nécessaire ensuite de reprendre la pellicule et de la faire recuire. Pour cela, on peut se servir d'une petite lame de fer, passée à la sanguine ou à la mine de plomb (une mine de crayon). On dispose la pellicule sur cette lame et on l'expose sur l'extrémité de la flamme de la lampe à alcool. Comme il peut se faire que la pellicule se soit salie, qu'il se soit collé sur elle une poussière de sanguine, ou d'oxyde de fer, ou de mine de plomb, il est utile, une fois le recuit opéré, de frotter la pellicule entre deux morceaux de papier lisse.

Quand le bouton est prêt, on le projette au fond d'un matras (sorte de tube d'essai spécial de forme) ou, à défaut, dans un tube d'essai, et l'on verse par-dessus quelques gouttes d'acide nitrique, à 25° ou 35° Beaumé. On met au fond du tube ou du matras un fragment de verre ou de quartz pour faciliter l'ébullition de l'acide, on laisse bouillir quelques secondes ou quelques minutes, suivant que l'attaque se prolonge ou non, et l'on retire l'acide, que l'on remplace par une quantité d'acide nouveau, et l'on fait bouillir à nouveau. La quantité d'acide nitrique nécessaire à chaque opération est de 3ᶜˡ ou 4ᶜˡ, mais cet acide peut servir pour plusieurs opérations. Pour cela, on a deux flacons : dans l'un on met l'acide ayant déjà quelque usage, et dans le deuxième l'acide qui sert à la deuxième attaque. Quand celui-ci aura servi un certain nombre de fois, il pourra servir pour la première. Toutefois, dès que l'acide devient coloré, il est bon de le mettre de côté, et de ne plus s'en servir pour le départ; il en est de même s'il se trouble, en s'opalisant. Ces opérations de départ peuvent se faire soit au bain de sable, soit à la flamme de la lampe à alcool.

Quand la pellicule n'est plus attaquée par l'acide, on arrête l'opération, on vide comme nous l'avons dit l'acide dans un flacon, et on remplace cet acide par de l'eau ordinaire propre. On lave et l'on peut alors retirer la pellicule.

Divers procédés sont en usage pour cette opération, et l'on pourrait presque dire que chaque opérateur a sa méthode propre.

Une méthode théorique et en même temps pratique est celle-ci :

On emplit le tube, ou le matras, avec de l'eau propre; sur le dessus, à la manière d'un bouchon, on dispose une toute petite capsule en porcelaine. Tout à côté de la table où l'on opère, et sur cette table si elle est assez grande, on dispose un grand bol, dans le genre de ceux dont on se sert pour manger le café au lait. Ce bol est plein d'eau, et doit contenir au moins trois quarts de litre. Brusquement, on renverse le tube recouvert de sa capsule, ou le matras, et on laisse reposer la capsule en porcelaine au fond du bol. La pellicule descend doucement si elle est très spongieuse, très doucement si elle s'est réduite en poussières, mais très vite si elle est restée en sphère, ou que l'attaque ne l'ait pas trop réduite, et vient se poser au fond de la capsule.

On n'a plus alors qu'à retirer vivement le matras ou le tube et l'on enlève la capsule du fond du bol, on vide doucement l'eau, on sèche lentement la pellicule, et quand elle est bien sèche, on la fait tomber sur une feuille de papier de la grandeur de deux feuilles de papier à cigarette, 5^{cm} à 6^{cm} de côté. Il est nécessaire que cette feuille de papier soit très propre, bien sèche et très lisse (papier glacé mince).

On s'est assuré avant de commencer le travail, au laboratoire, que la balance de précision est bien en ordre ; c'est-à-dire que, lorsque les plateaux ne sont plus portés par leur support, que le balancier lui-même n'est plus maintenu par ses supports également, que le fléau vienne s'arrêter au zéro. Sinon, il faudrait rectifier, au moyen des vis disposées à cet effet. On aura eu soin aussi de nettoyer la balance. Bref, quand on est prêt à peser, on recommence à vérifier la balance, et si l'on est satisfait, on verse dans l'un des plateaux la pellicule sèche, qui se trouve dans la petite feuille de papier. On donne, avec un doigt, de petites secousses sur la tranche de la feuille de papier, pour s'assurer que plus rien ne reste dans la feuille, et l'on s'en assure, ensuite, en regardant. Enfin, l'on pèse.

Une simple règle de trois établit la teneur.

Toutefois, avec une prise d'essai de 40^g de minerai, on établit rapidement la teneur, en multipliant le chiffre qui représente les dixièmes de milligramme, lus sur la balance, par le nombre 2,5 ; le produit ainsi obtenu donne la teneur, c'est-à-dire le nombre de grammes d'or contenus dans une tonne de minerai.

Exemple. — Supposons que le chiffre lu sur la balance soit le chiffre 5 correspondant à $\frac{5}{10}$ de milligramme. On multipliera ce chiffre 5 par 2,5, ce qui donnera le produit 12,5, et nous dirons que la teneur du minerai était de $12^g,50$ par tonne. Avec une prise d'essai de 50^g, on multiplierait par 2 seulement.

Cependant, nous ne recommanderons pas de prendre des prises d'essai de 50^g, car cette quantité de minerai exigerait un poids trop grand de fondants pour un creuset n° 12, qui est le numéro de creuset le plus pratique pour les expéditions lointaines.

Autant que possible, la balance devra être placée sur une table bien établie, solidement fixée, et, une fois montée, ne plus jamais être déplacée que pour des cas tout à fait nécessaires, tel que par exemple un déménagement.

Dans ce cas, il scra utile de démonter la balance entièrement, et ne pas la déplacer toute montée.

La balance devra être placée dans une pièce, séparée de la salle des fusions, et en général en un endroit à l'abri de la poussière, de l'humidité, et des grandes et subites variations de températures. En ce qui concerne la poussière, nous conseillerons, lorsque l'on n'aura pas besoin de la balance, de l'enfermer sous une caisse, un peu plus grande que la vitrine de la balance, ou tout au moins d'étendre au-dessus de cette vitrine une grande feuille de fort papier, repliée aux encoignures, de façon à empêcher la poussière de rentrer dans la balance. Contre l'humidité, un morceau de potasse ou de soude caustique, mis dans une capsule, ou un vase quelconque, non poreux, préservera suffisamment, à condition de le changer lorsqu'il est complètement liquéfié.

Il faut avoir grand soin de ne pas laisser se rouiller les couteaux, ce qui serait presque un désastre, attendu qu'il est pratiquement impossible ensuite de remettre les choses en état parfait, et les pesées se ressentent d'un manque de précision, et surtout de sensibilité. Il est bon, lorsque l'on monte une balance, de dissoudre un peu de vaseline dans du pétrole lampant, et de passer ensuite, sur toutes les parties en fer ou acier, un peu de ce liquide sur un morceau d'ouate, enfermé dans un morceau de chiffon. Il est bien entendu que cette quantité de pétrole vaseliné doit être

réduite à sa plus simple expression. Et l'on essuie ensuite presque à sec.

Une bonne balance doit pouvoir peser le $\frac{1}{10}$ de milligramme, très nettement, à l'œil nu.

Nous ne donnerons pas ici de règle pour peser, et nous ne recommanderons pas non plus les grandes précautions pour la manipulation de ces appareils qui se nomment les balances d'essayeur. Chacun doit comprendre aisément qu'un appareil qui pèse des poids aussi petits, et dont les diverses parties sont du reste extrêmement frêles et délicates, ne doit pas être manipulé avec brutalité, mais qu'au contraire les plus grandes précautions doivent être prises, lors des pesées et des rectifications à apporter, lorsque l'extrémité du fléau ne s'arrête plus sur le zéro.

Une bonne balance de précision coûte environ 400^{fr} à Paris, avec la série des petits poids en platine, de 1^{mg} à 1^{dg}.

Nous recommanderons les poids en platine, car les poids en aluminium, souvent fournis avec les balances de provenance allemande, sont facilement oxydables, et par conséquent perdent de leur précision, chose très importante lorsqu'il s'agit de poids de cette valeur de 1^{mg}; une très légère couche d'oxyde altère immédiatement et de façon notable l'exactitude des pesées.

7. — TENEUR DES ALLUVIONS.

Nous avons dit qu'en ce qui concernait les alluvions, il était préférable, pour fixer les teneurs, de ne se fier qu'aux expériences faites à la batée, ou au moyen d'appareils appropriés, et dont le mode de fonctionnement se rapprocherait autant que possible des conditions d'exploitation.

Il est en effet peu intéressant, pour un groupe financier, de savoir par exemple que les sables d'un endroit à exploiter, contiennent 20^g ou 100^g d'or à la tonne, si la pratique, lors de l'exploitation, ne peut en faire recueillir que 2, ou 5, ou 10.

En effet, certains sables sont riches en or combiné, c'est-à-dire que les alluvions ont été produits par des roches dont chaque élément constituant est aurifère. Certains filons de quartzite, qui ont donné naissance à des placers, certains granites légèrement aurifères, qui par leur désagrégation ont formé d'énormes dépôts, actuellement travaillés pour or, contenaient, en dehors de l'or libre 'qui a été mis en liberté par suite de l'usure mécanique, qui a travaillé à la façon des broyeurs modernes, en usant la roche, en la réduisant en poussière. Ces roches, disons-nous, contenaient, en dehors de l'or facilement amalgamable, de l'or encore inclus dans les particules de sable, 'dans les grains, tant de silice que de composés de fer, ou d'autres minéraux aurifères.

Si donc l'on fait une analyse, comme celle que nous venons d'expliquer, pour or total, les résultats porteront aussi bien sur l'or contenu encore dans les grains composant les alluvions, que sur l'or mis en liberté par l'usure des roches. L'or combiné, c'est-à-dire celui qui se trouve encore *prisonnier* dans les éléments constituant les alluvions, ne peut être extrait que par un procédé spécial, partie mécanique, partie chimique : broyage des éléments 'constitutifs| et procédé chimique ayant pour but de dissoudre l'or qui reste encore inclus dans les éléments finement pulvérisés, et l'or que la finesse de pulvérisation rend impropre à recueillir mécaniquement, parce que trop fin.

En général, jusqu'à nos jours, on exploite les alluvions pour en recueillir seulement l'or qui se trouve à l'état libre : pépites, et poudre d'or, disséminées parmi les sables et terres constituant ces alluvions, et qu'un lavage plus ou moins compliqué permet de séparer des autres éléments non précieux.

Il n'est donc que d'un intérêt secondaire, pour les créateurs d'une affaire d'alluvions, de savoir que les sables qu'ils se proposent d'exploiter contiennent une forte proportion d'or, que le procédé qu'ils se proposent de mettre en œuvre ne

permettra pas de recueillir. Cela ne peut avoir d'intérêt que pour le cas où les futurs exploitants envisageraient la possiblité de créer une exploitation complète, comprenant : 1º le lavage des alluvions et la reprise des sables propres, pour 2º en faire une affaire à côté, de broyage et dissolution.

Quand les créateurs d'une affaire d'alluvions se proposeront seulement l'exploitation mécanique de lavage, il sera bien plus intéressant pour eux de connaître la quantité d'or qu'un procédé mécanique permettra de recueillir, que de savoir que le procédé X ou Y permettrait de récupérer mieux, par dissolution, que le procédé Z.

Nous estimons, en ce qui concerne les alluvions, qu'il y a intérêt, pour les financiers d'une affaire, à savoir seulement la quantité d'or contenue dans un sable alluvionnaire, ou un dépôt de galets aurifères, ou enfin des terres aurifères, que l'*on peut récupérer*.

Il arrive, en effet, que la bonne récupération dépend du procédé mis en œuvre.

Non seulement il faudra savoir quelle est la quantité d'or que la batée peut retenir, mais il est surtout intéressant de connaître si tel appareil ne conviendrait pas mieux que tel autre, *dans la pratique*. Par exemple, des sluices fonctionneront mieux, avec un pavage de galets, qu'avec des tapis de coco, suivant que les minerais sont à or plus ou moins gros, où sont plus ou moins chargés de terre argileuse; suivant que l'on dispose de beaucoup ou de peu d'eau de lavage, il y aura à augmenter ou diminuer la pente des appareils de lavage. Si le lavage se termine sur des tables de récupération, il sera avantageux de connaître, pour faire la commande des appareils, qu'elle sera la matière à employer pour retenir les poussières d'or, non retenues sur les obstacles des appareils de lavage.

Il est en effet divers procédés de retenir l'or, pour le même appareil, comme nous le verrons plus loin.

Il est donc important, lors de l'étude même du gisement, de faire quelques essais de traitement en petit.

La batée, entre les mains d'un manipulateur très expert, retient la presque totalité de l'or libre, fin et gros, et il s'en faut de beaucoup qu'un appareil d'exploitation donne des résultats aussi beaux.

Il n'y a pas encore bien des années, les exploitants de placers se considéraient comme très heureux, quand ils avaient récupéré à peu près la moitié de ce qu'indiquait la batée. De nombreux placers ont été exploités 3 et 4 fois, et les résultats obtenus, en fin de compte, ont quelquefois été plus rémunérateurs, à la troisième reprise, que lors de la première exploitation; nous citerons en cette circonstance certains placers de la région d'Oroville, en Californie.

Nous ne mentionnerons pas à ce sujet certains dragages de Guyane, en rivière, où les alluvions sont modernes, se formant tous les jours, ce qui explique, en partie, que la reprise soit quelquefois plus intéressante que la première exploitation. De plus, en cette contrée, l'or se trouvant au fond même du lit de la rivière, la drague, quoi qu'on fasse, remonte souvent d'énormes paquets d'argile, sur lesquels l'or des sables se colle. Or, le séjour à nouveau de ces paquets d'argile, dans l'eau, au milieu des graviers et galets qui *pétrissent la pâte*, fait qu'à la reprise cette argile se désagrège très facilement, rendue molle, par l'eau, et déjà divisée par les galets qui s'y sont incrustés, et qui, dans le tromel, (débourbeur) s'en va en boue assez fluide, pour que l'or primitivement retenu puisse tomber au travers des mailles et vienne sur les tables.

Donc, il sera, nous le répétons encore une fois, car cela a une très grosse importance, très utile de faire quelques petites expériences de rendement, à l'aide de petits appareils, facilement construits sur les lieux, quel que soit l'endroit du monde où l'on se trouvera, si l'on dispose de quelques planches, de clous, et d'un petit matériel de menuisier. Nous allons indiquer ici un de ces appareils, très pratique, facile à construire, et qui donnera en quelques semaines des indications précieuses, comme le montrera l'explication suivante.

On fait fabriquer deux tronçons de sluice en bois, d'une largeur de 0^m,3o à 0^m,5o (on appelle sluice une sorte de rigole ayant un fond et deux côtés) et de 4^m chacun de long. On dispose ces sluices de façon à donner une pente, que l'on pourra à son gré faire varier, augmenter ou diminuer. En tête de ce dispositif, on place une sorte de caisse ouverte sur le dessus, de même largeur que les sluices, et dont un des côtés est formé de barres de fer ou par un morceau de métal déployé, fort, à mailles de 1^{cm}. Cette caisse (A) sert à débourber le minerai, qu'on introduit par le dessus, et dans cette caisse débouche aussi le conduit d'amenée d'eau. Ce conduit X peut être quelconque; on en fabrique d'excellents, avec un morceau de gros bambou, coupé en deux dans la longueur et dont on retire les nœuds au ciseau pour former un conduit. On dispose les sluices comme l'indique la figure 14. Au milieu,

Fig. 14.

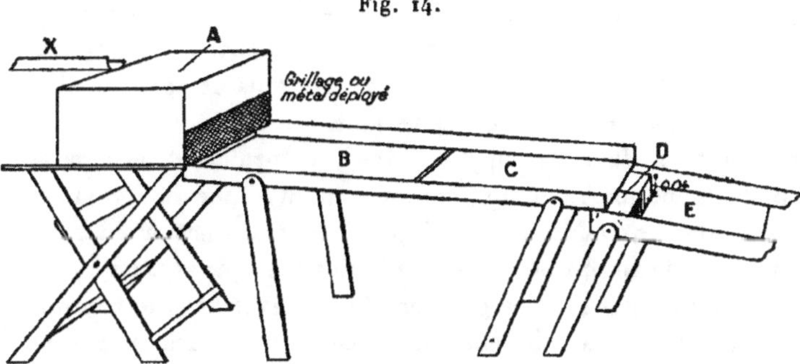

entre les deux sluices, on dispose une sorte d'auge (D), ou bac à mercure, en anglais *quick silver-trapp*, dans laquelle l'extrémité du tronçon de sluice supérieur vient former chute, de 7^{cm} à 10^{cm}. Cette auge sera au plus profonde, de 2^{cm} à 4^{cm}.

Les sections de sluices, supérieur et inférieur, seront divisées chacune en deux parties de 2^m chaque : B sur le fond de laquelle sera étendu du métal déployé à mailles de 2^{cm} ou 3^{cm}, entre les mailles duquel les fragments de cailloux et de quartz formeront pavage; la partie C sera pourvue de tasseaux ou *rifles*, formés de petits morceaux de bois, de 2^{cm} au plus de hauteur, et barrant dans toute sa largeur le sluice; la partie E du sluice inférieur sera recouverte de tapis en fibre de coco, semblable à celui dont on garnit les escaliers ou les couloirs; la partie F sera recouverte d'une couverture en laine, ou de peluche, ou velours à grosses côtes. On pourra, après un premier essai, varier la disposition de ces recouvrements, par exemple mettre les rifles en tête, et le métal déployé ensuite. Nous recommanderons aussi de disposer, sous le métal déployé, du tapis en fibre de coco, car il arrive que, par suite de la gravitation, les cailloux qui forment pavage sont continuellement ébranlés, et que, petit à petit, l'or arrêté sur le dessus de ce pavage s'infiltre entre les cailloux, puis tombe sur le fond, où, si rien ne le retient, il glisse entre les interstices et peut s'échapper; tandis que si le fond est recouvert de tapis de coco, celui-ci agrippe les grains d'or et les retient.

On lave dans cet appareil 10$^{m^3}$, en projetant le minerai dans la boîte A, où un homme, muni d'une houe, remue constamment la masse, de façon à la transformer en boue liquide; de temps en temps, on enlève les pierres, en ayant bien soin, avant de les enlever, de les laver sous le courant d'eau. Il faut aussi débarrasser cette boîte des herbes et branchages qui pourraient s'y être introduits. Ces derniers, herbes et branchages, seront soigneusement mis de côté et seront séchés, pour être ensuite brûlés, et les cendres seront lavées à la batée, ceci pour se rendre compte si de l'or ne s'y serait pas introduit lors du lavage dans la caisse.

Après 10^{m^3}, on enlève soigneusement toutes les garnitures, dont on recueille les sables. Les sables de B dans une boîte, les sables de C dans une autre, les sables de E dans une troisième, et ceux de F dans une quatrième. Ces sables seront lavés soigneusement à la batée, et les concentrés mis de côté. Le mercure de D sera laissé à déposer toute une nuit, et le fond sera décanté, et lorsqu'il n'en restera que la valeur d'un verre à goutte, on le passera sur un morceau de peau de chamois très fine et très propre. Il restera vraisemblablement une petite boule d'amalgame, que l'on évaporera. Les concentrés de sables seront ensuite séchés, et l'on sortira les sables noirs, avec un aimant, en ayant soin de ne pas entraîner d'or en fines poussières. On peut encore, ce qui est plus pratique, mettre chaque concentré dans une petite batée, spéciale, de 6^{cm} d'ouverture et 3^{cm} de creux, faite dans un morceau de tôle quelconque, puis on verse dans cette batée une petite goutte de mercure, $\frac{1}{10}$ de dé à coudre à peu près, et quelques gouttes d'eau de savon de Marseille, on lave le tout avec deux doigts, en tournant, et en faisant en sorte que tout le sable vienne au contact du mercure; ensuite, on se place sur une cuvette d'eau propre, au fond de laquelle on met une assiette, et doucement, en tournant, on fait évacuer les sables noirs, en évitant que le mercure ne se sauve (l'assiette est du reste là pour le recueillir en cas d'accident). Quand tout le sable noir est évacué, il reste au fond de la petite batée un globule de mercure amalgamé avec l'or que contenaient les sables. On évapore ce mercure entièrement sur une petite cuiller en fer, frottée de mine de plomb (une pointe de crayon). On recueille le petit lingot d'or restant, et on le pèse sur une balance au centigramme, de marchand d'or.

On répète plusieurs fois ces opérations de lavages, en modifiant chaque fois l'inclinaison des sluices, et en changeant, comme nous l'avons dit, l'arrangement des matériaux recouvrant le fond, de façon à se rendre compte de la *meilleure* disposition, ce qui sera d'une précieuse indication pour la commande du futur matériel d'exploitation.

Nous recommandons surtout le dispositif, consistant à superposer le tapis de coco et le métal déployé. Il sera aussi très intéressant de contrôler les résultats obtenus par les tissus terminaux, de façon à se rendre compte dans quelles proportions on retient l'or fin, *très fin*, suivant la pente donnée, et le tissu employé. Cette observation a surtout beaucoup d'importance, quand les minerais sont argileux, et ont tendance à encrasser les tissus, d'où il s'ensuit que si ce tissu est trop fin, trop délicat, une fois encrassé, il ne retient plus rien. On a alors avantage à employer des tissus un peu grossiers, la grosse toile de jute par exemple, suivie de peluche, qu'on lavera souvent, pour obvier à l'encrassage. On peut aussi employer du métal déployé à mailles très petites. Enfin, on étudiera soigneusement la proportion d'eau nécessaire, pour le meilleur rendement, pour chaque inclinaison, des sluices.

8. — OUTILLAGE POUR ESSAIS.

Revenons aux essais de laboratoire.

Nous avons déjà dit que, pour des prises d'essai de 40^g, les creusets du numéro 12 convenaient très bien pour des minerais de quartz, pas trop complexes. Ce numéro, pas très volumineux, se comporte très bien, ne tient pas beaucoup de place dans les fours à fusion, et, si la chauffe n'est pas précipitée au début de la fusion, ne déborde pas.

Il nous a toujours donné, du reste, satisfaction absolue.

Toutefois, si les minerais sont un peu complexes, le numéro suivant convient mieux.

Un creuset peut servir plusieurs fois. Nous ne conseillerons donc pas,comme le font quelques auteurs, de laisser refroidir le creuset avec son contenu et de le casser une fois froid, pour en retirer le culot de plomb.

Nous conseillons de vider le contenu du creuset, à sa sortie immédiate du four à fusion, après avoir, comme nous l'avons dit, rassemblé le culot par de petites secousses, de le vider, disons-nous, dans une lingottière.

Ensuite, on range ce creuset à l'abri du vent et de l'air en le recouvrant d'un creuset hors d'usage, car l'air vif ferait casser infailliblement le fond.

Pour s'y reconnaître, dans les fusions, on repère chaque fois les creusets à l'aide d'un crayon de sanguine. On écrit d'abord le numéro du creuset, puis au-dessous on fait un trait horizontal. A chaque usage, on fait un trait nouveau au-dessous de celui tracé la dernière fois.

Un creuset peut ainsi servir quatre à cinq fois, si toutefois le fond n'est pas fendillé. Après ce nombre, il est bon, même si le creuset ne présente aucun défaut apparent, de le mettre de côté, mais toutefois pas au rebut, car il pourrait servir, pour le cas où l'on manquerait de creusets. La raison pour laquelle on met ces creusets très usagés de côté est qu'après quatre ou cinq usages la fusion a diminué l'épaisseur des parois du creuset, surtout dans la partie où se tient la matière en fusion. Cela détermine des points faibles, par lesquels il pourrait se produire des pertes, si un trou se formait.

Nous avons dit qu'il est bon de numéroter les creusets, et cela a pour but de s'y reconnaître. On met sur le creuset le numéro de l'essai, qui est écrit sur le carnet de laboratoire, carnet sur lequel on mettra les divers renseignements concernant le minerai (nature, couleur, matériaux étrangers visibles, couleur de sa poudre, etc.), puis on écrira le genre de fondant employé, enfin, le poids du plomb obtenu, la couleur de la scorie, puis enfin le poids de l'or (bouton) et le poids dudit, après départ. On numérote donc les creusets pour s'y reconnaître dans les diverses opérations, de même qu'on aura marqué les trous de la lingottière, en ayant soin de verser le creuset n° 1 dans le trou n° 1, etc. Le lingot de plomb une fois nettoyé sera lui aussi marqué, à l'aide d'un pointeau ou d'une pointe de clou, de coups de pointeaux. La coupelle sera elle aussi marquée avec la pointe d'un couteau. Dans le laboratoire de campagne, comme il n'y a qu'une seule grandeur de coupelle, ou deux tout au plus, on peut en effet marquer la coupelle avant de l'introduire dans le moufle pour la chauffer. Si l'on a deux grandeurs de coupelles, on numérote deux séries, une de grandes, une de petites, que l'on fait chauffer. Les coupelles dont on ne se servira pas seront retirées du moufle, et mises à refroidir doucement sous le grillage du four à coupelles, d'où on les retirera lorsque celui-ci sera froid.

Bref, nous recommanderons de numéroter tout, de façon à éviter une erreur, même un doute.

Du reste, la pratique apprend naturellement qu'il faut observer le plus grand ordre et la plus grande netteté de méthode, dans le jeu successif de toutes les opérations qui sont nécessaires, depuis le broyage du minerai jusqu'à la pesée du bouton, qui se chiffre par des dixièmes de milligramme.

Le four de fusion devra être, dans les pays éloignés, construit par le prospecteur lui-même, les mines d'or étant le plus souvent situées là où les fournisseurs ne sont pas; c'est le plus souvent en pleine brousse, loin des centres civilisés, où l'homme se trouve livré à lui-même.

Le four devra avoir un fond assez large, pour y loger à l'aise le nombre de creusets (C) que l'on voudra soumettre à la fois à la fusion (*fig.* 15).

Ce four sera muni, dans le bas, d'une grille bien plane (G), que le prospecteur pourra commander en même temps que le matériel de laboratoire, au nombre de deux pour plus de sûreté. L'industrie en fabrique, et l'on en trouve facilement dans le commerce de la quincaillerie, aux dimensions de 0,40 × 0,40 ou de 0,40 × 0,60. Dans un four de 0,40 × 0,40,

Fig. 15.

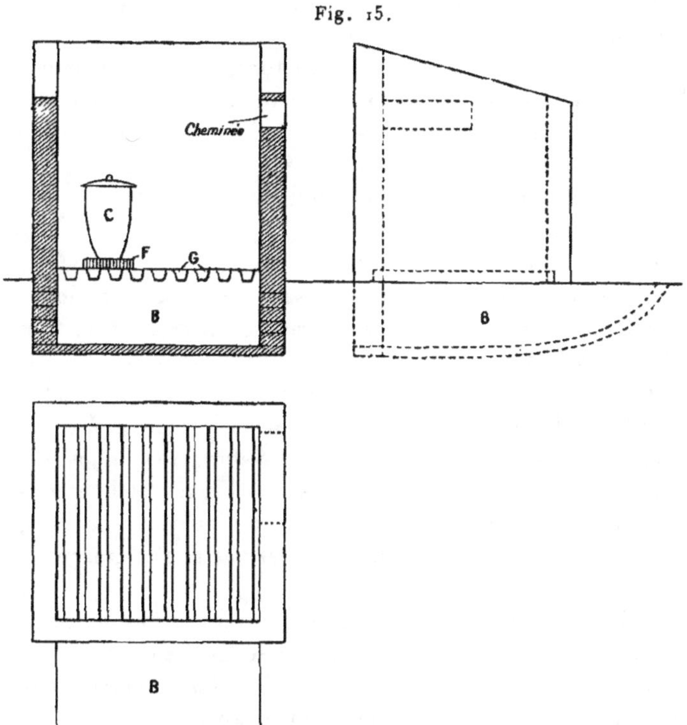

on peut opérer cinq fusions, et dans le four de 0,40 × 0,60, on peut en faire sept, et même huit, en n'employant que des creusets nº 10.

Le creuset ne doit pas poser directement sur la grille : 1º pour ne pas être au contact direct de l'air froid qui entre ; 2º il peut arriver qu'un creuset déborde, et alors il resterait collé sur la grille. On interpose donc, entre cette grille et

le fond du creuset, une galette de terre dite *fromage*, ou à
défaut un morceau de brique sèche, bien plan sur deux faces,
de forme plus ou moins cubique, ayant 4^{cm} au moins de hauteur. Il est très important que le creuset soit bien assis sur
son fromage pour éviter le renversement.

Nous avons déjà dit, et nous répétons, que le chargement
du charbon doit être, au début, effectué à la main, morceau
par morceau, et bien réparti sur toute la surface restée libre
de la grille, de façon à éviter des jours ou cheminées, par
lesquels s'effectuerait un tirage plus énergique que dans le
reste de la masse.

Arrivé à demi-creuset, on peut employer du charbon un
peu plus fin, et le tasser un peu, sans cependant employer
de poussière, qui empêcherait le tirage et risquerait de trop
retarder la fusion.

Si l'on emploie du charbon de bois, il faudra charger
jusqu'à quelques centimètres, par-dessus les couvercles des
creusets; si l'on emploie du coke, on ne chargera que jusqu'à
quelques centimètres au-dessous des couvercles, et l'on con-
tinuera le chargement ensuite avec du charbon de bois,
jusqu'au ras des couvercles, pour permettre l'allumage du
coke.

Enfin, par-dessus ce charbon de bois, on mettra un peu de
paille et quelques morceaux de bois assez petits (gros comme
le pouce et longs comme l'avant-bras) et l'on mettra le feu,
qui s'allume, comme on le voit, par le dessus.

On surveillera le feu, de temps en temps, pour conduire
l'allumage, de façon à ce qu'il prenne bien partout à la fois,
et pour verser un peu de charbon très fin sur les endroits où
le tirage paraît trop actif.

Les creusets sont sortis du four à fusion à l'aide de pinces
spéciales, dites *pinces à creusets*, qui permettent de bien saisir
le creuset sans qu'il risque de se renverser, et assez longues
pour que l'opérateur ne se brûle pas les mains, par suite du

rayonnement très fort qui se dégage du four lorsqu'on ouvre la porte de fermeture. Il faudra même que l'opérateur s'enveloppe les mains d'un morceau de toile à sac, trempé dans l'eau. Si l'opérateur a les yeux un peu sensibles, il sera bon aussi qu'il se préserve les yeux, avec des lunettes noires, ou de soleil, qui préservent de l'éblouissement provoqué par le feu. Il sera bon aussi de rabattre sur le front un chapeau de toile, légèrement mouillé sur les bords. Nous avons en effet connaissance d'un chimiste qui fut atrocement brûlé à la suite d'avoir eu les cheveux incendiés par la chaleur du four.

A côté du four à coupelles, on dispose une sorte de battoir de lessiveuse, recouvert d'un morceau de fer blanc, dans lequel on aura découpé des trous, de la grandeur (un peu plus) du fond de la coupelle, mais moins grands que le diamètre supérieur. On appellera cet appareil *main à cases*, et il sert à y déposer les coupelles à leur sortie du moufle. A la rigueur, un simple morceau de fer, terminé par une poignée en bois, ferait l'affaire, et même une brique plate.

Les coupelles, lorsqu'on en manque, doivent être faites sur place. On fait incinérer des os quelconques, dans un four à fusion, jusqu'à ce qu'ils soient bien blancs, sans aucune partie non calcinée qui resterait noire. Il faut toutefois éviter de donner trop de tirage, pour que la calcination ne durcisse pas trop les os cuits. Lorsqu'ils sont froids, ils sont cassés et porphyrisés en fécule très fine, dans un mortier, et cette fécule est passée au tamis très fin.

La poudre blanchâtre ainsi obtenue est mélangée d'une solution de potasse ou de soude caustique, pour en former une pâte, à raison de 75^g de solution à 20 pour 1000, pour 500^g de cendres. La pâte est assez ferme, presque sèche. On la comprime dans un moule, très fortement, et les coupelles humides sont disposées sur une planche, le fond en l'air, et mises à sécher lentement, à l'abri d'une trop forte chaleur,

dans un léger courant d'air. Les coupelles doivent être mani-
pulées avec beaucoup de soin, car elles sont assez fragiles.
Les coupelles dont un prospecteur aura le plus besoin
seront les n°s 7 et 8, pesant 26 et 38^g. On pourra aussi fabriquer quelques coupelles n° 6 pesant 15^g environ, mais il sera
très rare que l'on ait à s'en servir.

Aux colonies, les vieilles coupelles seront conservées,
car elles pourraient un jour être utiles, pour remplacer, après
broyage, la litharge, si l'on venait à en manquer. A titre
d'indication, nous dirons ici que le minium peut très bien
remplacer la litharge, et le minium est souvent commun,
étant donnés ses nombreux emplois dans l'industrie et les
entreprises.

Lors de la coupellation, le moufle sera garni, sur sa sole,
d'une légère couche de poudre d'os, de façon à éviter la cor-
rosion du moufle par la litharge qui pourrait suinter au
travers des pores de la coupelle; on comprend que ce serait
cette cendre d'os qui absorberait la litharge. Cet accident
se produit encore assez souvent, soit que la coupelle vienne
à se fendre, auquel cas le plomb se vide sur la sole, ou que le
poids du plomb ne soit trop fort pour la capacité d'absorption
de la coupelle. On admet, en pratique, qu'une coupelle peut
absorber son propre poids de litharge.

Il est entendu que toutes ces opérations demandent un peu
de pratique pour être menées à bien. Du reste, chaque opérateur se crée sa façon, sa manière d'opérer, qui s'adapte le
mieux avec son tempérament de travail.

Ce sont des tours de main qu'il serait trop long d'expliquer
dans ce recueil. Toutefois, un opérateur qui suivrait bien
exactement ces quelques descriptions peut être assuré du
succès final, d'une réussite presque certaine.

Nous insisterons, pour méthode, qu'il faut toujours, à tout
moment, savoir sur quel échantillon on opère. Il en est surtout
ainsi pour les coupelles que l'on traite à plusieurs d'un coup,

et qu'il devient difficile de suivre, surtout si elles n'ont pas été marquées.

Si donc on n'a pas marqué les coupelles, il y aura lieu alors de tracer sur une ardoise, à côté du four à coupelles, un schéma de la disposition des coupelles dans le moufle, avec un numéro *ad hoc*. Ce numéro serait modifié selon les modifications que l'on apporterait dans la disposition des coupelles dans le moufle, où l'on pourrait encore, si les numéros sont portés sur la main à cases, modifier ces derniers chiffres, au fur et à mesure des changements qui seraient opérés. Il peut en effet arriver que l'on change l'emplacement d'une coupelle pour en activer l'oxydation, en la rapprochant de l'entrée du moufle; ce sont ces modifications de dispositions dont nous voulons parler.

Quand, pour une cause quelconque, une coupelle se casse, il est préférable de considérer l'essai comme perdu, et le recommencer. Certains auteurs donnent, il est vrai, diverses descriptions de méthodes ayant pour but de *sauver* un plomb échappé, mais, à notre avis, ce sont là des procédés détestables, attendu qu'il est logiquement impossible de récupérer la totalité de ce plomb, et alors le résultat que l'on obtient est franchement faux, et ne peut servir qu'à inciter à tricher. Cependant, il ne faut pas laisser le plomb ainsi répandu sur la sole, il faut, à l'aide d'un morceau de fer recourbé, sorte de petit crochet, le faire glisser sur une petite palette en fer blanc, emmanchée au bout d'un manche en bois, et le jeter. Le plomb ayant pour fâcheux résultat de trouer cette sole, en se transformant en litharge.

En ce qui concerne le four à fusions, dont nous avons donné le croquis plus haut, nous dirons que pour construire ce four, il n'est nullement besoin, comme le recommandent divers auteurs, d'employer des briques réfractaires. La terre glaise, plus ou moins pure, que l'on trouve toujours aux environs des mines, soit en bordure ou au fond des ruisseaux, ou dans

des marécages, constitue un excellent matériel. On mélange
cette terre avec du sable de rivière, à peu près à parties égales,
on en fait une boue assez épaisse, et, de cette boue, on fabrique
des briques que l'on fait sécher au soleil. Pour faire des briques,
le procédé est simple : une petite caissette quelconque de
10^{cm} à 15^{cm} de largeur, de 8^{cm} à 12^{cm} de haut, et de 15^{cm}
à 20^{cm} de long, dont on enlève le fond, constitue le moule.
On emplit cette caissette de boue de glaise, et quand elle
est bien pleine, *sans tasser*, on râcle le trop plein avec un morceau de bois ; on renverse alors la caisse, sens dessus dessous,
on pousse la matière au dehors, la brique est faite, il n'y a
plus qu'à la laisser sécher quelques jours doucement. On en
construit alors le four, sans s'inquiéter, et la première fois
que l'on allumera le four, on conduira le feu très doucement
(ce sera vraisemblablement pour faire calciner des os), et
quand le feu sera éteint les briques seront cuites, et le four
prêt à servir.

Si la terre employée n'est pas parfaite, il pourra arriver
que les pourtours du four, à hauteur du charbon, se garnissent
d'un revêtement d'une sorte de mâchefer. Dans ce cas, il
n'y aurait qu'à retirer ce mâchefer de temps en temps et à
combler le creux, s'il est trop fort, avec une pelletée de terre
gâchée avec du sable, après avoir préalablement convenablement mouillé les briques à l'endroit du creux à remplir.

Un four de ce genre peut permettre de faire 600 à 1000
essais, et il est rare qu'un prospecteur en fasse autant dans
une seule mission.

Il est en effet inutile de se charger de briques, lorsque l'on
a déjà tant de matériel, utile et introuvable sur les lieux, à
transporter, en dehors de la charge constituée par les vivres
et colis personnels du prospecteur.

Au cas où l'on n'aurait pas de grille, il serait possible d'en
constituer une, avec des morceaux de fer taillés dans une
barre de fer carré de 18^{mm} à 20^{mm} de côté, en les disposant

à 20^{mm} l'un de l'autre, comme écartement. Mais on n'em-
ploicrait cette grille que dans le cas où l'on ne pourrait faire
autrement, car les barreaux de fer s'oxydent encore assez
vite, et ont surtout le fâcheux inconvénient de se déformer
rapidement, en se cintrant. On a donc ensuite beaucoup
d'ennuis, parfois, pour assurer la stabilité des creusets.

On pourra aussi faire faire des couvercles de creusets, avec
de la même terre qui a servi à faire les briques du four. On
fait pour cela un petit moule en bois, de façon à donner aux
couvercles la forme marchande, mais un peu plus épais, et
on fera sécher ces couvercles dans un courant d'air. On les
fera cuire lorsqu'ils seront bien secs.

On pourra de même fabriquer des fromages.

Il est inutile, comme nous l'avons cependant vu faire,
d'acheter des étagères, pour emporter en voyage. On peut
établir ces meubles, au moyen de caisses que l'on divise en
étages, au moyen de planchettes, clouées à la hauteur désirée.

Il sera utile, cependant, malgré que nous n'eussions pas
mentionné ces articles dans le matériel de laboratoire, d'emporter une scie à scier de long, qui servira à fabriquer des
planches, dont on pourra toujours avoir besoin, ne serait-ce
que pour se bâtir une hutte un peu confortable, des tables,
et les sluices d'essai. On trouve toujours à la côte des ouvriers, que l'on peut emmener, qui savent scier de long. Il
sera bon, dans ce cas, de ne pas oublier d'emporter des limes
spéciales à affuter ces scies.

Il sera bon aussi, pour la réparation du matériel de sondage
ou de terrassement, d'emporter aussi, outre le matériel du
charpentier, un petit matériel d'outils de forge et d'ajustage,
dont nous donnons ci-après la nomenclature.

Matériel de menuiserie. — 1 varlope et 1 riflard, 2 rabots,
1 guillaume, 1 maillet, 2 marteaux emmanchés, 1 égoïne de

0,5o, 1 de 0,6o, 1 égoïne à refendre, 1 paire de tenailles,
1 chasse-clous, 1 tourne-à-gauche, 1 ou 2 tournevis forts, 2 fins,
1 série de petites vrilles de 1^{mm} à 8^{mm}, 1 équerre droite,
1 fausse-équerre, 1 compas droit, 1 rapporteur, 1 trusquin,
6 mètres en buis à 10 branches, 20 crayons, 2 grands ciseaux
emmanchés, 2 petits ciseaux emmanchés, 2 bédanes, 3 gouges,
1 lime plate, 1 demi-ronde, 6 tiers-points (pour affuter les
scies), 2 râpes à bois plates, 2 râpes à bois demi-rondes,
2 planes, 2 hachettes à main, 6 grandes haches, 1 pierre à
huile, 1 bouvet d'ébéniste, 1 pot à colle, 5^{kg} de colle forte,
2 presses, 2 étaux de menuiserie, 1 mâchoire à affuter les
scies, 1 niveau de maçon, 5 bouvets assortis, 3 vilebrequins,
2 séries de mèches (6), 1 meule montée, 4 serre-joints.
Coût : 25o^{fr} environ. On pourra joindre ici : 2 scies de long
pour débiter les planches et 6 limes demi-rondes spéciales
pour affûter.

Matériel de mécanique. — 1 étau à pied tournant de 3o^{kg},
mâchoires 13o^{mm}, 2 marteaux rivoirs emmanchés de 28,2
et 2 de 36, 1 pointeau, 1 règle fer de 4o^{cm}, 1 équerre de 125^{mm}
à chapeau, 1 compas droit de 19^{cm}, 3 mètres cuivre, 12 limes
plates de 2, 12 demi-rondes de 2, 6 plates à mains bâtardes,
6 demi-douces, 6 demi-rondes bâtardes, 3 demi-douces, 3
rondes bâtardes (queue-de-rat) 6 burins acier fondu de 18^{cm},
6 burins de 12^{cm}, 6 bédanes de 22^{cm}, 2^{m} acier pour burins
et bédanes, 1 trusquin, 1 fil à plomb, 1 pied à coulisse, 1 pal-
mer, 2 niveaux à bulle d'air, 3 étaux à main, dont un à
griffe, 1 jeu de chiffres à marquer, 1 compas d'épaisseur de
10^{cm}, 2 cliquets à canons, de 45^{cm} et 55^{cm}, 2 séries de clefs à
nervures de 8^{mm} à 10^{mm}, 3 clefs à molettes de 0,3o, 0,5o, 0,8o,
12 scies à métaux et monture, 2 tournevis de serrurier, 1 fort
vilebrequin, 2 pinces d'électricien dites *universelles*, 1 petite
perceuse à main et une série de mèches pour *idem*, 3 clefs
Stillson pour tubes (petite, moyenne et grande, cette der-

nière pouvant visser les tubes de la sonde), 1 série de mèches américaines de 5 à 15^{mm}, 1 de 15^{mm} à 23^{mm}, 1 série de filières à 1 vis (coussinets et tarauds) de 4^{mm} à 23^{mm}, 20^l d'huile pour machines.

Coût de ce matériel : environ 1000^{fr}.

Matériel de forge. — 1 forge portative à ventilateur, chauffant 10^{cm}, 1 enclume de 70^{kg}, en acier, 6 paires de tenailles de forges diverses, 1 châsse à parer de 50^{mm}, 1 châsse carrée de 35^{mm}, 1 poinçon rond de 10^{mm}, 1 poinçon carré de 12^{mm}, 1 dégorgeoir moyen de 15^{mm}, 1 tranche à chaud de 240^{mm} environ, 2 tranches à froid de 240^{mm}, 1 tranchet d'enclume, 2 marteaux à devant de 4 et 5^{kg}, 2 marteaux à main de 2^{kg}, 2 marteaux-rivoirs de 38^{mm}, 1 perçoir, 2 burins à froid, 2 burins à chaud, 1 tisonnier, 1 compas d'épaisseur 22^{cm}, 1 étau de 60^{kg}, 1 forerie à vilebrequin à colonne (10^{kg} environ). Coût : 500^{fr} environ.

On ajoutera à cet outillage : 1 cisaille noire de 25^{cm}, 1 maillet en frêne, 2 fers à souder en cuivre de 250^g et 300^g, 1^{kg} d'étain, des pointes pour clouer de toutes dimensions (500^{kg} de pointes de 20^{mm}, 10^{kg} de pointes de 40^{mm}, 5^{kg} de pointes de 60^{mm}, 10^{kg} de pointes de 40^{mm}, 5^{kg} de pointes de 60^{mm}, 10^{kg} de pointes de 75^{mm}), 2^{kg} de vis assorties, 10^{kg} boulons assortis et écrous, 1 boîte ou 2 pâte à souder, 1^{kg} de chlorhydrate d'ammoniaque.

Matériel divers. — 1 niveau d'arpentage et 1 mire, 3 mètres en buis à 10 branches, 1 chaîne d'arpenteur, 1 goniomètre ou une équerre d'arpenteur, 1 boussole d'arpenteur, 1 plomb, 2 truelles de maçon.

6 barres d'acier hexagonal de 25^{mm} et de 3^m long, 4 barres d'acier hexagonal de 35^{mm} et 3^m de long, 8 pioches, 2 massettes de 2^{kg}, 12 pelles de terrassier, 50^m de grosse corde de 20^{mm}, 50^m de corde de 25^{mm}, 3 rouleaux fil de fer galva-

nisé de 2^{mm}, 2 rouleaux de fil de fer galvanisé de 3^{mm}, 2 rouleaux de fil de fer à lier de 1^{mm}, 3 douzaines de feuilles de fer galvanisé ondulé pour toiture, 2 feuilles de fer de 1^{mm} d'épaisseur 1^{m} × 2^{m}, 2 feuilles de fer de 2^{mm} aux mêmes dimensions, 6 barres de fer plat 10 × 40 × 3000, 20^{m} coton écru pour faire des sacs, 2 pochettes aiguilles assorties, 12 cartes fil en carte, fort.

Du matériel, ou fournitures de bureau : papier à écrire, blocs, enveloppes, règles, équerres à dessin, compas, punaises, plumes, crayons, encres, gommes, papier buvard, colle, épingles, copie-lettres, chemises à dossiers, cire à cacheter.

1 loupe, 1 compte-fils, aides-mémoire divers, mètres de poche en cuivre et en bois à ressorts, 1 pince universelle.

Quelques couvertures de laine, et quelques mètres de peluche, du métal déployé à mailles de 1^{cm}, 2^{cm}, et 4^{cm}.

Le matériel d'essai précédemment décrit, et matériel de laboratoire s'il y a lieu, le matériel de sondage.

Les effets personnels, quelques graines potagères comme nous le dirons plus loin, des médicaments, quelques livres, et, si possible, 1 abonnement à des journaux et revues.

Les campagnes de prospection sont quelquefois assez longues, aussi il sera utile, pour le prospecteur qui n'aurait jamais été dans la brousse, de se renseigner un peu plus loin, en ce qui concerne les conseils que nous donnons au sujet de la vie loin de tout centre civilisé.

CHAPITRE III.

EXPLOITATION.

1. — CONSIDÉRATIONS GÉNÉRALES.

Lorsqu'une mine est prospectée, il appartient aux financiers de décider de quelle façon sera faite l'exploitation.

Il faudra donc que ceux-ci s'entourent d'une foule de renseignements qui leur permettront de s'éclairer, en ce qui concerne la valeur brute de l'or à extraire.

En suite de cela, ils devront s'informer du prix de la main-d'œuvre, du rendement de celle-ci, en un mot, tâcher de savoir quel sera le prix du mètre cube, ou de la tonne, du minerai prêt au traitement, et ensuite, quel sera le prix du traitement, afin de savoir, aussi exactement que possible, quel sera le prix de revient du gramme d'or, prêt à être vendu.

En regard de ces chiffres, ils examineront : *a.* le prix du matériel qui sera utile pour l'exploitation; *b.* le prix du transport de ce matériel; *c.* ce que coûte le montage et le dédouanement de ce matériel; *d.* les travaux à effectuer pour l'installation de ce matériel (bâtiments, fondations, etc.); *e.* l'intérêt de l'argent d'apport; *f.* l'amortissement du matériel en *six* ans environ, non que le matériel sera usé à ce moment, mais les réparations et l'entretien de ce matériel ramènent les dépenses à ce chiffre à peu près.

De tous ces chiffres, on tire une moyenne de tonnage à traiter par jour.

Nous nous permettons de donner ici un exemple.

Supposons que, de tous ces chiffres, l'on fasse ressortir

que le gramme d'or produit ressort à 2^{fr}, et que cet or soit à un titre qui permette de le vendre à 3^{fr} le gramme.

D'autre part, les sommes requises par *a*, *b*, *c*, *d*, *e* donnent un total annuel de 5oo ooo^{fr}.

Nous avons des frais généraux de 13oo^{fr} environ, par jour. Comme notre or nous laisse un bénéfice de 1^{fr} par gramme, sur la main-d'œuvre, il faudra donc fabriquer, pour payer les frais, pour 13oo^{fr} à 1^{fr} le gramme, ce sera donc 13oo^{g} d'or par jour. Si la teneur des minerais est de 12^{g} en moyenne, comme rendement, ce qui suppose une teneur brute d'environ 15^{g}, il faudra donc traiter 108 tonnes par jour, pour payer seulement les frais et les divers intérêts. Si à présent l'on veut faire produire un bénéfice, il faudra sortir autant de grammes supplémentaires que l'on voudra de francs de bénéfices.

Si, par exemple, on veut obtenir que l'affaire rende 13oo^{fr} de bénéfices par jour, on devra faire doubler, à peu près bien entendu, le tonnage journalier.

Cette méthode n'a rien d'absolument précis, mais étant donné que les exploitations sont toujours conduites avec des éléments extrêmement élastiques, il s'ensuit que tous les calculs doivent être faits avec la plus grande simplicité, en laissant la plus grande marge possible aux aléas et aux imprévus. Nous insisterons donc sur le rendement pratique de cette méthode, en recommandant, nous le répétons, la plus grande élasticité dans les approximations, en arrondissant toujours les chiffres, en les forçant quant au coût, et en les diminuant quand ils doivent être favorables. Ainsi, un traitement qui reviendra suivant les données à 1^{fr},8o sera porté à 2^{fr}, et si le rendement est de 15^{g}, on dira qu'il n'est que de 12^{g}.

Il est bien évident que cette façon de procéder ne peut être envisagée que pour calculer la réalité d'une affaire, et elle ne pourrait pas résister à une analyse serrée, mais elle

a ce grand avantage de ne pas tabler sur des données, quelquefois *par trop justes*, qui font que, vue sur le papier, une
affaire paraît viable, et que, mise en pratique, elle aboutit
à un désastre.

Nous préférons, quant à nous, laisser la marge large, pour
une surprise finale agréable, que de serrer trop et d'aboutir
à de pénibles désillusions.

Trop d'affaires ont été créées, qui n'auraient pas résisté
à une analyse, basée sur les aperçus que nous avons décrits
plus haut, et qui ont l'avantage de n'être pas compliqués,
ni bien difficiles à établir. Il n'est pas nécessaire, pour les
aligner, d'être muni de nombreux diplômes, ni d'être un
comptable retors.

Tout prospecteur digne de ce nom doit pouvoir établir,
lorsqu'il a fini son étude d'une mine, quel en est à peu près
la valeur, c'est-à-dire quelle est la masse d'or qu'elle
contient. Il peut ensuite avoir un avis sur la difficulté de
l'extraction et la dureté au broyage; maintenant, si on le
lui demande, il pourra aussi se livrer à quelques petits travaux ayant pour but de trouver le procédé d'extraction,
tant mécanique que chimique, s'il y a lieu. De ces diverses
questions, en lui demandant de rapprocher ce qu'il pense
de la main-d'œuvre, il pourra établir un prix de revient du
gramme d'or sorti.

Ce prix peut être obtenu *grosso modo*, comme suit :

On se rend compte assez rapidement de la capacité de
travail des ouvriers locaux, et l'on doit logiquement tabler
sur ce rendement-là, et non sur le rendement obtenu dans
des contrées privilégiées, telles que les États-Unis ou l'Australie, où la main-d'œuvre est abondante et parfaite. Il faut
s'attendre à se voir forcé d'employer du personnel indigène,
quitte à le dresser et à l'encadrer de contremaîtres blancs.

Il faudra tenir un compte énorme des mœurs locales, à
savoir si les travailleurs sont naturellement, ou peuvent, y

étant contraints, devenir laborieux; ou si, au contraire, ils ont tendance à profiter de toutes les occasions possibles pour trouver une excuse à ne pas travailler : fêtes patronales, religieuses, dominicales, élections, même la pluie et la forte chaleur.

Certains indigènes sont naturellement apathiques et, disons-le crûment, paresseux. Il faut, pour qu'ils travaillent *un peu*, qu'ils soient très surveillés, et que la tâche qui leur est confiée ne soit pas trop forte. Certains sont enclins à se mutiner, surtout quand ils sont un peu nombreux; enfin, certains autres sont toujours insatisfaits, et aussitôt une augmentation obtenue, ils en exigent une autre. Enfin, certains pays sont impossibles, étant donné leur état constant de révolution.

Ce sont là des facteurs qui ne sont pas notables sur le papier, mais que tout ingénieur connaît merveilleusement, et telle affaire qui ne sera que passable pourra devenir excellente, confiée à un personnel travailleur; et telle autre, dont les données seront plus que belles, n'aboutira qu'à la faillite, par suite du mauvais rendement de la main-d'œuvre.

Nous connaissons des affaires, dont la moyenne de teneurs en minerai de quartz n'est guère plus forte que 9^g à la tonne, et qui donnent de bons résultats; et d'autres, dont la moyenne de teneurs dépasse 100^g à la tonne, en minerai quartzeux peu dur, c'est-à-dire facilement broyé, n'ont abouti qu'à la liquidation... Et cependant, malgré ce que l'on en a pu dire, certaines de ces affaires, auraient pu prospérer, mais elles étaient mal confiées, et l'anarchie régnait dans tous les services, et par-dessus le marché l'élément indigène aurait exigé d'être mené ou tout au moins surveillé. Et ces mines avaient un outillage superbe. Une d'elles, notamment, avait reçu, il y avait plusieurs années, un matériel de cyanuration magnifique, et très cher, qui restait là à rouiller, depuis le débarcadère jusqu'à la mine, le long de la voie du chemin de fer qui reliait ces deux emplacements, les rivets ne formant plus que des monceaux de rouille, les plaques devant servir à la confection des cuves rongées et percées par endroits. On rencontrait le long de cette voie des machines superbes, non encore sorties de leur emballage depuis des années. Le personnel ouvrier, pas surveillé, passait son temps à planter des patates et à récolter du manioc... au compte de la Compagnie, et vendait aux bricoleurs (chercheurs d'or libres) les bougies que la Compagnie lui délivrait pour travailler au fond..., et la dynamite, qui était censée servir à dépiler la roche, servait uniquement à la pêche en rivière. Il y avait un matériel superbe de marteaux à air comprimé et de perforatrices, mais la pompe à air comprimé ne fonctionnait pas et l'on battait les mines à la massette, à la lumière d'une bougie. La pompe d'épuisement ne fonctionnait presque jamais, quoique très belle, mais le tuyautage aurait eu besoin d'être démonté et remonté, de nombreuses rentrées d'air désamorçant la pompe, et le tuyautage de refoulement, ayant été monté depuis l'origine de la mine, au fur et à mesure des nécessités, étant pourri par endroits, renvoyait l'eau dans la mine : on y était copieusement arrosé tout le long du parcours dans le puits.

Enfin, le personnel européen, depuis trois ans, n'était *jamais* descendu dans la mine. Dans ces conditions, les meilleures affaires...

Pour en terminer avec cet aperçu, nous dirons que l'on doit, dans une affaire, continuer les recherches de gisements nouveaux, car l'or ne repousse pas, et, lorsqu'une mine est épuisée, le matériel, fût-il tout neuf, est un matériel perdu si les financiers n'ont pas, après épuisement du gisement, un autre prêt à être exploité.

Nous avons déjà dit qu'une exploitation aurifère, pouvait

se présenter sous deux formes : filon, ou gisement alluvionnaire, soit en plaine, soit en rivière.

2. — PUITS.

Sauf pour quelques cas particuliers de gisements de montagne, l'exploitation d'un filon (F) (*fig.* 16) se fait par
galeries *aa'*, *bb'*, *c*, *d' d*, percées par étages, à diverses profondeurs, *a*, *b*, *c*, dans un puits d'extraction P.

Fig. 16.

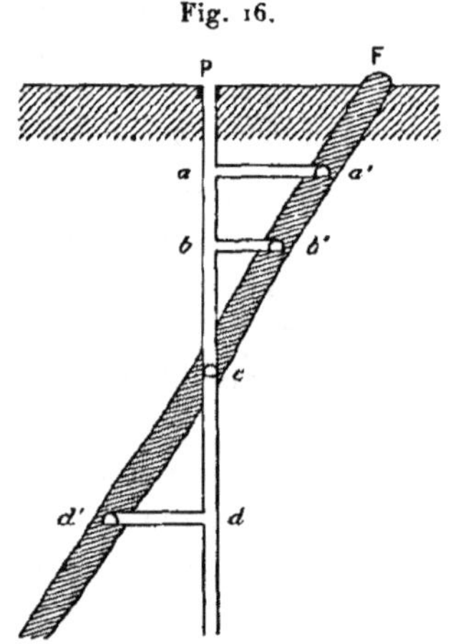

Les mines, suivant leur importance et leur développement,
possèdent un ou plusieurs puits.

Souvent, en mine d'or, les puits sont percés en pendage-
filon, c'est-à-dire que ce puits suit le profil du filon. Ce dispositif présente certains avantages, qui sont souvent com-
pensés par des ennuis, lorsque le puits atteint une certaine
profondeur. Il est vrai qu'en ce cas il est toujours temps de
percer un puits vertical, qui viendrait recouper le puits à
une certaine profondeur, ou on le percera à un endroit qui
serait plus avantageux.

En terrain ordinaire, on estime à peu près comme suit le percement des puits qui sont plus généralement percés, en mines métalliques, sous la forme rectangulaire.

| | Prix |
Puits de 2ᵐ ⨯ 3ᵐ	du mètre linéaire.
Terrain meuble..................	25ᶠʳ
Terrain argileux dur.............	50 à 60
Terrain schisteux................	60 à 75
Grès dur........................	110 à 125
Quartz..........................	125 à 200

Voici, d'après de nombreuses statistiques, quelle est à peu près la moyenne et la proportion de force en chevaux, entre les divers services.

Si l'on suppose que

L'extraction a nécessité	3,32 HP,	la proportion sera..	49 pour 100
L'exhausse »	1,6 »	» ..	23 »
Aérage »	0,95 »	» ..	14 »
Divers »	0,90 »	» ..	14 »
			100 »

Comme les terrains formant les parois de ces puits peuvent s'ébouler, il est nécessaire de les garnir à l'intérieur d'un boisage qui maintient ces termes. De plus, comme il sera nécessaire, pour les travaux d'exploitation, d'établir divers appareils juste à l'orifice, et même sur l'orifice du puits, il

Fig. 17.

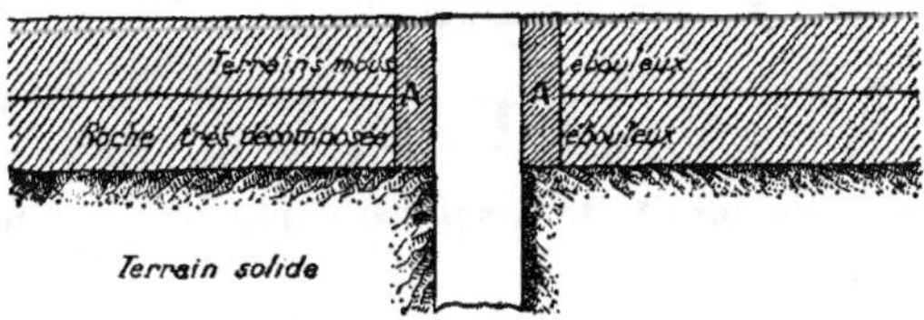

faut consolider le terrain qui doit les supporter : dans ce but, on établit, à cet orifice, un massif de maçonnerie A (*fig. 17*) ou en béton armé, que l'on prolonge jusqu'à ce que l'on rencontre la roche dure R.

Un puits est généralement divisé, dans le sens de la longueur, en plusieurs compartiments, dont l'un sert à la descente des tuyaux d'aérage, de pompes, de lumière; un autre servira pour les échelles, deux ou plusieurs autres pour les cages d'extraction.

Les galeries, dans les mines, sont percées en terrain plus ou moins ébouleux; il conviendra donc, pour elles aussi, d'en consolider les parois, également au moyen de boisage, affectant généralement la forme d'un U renversé, et la réunion de ces pièces, qui soutiennent les parois et le toit, se nomme un *cadre*. L'espacement de ces cadres, dont nous donnons ici quelques dispositifs dans les figures 18 et 19, est variable

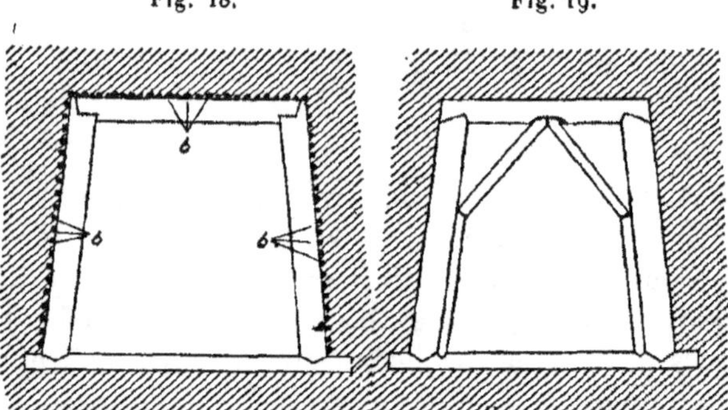

Fig. 18.   Fig. 19.

suivant la nature du terrain, et varie depuis 0,20 d'écartement jusqu'à 1^m, pour des terrains un peu solides, et même, lorsque ces galeries sont percées en roches dures, on se dispense d'en établir, les parois étant suffisamment solides pour maintenir le toit.

Le boisage se fait au moyen de bois ronds écorchés, dont le diamètre varie depuis 10^{cm} jusqu'à 22^{cm} ou 25^{cm}. On emploie pour le remplissage, pour maintenir les terres entre les

cadres, des bois plus petits, et même des branchages (*b, b, b*).
Le bois le plus employé dans les mines d'Europe sont le pin et
le sapin, qui sont légers et peu chers, mais les bois les plus
recommandés, surtout dans des mines un peu humides,
sont le chêne, le hêtre, l'acacia. On fera donc en sorte, dans les
pays exotiques, de rechercher les essences qui se rapprochent
le plus de ces dernières. On trouve aux colonies d'excellents
bois pour ces travaux, on pourrait même dire supérieurs à
ceux que l'on peut trouver en Europe, bois durs, résistants
et imputrescibles, et l'ingénieur aura tôt fait de les connaître.

Dans les pays tropicaux, il est nécessaire de laisser préalablement sécher ces bois avant de les utiliser, car beaucoup
d'essences, et non des moins dures et des moins bonnes, se
tordent littéralement sur elles-mêmes en séchant, et pourraient donc, si elles avaient été employées vertes, provoquer
des accidents.

Nous donnons ici un croquis, montrant l'ensemble d'une
mine, en coupe (*fig.* 20).

Les galeries sont de deux sortes : celles qui consistent à
aller chercher, au travers de terrains stériles, les gisements
que l'on sait devoir se trouver dans une direction déterminée,
indiquée par des sondages ; ces galeries se nomment *travers-
bancs*. Les galeries qui sont creusées par suite de l'exploitation du minerai se nomment galeries d'*exploitation* ou galeries
tout court ; ou, si elles sont plus ou moins inclinées par suite de
l'inclinaison d'un petit filon qui se greffe sur le filon principal,
on les nomme *cheminées*. Quelques mineurs appellent aussi
les galeries d'exploitation : galeries de direction.

Autant que possible, on recherche, pour percer les galeries
de travers-banc, les parties les moins dures. Pour ces roches
peu dures, les perforatrices devront être à fréquence rapide,
quoique de moyenne puissance.

Par contre, dans les roches très dures, comme par exemple
dans les galeries de direction, ou exploitation, on aura avan-

tage à employer des perforatrices à choc puissant et à fréquence moindre.

Pour en revenir à la question des puits, nous dirons que

Fig. 20.

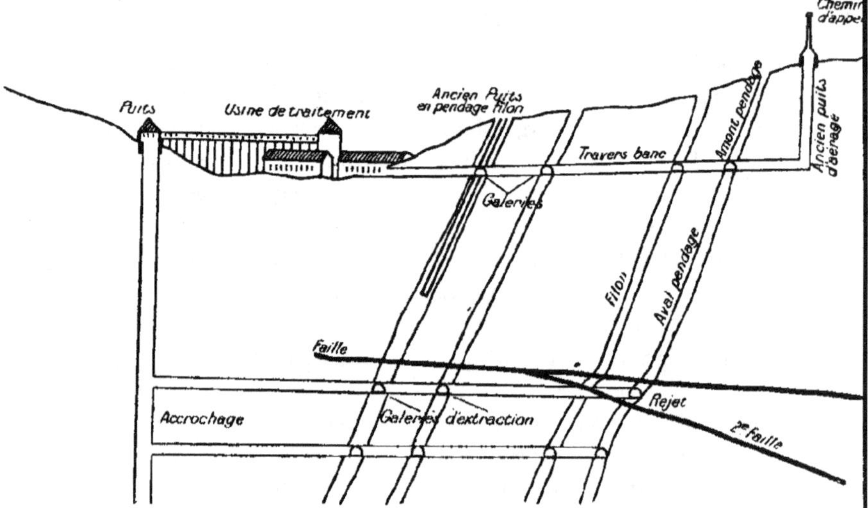

l'emplacement d'un puits doit être soigneusement étudié, car de cet emplacement peut parfois dépendre la bonne ou la mauvaise marche de l'affaire. C'est une des grosses questions à résoudre.

L'ingénieur chargé d'une mine devra y apporter toute son attention, de façon à éviter, par la suite, une trop nombreuse manutention du minerai, les difficultés d'accès, permettre l'installation des divers services de la mine, de façon à faciliter le travail et éviter les dépenses inutiles de force motrice.

C'est dans l'aménagement d'une mine qu'il faut surtout se bien pénétrer que toute force économisée est de l'*argent gagné*.

Toutefois, il ne faudrait pas exagérer cette question et aller percer le puits sur la crête d'une montagne, sous prétexte de favoriser ainsi l'installation des divers services du traitement : du puits aux concasseurs, des concasseurs aux broyeurs, des broyeurs aux concentrateurs, s'il y en a, etc. Il faut aussi se bien pénétrer qu'un puits coûte cher à percer, et examiner si les avantages que l'on tirera d'un emplacement favorable compenseront le prix dépensé, en surplus, sur un emplacement peut-être un peu moins bien situé.

Si le puits n'est pas percé en pendage-filon, et dans les mines d'or les puits suivent très souvent le filon, il faudra faire faire un sondage préalable, afin de s'assurer que l'on ne rencontrera pas une nappe d'eau souterraine, qu'il faut toujours éviter, si possible, quitte à étudier un autre emplacement, car le percement des puits, en terrains aquifères, nécessite des travaux spéciaux très dispendieux, et, en outre, l'emplacement en question doit être soigneusement *cuvelé*, c'est-à-dire revêtu sur ses parois d'un garnissage, soit en fer, soit en bonne maçonnerie, souvent visité, surtout si, n'ayant pas de matériaux autres que le bois, ce cuvelage a dû être fait de madriers qui, dans les pays tropicaux, se trouvent taraudés très rapidement par des quantités d'agents destructeurs : termites, charançons de bois, etc.

Il sera bon aussi que cet emplacement soit situé à proximité d'un ruisseau, d'un étang ou d'une source d'eau quelconque, de façon à ne jamais être pris par la question de l'eau, qui est, dans les mines, de toute première importance.

On devra aussi étudier la contrée, aux fins de recherches de chutes d'eau, qui peuvent être une source extrêmement bon marché de force motrice : lumière, air comprimé, appareils moteurs, etc.

Il faudra aussi étudier le terrain, de façon à pouvoir créer des routes, des chemins d'accès et de dégagement, tant pour le matériel que pour les réapprovisionnements et la décharge des stériles, en résumé, des transports en général.

Si le centre d'exploitation est situé loin de tout centre habité et de toute voie de communication avec le terminus des transports venant d'Europe, il faudra examiner la question d'une façon extrêmement près. Il est en effet très difficile de parvenir à transporter dans certains pays des colis pesant plus de 30^{kg}, là où les transports sont effectués à tête d'homme, par portage.

Et 30^{kg} est un poids maximum, que peu de nègres acceptent, et encore faut-il que le colis ne soit pas volumineux. Il faut en effet concevoir que ces porteurs font des marches journalières de 20^{km} à 35^{km} et même 40^{km}, quel que soit le temps; il faut donc, si l'on ne veut pas avoir de traînards, que les charges soient bien distribuées. Il arrive qu'une caravane parte avec des mécontents, trop chargés, qui n'hésiteront pas, après 4, 5, et même quelquefois après plusieurs semaines de marche, à abandonner leur charge et à se sauver; il est vrai que, dans ce cas, ils laissent la charge abandonnée en plein chemin, et il n'est pas rare de la retrouver, mais on a parfois perdu un temps considérable.

Si la distance n'est pas trop grande, c'est-à-dire ne dépasse pas une cinquantaine de kilomètres, il y aura lieu d'étudier quel sera le moyen le plus pratique à employer entre un chemin de fer ou une route avec tracteur routier. Un chemin de fer a cela d'obsédant, que l'entretien de la voie est une cause de grosses dépenses, surtout s'il doit y rouler des locomotives. La route est souvent plus économique, à condition que les tracteurs ne soient pas des moteurs à explosion, mais des moteurs à vapeur. Les moteurs à explosion nécessitent en effet une main-d'œuvre spéciale, ayant, sans que nous puissions en donner la raison, un très mauvais esprit aux colonies, et des exigences parfois extraordinaires,

et, en tout état de cause, il vaut mieux n'avoir pas recours
à ce personnel.

Des moteurs à vapeur peuvent être confiés, après quelques
jours de marche, à du personnel indigène, notamment en
Afrique, si l'on peut avoir sous la main des indigènes du
Soudan (Malinkés, Bambaras, Haut-Sénégal et Niger). Les
indigènes de la côte, souvent plus intelligents, sont très
souvent aussi animés de mauvais esprit. Certaines colonies,
comme par exemple l'Extrême-Orient, sont remarquablement faciles pour le recrutement de très bonne, nous dirons
même excellente main-d'œuvre. Certaines autres, au contraire, où les gens de couleur ont été élevés à connaître leurs
droits, croyant n'avoir aucun *devoir* à remplir, sont, par
contre, extrêmement difficiles, et certains administrateurs
coloniaux se font comme un malin plaisir de mettre leur
pouvoir à rendre difficile, sinon parfois impossible, le recrutement de personnel ouvrier. Il sera très important, pour les
financiers d'une affaire en étude, de s'assurer aussi, en dehors
de la question mine par elle-même, des dispositions de
l'Administration coloniale locale. Dans les différends sur-
venus entre patrons et employés, nous avons connu des
administrateurs coloniaux qui donnaient *toujours*, sans
vouloir entendre quoi que ce soit, raison aux indigènes et
condamnaient les employeurs à des dommages parfois
stupéfiants, alors même souvent que les indigènes n'en
réclamaient pas.

Il y aurait à raconter à ce sujet des histoires bien diver-
tissantes, en ce sens que l'on se demande si les juges en
question étaient bien en possession de leurs facultés...
fantaisies dont les malheureux coloniaux payaient les frais,
parfois bien cruellement, disons même ruineusement.

3. — GALERIES, OUTILLAGE, EXPLOSIFS, ETC.

Galeries. — Nous avons déjà dit, au sujet du percement des puits, que les galeries de travers-bancs étaient généralement percées là où la roche semblait avoir moins de dureté. En descendant dans un puits, on rencontre en effet toujours des zones de dureté différentes, et, pour percer un travers-banc, on s'arrêtera à ces endroits, qui détermineront des étages.

Actuellement, pour ainsi dire, dans toutes les exploitations de mine, on perce les galeries presque exclusivement à la perforatrice, par trous de mine, que l'on fait sauter ensuite avec de la dynamite ou une poudre quelconque : la perforatrice perçant un trou, dans lequel on place une charge d'explosif, qui, en explosant, ébranle et désagrège la roche.

Nous dirons que plus la roche est dure, plus il y a intérêt à employer des explosifs brisants; plus elle est tendre, plus il y a lieu de n'employer que des explosifs lents. Ainsi, dans de schistes argileux, on pourra employer de la poudre noire à gros grains, de préférence aux gommes qui ne seront employées que pour les granites ou quartz.

Nous n'entrerons pas dans la description minutieuse des nombreuses méthodes d'exploitation des filons, cette méthode devant être subordonnée à la force, aux aptitudes, aux routines du personnel. Telle méthode, productive, fructueuse et pratique dans un pays, avec un personnel qui est entraîné à ses procédés, deviendrait défectueuse si elle était employée avec des travailleurs qui seraient inaptes à la mettre en œuvre. Toutefois, si la mine est nouvelle, il sera bon que l'ingénieur appelé à diriger l'affaire impose, dès le principe, les méthodes qu'il estime devoir être employées, et ne pas laisser à ses contremaîtres le choix des moyens, surtout s'il y a plusieurs contremaîtres; ceux-ci auraient tôt fait de semer l'anarchie.

Pour attaquer une galerie, on commence premièrement
par tracer la direction à suivre. Si c'est une galerie d'exploitation, le procédé est très simplifié, puisqu'il consiste tout
simplement à suivre le filon. Si c'est une galerie de travers-
banc, il faut que l'ingénieur suive attentivement les travaux,
afin de se rendre compte que la direction est bien maintenue.
On trace le front d'attaque suivant des dimensions déter-
minées par l'importance que devra avoir la galerie. Une galerie peut avoir $2^m \times 2^m$, quelquefois plus, quelquefois moins,
quoique la hauteur généralement employée soit peu éloignée
de 6 pieds dans les mines anglaises et américaines, ou 2^m,
ce qui revient à peu près à la même chose, pour les mines dont
les ingénieurs emploient le système métrique.

La partie de la galerie où se fait l'attaque se nomme le
front d'attaque, ou *front* simplement.

Il faut bien enseigner à un personnel nouveau la manœuvre
des outils qu'il aura à manier. Il faudra surtout qu'on lui
apprenne que les trous de mine ne doivent pas être percés
normalement au front d'attaque (*fig. 21*), mais sous un angle

Fig. 21.

qui varie dans les environs de 45°. Il sera bon, pour se rendre
compte de cet angle et le déterminer une fois pour toutes,
de donner quelques coups de mine, dans des conditions de

charge identiques, mais sous un angle différent, et de mesurer ensuite, par le cube de matériaux sautés, quelle a été l'inclinaison qui a déterminé le plus grand cube.

Nous recommanderons aussi (*fig.* 22) de ne pas *bourrer* la

Fig. 22.

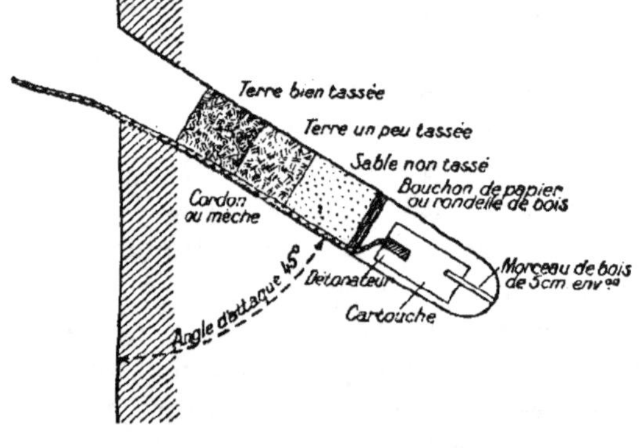

charge de dynamite ou de poudre sur le fond même du trou. Nous conseillerons de laisser une petite distance entre ce fond et la charge, et si l'on emploie de la dynamite on enfoncera dans l'une des cartouches un petit morceau de bois qui dépassera de 5^{cm} environ, et ce sera ce petit morceau de bois qui portera sur le fond.

En outre, on dispose un autre morceau de bois, du diamètre du trou environ, attaché avec un morceau de fil de fer qui maintiendra ce bouchon de bois à 10^{cm} environ au-dessus de la charge (de 7^{cm} à 10^{cm} suivant la profondeur du trou de mine). Sur ce bouchon de bois, on verse un peu de sable, et, sur ce sable, on bourrera de la terre mouillée jusqu'à affleurement du trou. On commence par bourrer doucement, sans trop de force, pour battre assez fortement en finissant, en ayant bien soin, dans cette opération, de ne pas écraser le cordon ou la mèche, ni d'y déterminer de déchirure, cordon

qui doit traverser, bien entendu, la bourre, sans solution de
continuité.

Il faut avoir bien soin, quand on amorce un paquet de
charge, que le cordon ou la mèche ne détermine pas, en
appuyant, l'explosion de la capsule, qui ferait exploser à son
tour la charge, et tuerait infailliblement l'opérateur et bles-
serait ceux qui seraient autour de lui. Il est à recommander,
dans toutes ces opérations, les plus grandes attentions, et de
ne pas agir brusquement : un mouvement irréfléchi, ou
brusque, peut déterminer les pires accidents.

Le front d'attaque est percé en plusieurs endroits depuis
le bas jusqu'en haut, et sur plusieurs points en largeur. Tout
le front est ainsi perforé par des trous dont la profondeur
varie de 40^{cm} à 80^{cm}, et dont le diamètre varie aussi suivant
les procédés et l'outillage.

Il sera bon, dans une mine nouvelle, avant de commander
le matériel, de faire faire dans la roche qui constituera le
minerai quelques essais de sautage, à divers diamètres et profondeurs de trous.

Il existe des appareils d'attaque de tous formats, de toutes
dimensions, comme nous le verrons plus loin.

L'opération de l'attaque des minerais se nomme *dépilage*
ou *abatage*.

Dans les mines d'or, les filons ne sont jamais bien puissants,
et les plus gros dépassent rarement 3^m de puissance. Le
dépilage se fait donc sur toute la masse, mais cependant
on laisse de temps en temps une petite masse de minerai,
qui sert à empêcher les parois de s'ébouler l'une sur l'autre.
On dépile par en bas, on dépile par en haut, on dépile partout, tant que le minerai paye, en ayant soin toutefois de ne
pas compromettre la solidité des parois.

L'extraction du minerai ne doit jamais être supérieure
à environ 8^{fr} le mètre cube, et la moyenne en beaucoup de
mines américaines, où la roche est cependant souvent assez

dure, est de **1 $ 500**, c'est-à-dire environ $7^{fr},50$ par mètre cube abattu, et remonté après scheidage. Le scheidage est une opération qui a pour but l'inspection du minerai et la séparation des parties reconnues trop pauvres ou stériles, parties que, dans beaucoup de mines, on ne remonte pas au jour, par économie de force, et aussi pour servir à combler les galeries épuisées.

Les galeries, surtout celles où l'on travaille, doivent être très largement aérées. D'une bonne aération peut dépendre une amélioration dans le rendement. Il est du reste assez logique d'imaginer qu'un personnel auquel manque l'air pour respirer, et celui aussi qui se trouve dans une atmosphère trop suffocante par suite de la chaleur, *rendra moins* qu'un personnel qui sera abondamment ventilé, qui pourra se rafraîchir, si tant est que l'on puisse se rafraichir dans une mine, en tout cas qui recevra assez d'air pour enlever l'humidité chaude et surtout les gaz dégagés par les explosions de mines, et la chaleur parfois assez élevée dégagée par les roches, à une certaine profondeur.

Cette chaleur varie suivant la profondeur : de 20° à 500^m; elle atteint 60° à 1000^m, 69° à 1500^m et 84° à 2220^m.

Nous conseillerons donc une bonne aération, ne serait-ce que par mesure d'hygiène : nous l'avons dit, les gaz dégagés par l'explosion des mines sont nocifs et même souvent irrespirables. Enfin, certaines mines, pour des raisons quelconques, sont encore éclairées à la lampe à huile, et dans ces cas-là, les fumées de ces lampes viennent encore se mélanger aux autres émanations, tout en consommant de l'oxygène. On obtient l'aération au moyen de souffleries, qui envoient l'air dans des tuyaux qui, suivant les contours des galeries, viennent déboucher là où l'air est jugé nécessaire, généralement aux fronts d'attaque. De là, l'air suit un chemin à rebours, et remonte à l'extérieur, par un puits, ventilant les endroits par lesquels il repasse.

Il est en effet utile, nous insisterons sur ce point, de renouveler l'air des travailleurs, surtout quand l'attaque de la roche se fait, comme cela se passe encore dans quelques mines, au fleuret et à la massette, c'est-à-dire par le moyen de la force humaine.

Nous dirons que ce travail, à la massette, donne un avancement moyen de $0^m,15$ à $0^m,80$, pour un trou de 25^{mm} à 30^{mm} de diamètre, à l'heure, suivant la dureté de la roche attaquée.

Toutefois, ce genre de travail est maintenant l'exception, et dans presque toutes les mines l'attaque est faite presque exclusivement au moyen de perforatrices, qui sont basées sur l'attaque de la roche par des chocs répétés, dus en presque tous les systèmes à l'air comprimé actionnant un petit piston travaillant dans un cylindre; ces chocs désagrègent la roche, la réduisent en poussière, et celle-ci est évacuée soit par un courant d'air dû à l'évacuation de l'air ayant servi à travailler dans le piston, soit par un petit filet d'eau (c'est la plupart des systèmes) qui a en même temps pour but de refroidir l'outil d'attaque. Enfin, quelques systèmes sont mus à l'électricité.

Cet outil d'attaque se nomme *fleuret*. Cet outil a un taillant forgé et trempé, et pour éviter que ce taillant frappe toujours au même endroit, on imprime à ce fleuret un mouvement de rotation qui fait tourner l'outil, soit à la main, soit automatiquement, par l'intermédiaire d'un rochet.

Il est construit par le monde des quantités de ces appareils, grands et petits, qui portent souvent le nom de leur fabriquant : Ingersoll, Kiol, Giant, Éclipse, Baby, etc. Les petites perforatrices sont légères, très maniables, ne nécessitent qu'un très faible emplacement et peuvent être employées par une équipe de deux hommes. Ce sont, en général, des réductions de modèles plus grands. Il existe enfin un modèle très réduit, qui porte le nom de *marteau* et qu'on emploie du reste dans l'industrie pour river les tôles, et qu'un homme seul peut manœuvrer. Toutefois, en général, cet outil, malgré les apparences qui sembleraient lui être favorables, n'est pas très prisé ni des ouvriers qui le trouvent fatigant, ni des ingénieurs obsédés des réclamations du personnel.

Les perforatrices moyennes, qui sont les plus employées sur les fronts d'attaque, exigent dans le quartz de 12 à 15 fleurets pour percer 2^m à $2^m,5o$ de trous de mine, en profondeur.

Quoique le marteau ne soit pas chaleureusement défendu, comme à notre avis il devrait l'être, nous dirons que cet outil, qui permet de travailler dans des endroits très mal commodes, et qui, nous le répétons, n'exige qu'un ouvrier et de l'air comprimé à basse tension seulement, rend un travail considérable, plus de quatre fois, et souvent six fois, le travail à la massette et au fleuret à main.

A notre avis, on devra tenter de faire employer cet outil en l'offrant *à de bons ouvriers à la tâche.* On ne devra pas hésiter à en munir certaines équipes connues comme de bon rendement, cet appareil ne coûtant pas cher, étant peu délicat, et le rendement aura tôt fait de récupérer les frais d'achat.

Cependant, nous recommanderons, avant d'en faire l'achat, de donner au fabricant toutes les indications possibles, concernant la dureté de la pierre, sa nature, etc., car tel bon outil pour une roche déterminée n'est plus que médiocre pour telle autre.

Une question, également importante, est l'outillage et sa réparation. Nous avons vu que, pour percer dans le quartz une longueur de trou de mine de 2^m à $2^m,5o$, on émoussait de 12 à 15 fleurets. Ces fleurets émoussés doivent être rebattus, et un ouvrier qui se nomme *outilleur* doit leur redonner le mordant nécessaire, pour être réemployés à nouveau. C'est un forgeron, qui ne fait généralement pas autre chose que de rebattre et tremper les fleurets abimés, émoussés ou cassés. En général, un outilleur doit pouvoir ravitailler en outils 10 petites perforatrices ou 7 grandes.

Ces chiffres n'ont évidemment rien d'absolu, car quand les machines travaillent en roches très dures, elles usent évidemment beaucoup plus de fleurets que quand elles travaillent en roches tendres. Il faut aussi que le forgeron outilleur connaisse bien l'acier qu'il est chargé de travailler; certains aciers, en effet, n'exigent pas de trempe trop forte : ce sont les aciers spéciaux; les aciers courants, par contre, exigent une trempe assez ferme, quoique cependant celle-ci ne doive pas porter sur une trop grande longueur, ce qui rendrait l'outil cassant. Or, un outil qui casse est généralement une perte de temps, car il est parfois très difficile de sortir le morceau cassé du trou déjà percé, et il arrive alors que ce trou est un trou perdu; le travail fait est donc du temps et du matériel perdus. On conçoit donc qu'un bon outilleur soit souvent une cause de bon fonctionnement rapide de l'outillage en général.

Un trou de mine ne doit pas être percé normalement à la surface attaquée; un trou percé dans la normale ferait *canon* et ne désagrégerait que peu ou même quelquefois pas de matériaux. On doit percer un trou suivant un angle, et la pratique a déterminé que cet angle oscille dans les environs de 45°, sur la normale, c'est-à-dire qu'il faut attaquer la roche sous un angle de 45° (*fig.* 22).

Nous avons déjà dit, mais nous le répétons, qu'il ne faut pas bourrer un trou de mine directement sur la charge, mais laisser un petit espace, formant chambre d'air, air qui servira à faire brûler complètement la poudre, qui a besoin, pour brûler, d'une certaine quantité d'oxygène.

La pratique a démontré, en effet, que le rendement mécanique de la poudre, lorsque le bourrage est fait sur la charge même, n'est à peine que de 40 à 45 pour 100, tandis que si un réservoir d'air est laissé, ce rendement atteint 75 et même 85 pour 100. Comme on le voit, la question en vaut la peine, puisque ce rendement peut passer du simple au double, avec le même explosif.

Il existe une énorme variété d'explosifs, poudres et dynamites.

En général, tous sont bons, et le mieux est de les essayer tous, pour savoir lequel, pour la roche envisagée, donne le meilleur rendement pour la moindre dépense.

Cependant, nous pourrons dire tout de suite que les grands explosifs ne conviennent que pour les roches dures, et que pour les roches tendres ou les terres durcies (schistes argileux, etc.), les poudres conviennent mieux.

De toute manière, quel que soit le produit employé, il y a lieu de ne pas emmagasiner les explosifs auprès des locaux de la mine.

On devra toujours établir un local spécial pour les explosifs, situé le plus loin possible de toute habitation ou local important. Le mieux est de le loger à plusieurs centaines de mètres de tout autre local. On fera cette construction le plus possible en terre, dans un endroit où, autant que la connaissance du pays permet de l'estimer, la foudre ne tombera pas, La réserve même d'explosif sera aménagée aussi profondément que possible, et il n'y aura qu'un couloir d'accès. Enfin, on se mettra autant que possible à l'abri du danger résultant d'une explosion, et l'on fera tout pour éviter celle-ci.

Il faut aussi éviter que les explosifs soient exposés à devenir humides. En aucun cas, on ne devra emmagasiner les armorces dans le même local que les explosifs. Dans les pays froids, il faudra se prémunir contre la gelée, en ce qui concerne les dynamites gommes. Les cartouches gelées devront être inutilisées. Enfin, il est bon de ne pas employer de dynamite ayant plus de deux ans d'emmagasinage, et c'est même là une limite qui n'est pas autorisée en Europe, où la loi ne tolère l'emploi de dynamite ne dépassant pas 18 mois.

Enfin, nous recommanderons, afin d'éviter des accidents, de n'employer que la mise à feu électrique. Il existe des quantités de petites magnétos qui sont très pratiques et qui permettent le sautage de plusieurs mines à la fois.

L'homme chargé du tirage se place à environ 100^m, et lance l'étincelle par l'intermédiaire de deux fils de cuivre, qui forment conducteurs jusqu'à la charge. Toutefois, si les magnétos sont pratiques, elles perdent après quelque temps d'usage leur aimantation, et, pour cela, on leur préfère généralement les exploseurs *dynamos* : boute-feu, à manivelle, à poignée ou à simple bouton. Il existe des appareils pour tirer 5 mines à la fois; un modèle pratique, ne pesant que 2^{kg},500 environ, peut faire sauter 18 mines, et, enfin, il existe un grand modèle, de 3^{kg},500, qui peut faire sauter jusqu'à 25 mines.

Les fils conducteurs sont disposés sur les parois des galeries, et, si ce sont des fils nus, on aura soin de les isoler des parois par des isolateurs.

Quand la distance du boute-feu à la mine ne dépasse pas 75^m, on peut utiliser du fil de fer galvanisé de 3^{mm} de diamètre.

CHAPITRE IV.

TRAITEMENT PRÉPARATOIRE.

1. — QUARTZ AURIFÈRES : CONCASSAGE, BROYAGE.

Ces quartz, et l'on désigne généralement par quartz tout minéral dont l'élément principal est la silice, contiennent l'or en parcelles plus ou moins fines, disséminées dans la masse, ou en combinaisons métalliques, plus ou moins complexes, telles que pyrites, mispickel, galènes, blendes, chalcopyrites, cuivre, antimoniures, etc., dans lesquels l'or se trouve le plus souvent à l'état natif, exactement comme dans le quartz lui-même, en inclusions, ou à l'état de tellurures, ou en mélange de fusion avec d'autres métaux : cuivre, osmium, argent, fer, platine, etc., mélanges dans lesquels l'or entre pour la plus grosse proportion, tout au moins dans les mines aurifères.

Ces quartz, pour en extraire l'or, doivent être soumis à plusieurs opérations de traitement.

Nous donnerons tout de suite les prix extrêmes, minimum et maximum, que peuvent exiger ces divers traitements pour des mincrais ordinaires de quartz.

Par tonne.	Maximum.	Minimum.
Extraction et scheidage...............	8,5o fr	5,oo fr
Pulvérisation (broyage, concassage.)...	1,5o	o,85
Cyanuration	7,5o	1,5o

Ces prix sont entendus pour des pays pourvus de moyens de transports faciles¹ où la main-d'œuvre est normale, où le combustible, et par conséquent la force motrice, n'atteignent pas des prix extraordinaires.

Les prix minima sont ceux que l'on peut obtenir lorsque les minéraux sont extrêmement faciles à traiter. Telle mine, qui obtiendra par exemple un minimum pour la pulvérisation, supportera un maximum pour le traitement chimique, et

Fig. 23.

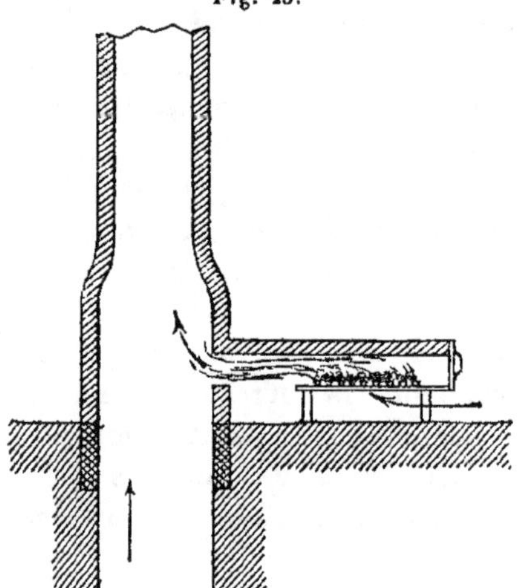

l'extraction, soit que les minéraux à traiter sont très complexes, et par conséquent requièrent beaucoup de cyanure, soit que ces minéraux, tendres à pulvériser, sont situés dans une mine très profonde, mal agencée comme moyens d'extractions, etc. Une autre mine pourra avoir, par contre, une extraction bon marché, une pulvérisation très chère et un traitement chimique bon marché également. En ce qui nous concerne, nous n'avons jamais rencontré une mine exploitant entièrement avec des prix de revient minimum.

Les opérations, comme nous venons de le voir, se réduisent à : l'extraction, la pulvérisation et accessoirement la récupération mécanique, et enfin le traitement chimique.

1º Nous avons déjà parlé de l'extraction qui se fait dans les galeries par petits coups de mine, de $0^{cm},40$ à $0^{cm},60$ de profondeur, en roche dure.

Le minerai, une fois dépilé, est scheidé, c'est-à-dire que des équipes de travailleurs, le plus souvent des femmes, séparent les parties riches des parties stériles sur les indications du chimiste.

2º La pulvérisation qui comprend deux phases : *a.* concassage, ayant pour but de diviser les gros morceaux de quartz en morceaux pouvant entrer dans les appareils de pulvérisation; *b.* broyage proprement dit.

3º La récupération mécanique consiste à faire passer les poudres de quartz obtenues sur des appareils où l'or, mis en liberté par suite de broyage, est absorbé par du mercure, formant un amalgame.

4º La séparation chimique, ou traitement chimique, a pour but de dissoudre l'or qui reste contenu dans les tailings ou rebuts des appareils de récupération mécanique, et de dissoudre l'or contenu dans les minerais à leur sortie des broyeurs si la séparation mécanique, ou amalgamation, n'est pas effectuée.

Nous allons donc étudier rapidement ces opérations.

1º Nous avons déjà étudié cette partie précédemment.

2º Le quartz, à sa sortie de la mine, se présente en blocs, dont quelques-uns de grosses dimensions, qu'il faut, avant de l'introduire dans les appareils de broyage, diviser en morceaux plus petits, pour qu'ils puissent être utilement travaillés dans ces appareils de broyage. Ces appareils de premier traitement se nomment *concasseurs*.

Il existe plusieurs sortes de concasseurs : le genre Comet, qui sont de gros moulins à café; les genres Blacke et Dodge, dont le principe est basé sur la division des blocs de quartz qui se présentent entre deux puissantes mâchoires d'acier fondu, l'une fixe A, l'autre mobile B, animée d'un mouve ment de va-et-vient par l'intermédiaire d'une came ou d'une bielle (*fig.* 24).

Ces derniers sont de beaucoup les plus recommandables,

Fig. 24.

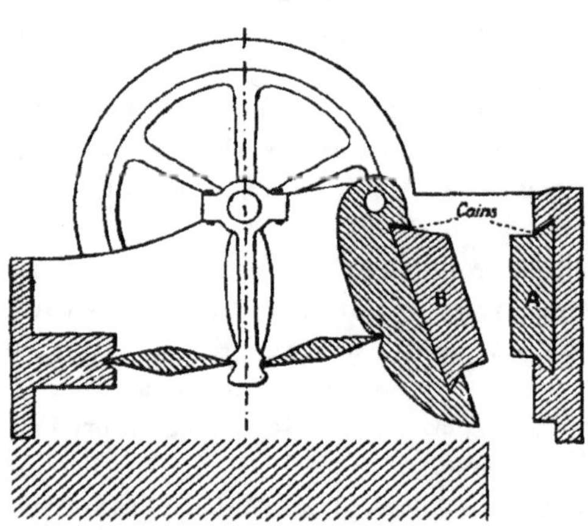

car ils sont robustes, simples, et n'exigent que peu de surveillance et de réparations, en dehors de l'usure prévue des pièces, facilement remplaçables.

Pour le broyage proprement dit, il existe un plus grand nombre d'appareils et des quantités de constructeurs.

Longtemps, le broyage fut effectué par les *bocards*, sortes de marteaux-pilons qui écrasent le minerai dans un mortier, dans lequel, le plus souvent, se faisait également l'amalgamation. Ces appareils sont encore très largement répandus dans les mines.

Les plus récents de ces appareils pèsent jusqu'à 750^{kg}, portent à l'extrémité d'une tige métallique qui sert de guide, de support et d'intermédiaire de mouvement, une énorme tête métallique, sur laquelle est fixé un sabot en acier chromé destiné à écraser le minerai.

Cet ensemble constitue ce que l'on appelle la *flèche* du bocard.

Cette flèche est montée verticalement, et est actionnée par une came qui lui imprime un mouvement alternatif de montée, et son propre poids la fait retomber. Elle frappe, comme nous l'avons dit, dans une sorte de mortier, dans lequel arrive le minerai,

Un filet d'eau y coule constamment, qui enlève au fur et à mesure de leur production les éléments sablonneux assez fins pour passer au travers d'un tamis qui constitue une partie du fond de ce mortier.

Le mortier proprement dit a fait l'objet d'une quantité énorme de brevets; il existe donc une grande variété de dispositifs, chacun étant la propriété de tel ou tel constructeur.

Dans ce mortier commence l'amalgamation. Le mercure y arrive petit à petit, et l'or se trouve absorbé et sort sous forme d'amalgame.

Cet amalgame, également entraîné par l'eau en même temps que les sables formés, passe avec ceux-ci sur des tables faites de plaques de cuivre amalgamé, où l'amalgame formé se fixe. L'or échappé, sans avoir été amalgamé, au dehors des mortiers, préservé de l'attaque du mercure par les sables au milieu desquels il est mélangé, se trouve, en passant sur l'amalgame des tables, absorbé à son tour et se fixe donc, lui aussi, sur cet amalgame, où il reste également amalgamé.

Outre les bocards, il existe une grande variété de broyeurs, tels : le moulin chilien, ou trapiche (Oural et Sibérie). C'est un ensemble de grosses meules, tournant comme des roues dans une sorte d'auge arrondie. Ces meules sont garnies de bandes d'acier, et le fond de l'auge est lui-même pavé de cubes d'acier. Ce procédé est énergique.

On peut également y amalgamer les sables produits, comme dans les bocards, en introduisant du mercure dans la rigole formée par l'auge. L'amalgame ainsi produit va également sur des tables de récupération.

Les moulins Huttington : deux petites meules en acier, fixées par leur axe sur la périphérie d'un disque tournant rapidement. La force centrifuge oblige ces meules à s'écarter de l'axe tournant du disque et à appuyer fortement sur une couronne en acier cémenté. Le minerai, passant entre cette couronne et les meules, se trouve broyé.

Les tubes broyeurs, dont il existe deux variétés, c'est-à-dire ceux dont le sable, après avoir été formé, peut s'évacuer au travers d'un tamis qui forme la périphérie du cylindre, c'est-à-dire s'évacuer aussitôt après sa formation, et ceux qui ne laissent les sables s'évacuer que par une des extrémités du cylindre, après être entré par l'autre extrémité.

Ces tubes cylindriques ont été ingénieusement perfectionnés ces derniers temps, et on leur a donné une forme conique, qui permet un heureux classement des matériaux à broyer et donne des résultats très remarquables quant au rendement et aux produits obtenus. C'est, à notre avis, un broyeur appelé à prendre une place de plus en plus marquée dans le traitement des minerais.

Il existe enfin, comme broyeurs, des cylindres broyeurs, qu'il ne faut pas confondre avec les tubes ci-dessus décrits.

Ces cylindres sont, en somme, un train de laminage, et le minerai, préalablement concassé, est introduit entre deux de ces cylindres et s'y trouve pulvérisé à un degré de finesse désiré. Ces cylindres peuvent en effet être rapprochés à la demande, on peut donc obtenir un broyage intensif si on le désire.

En général, ces appareils se composent de plusieurs séries de cylindres, tournant à grande vitesse et broyant de plus en plus fin.

Ces appareils broyent à sec, ce qui, en beaucoup de cas, est un avantage pour le traitement chimique.

Lorsque les minerais n'ont pas besoin d'être préalablement concentrés, il est en effet préférable de traiter les sables secs. Il est compréhensible que les solutions cyanurées sont plus rapidement et mieux absorbées par un sable sec que par un sable déjà humide.

C'est au chimiste à donner des indications sur le traitement à employer, c'est-à-dire à décider si les minerais doivent être préalablement enrichis, c'est-à-dire concentrés, ou si le traitement doit être appliqué à la masse entière des sables.

2. — CONCENTRATION DES SABLES PRODUITS.

Certains quartz, en effet, sont stériles par eux-mêmes, et l'or qui s'y trouve y est en combinaisons ou associations avec des métaux ou métalloïdes. Ce sont donc ces métaux, qui sont aurifères, et il n'y a qu'eux d'utilement traitables.

Lorsque l'on aura déterminé que la silice ne contient pas par elle-même d'or, on aura donc alors avantage à se débarrasser par une opération accessoire de cette silice et à ne traiter que les minéraux réellement aurifères. Cette opération accessoire se nomme *concentration*.

Nous citerons en passant un exemple de l'économie qu'il peut y avoir à concentrer.

Admettons une exploitation dont le procédé d'exploitation consiste à ne pas concentrer et à passer entièrement tout le sable produit par le procédé chimique, et dont l'exploitation revienne aux chiffres suivants :

Extraction..................	8,oo	à la tonne
Pulvérisation.................	1,5o	»
Traitement chimique..........	7,oo	»
Frais généraux...............	3,5o	»
	20,00	

Supposons maintenant que l'or sorti soit à un titre qui

permette de le vendre à raison de 3^{fr},077 le gramme en moyenne.

Il faudra donc, pour couvrir simplement les frais, que les minerais tiennent au moins 6^{g},5 par tonne.

Si, à ces minerais, nous appliquons la concentration, cette opération nous donne 3 tonnes de sables concentrés pour 100 tout-venant.

Supposons que la mine envisagée produise justement 100 tonnes par jour, nous aurons donc à traiter par le procédé chimique 3 tonnes seulement de sable, et en supposant une récupération très faible de concentration et traitement chimique, 85 pour 100 par exemple, nos 100 tonnes nous donneront, en supposant les sables à la teneur ci-dessus envisagée de 6^{g},5 par tonne :

$$\frac{100 \times 6,5}{3} \times 0,85 = 184^{g} \text{ environ par tonne.}$$

Supposons maintenant que la concentration des sables revienne à 2^{fr} la tonne et que le traitement chimique de ces 3 tonnes revienne à 20^{fr} la tonne, soit 60^{fr} pour les 3 tonnes, nous aurons donc comme frais, pour les 100 tonnes :

	fr
Extraction........................	8,00
Pulvérisation....................	1,50
Frais divers.....................	3,50
Concentration...................	2,00
	15,00 × 100 = 1500^{fr}

Si nous ajoutons à ces frais les 60^{fr} du traitement chimique, cela nous donne la somme de 1560^{fr}.

La quantité d'or récolté sera de 552^{g},5 qui, vendus à raison de 3^{fr},0777, donnent un rendement de 1700^{fr}, donc un bénéfice de 140^{fr}. On voit donc qu'il y a avantage à traiter par concentration les minerais qui se prêtent à ce traitement.

Et nous ferons remarquer, dans notre exemple, que nous avons porté le coût de la concentration d'une tonne à 2^{fr}, alors que, dans la pratique, ce coût dépasse rarement 1^{fr},35 à 1^{fr},5o. De plus, nous avons fait entrer en ligne de compte, dans notre traitement par concentration, une perte de métal précieux, très forte, en estimant à 85 pour 100 seulement la récupération de l'or, alors que nous n'avons tenu compte d'aucune perte dans l'exemple de traitement direct.

Cette récupération, que nous avons estimée à 85 pour 100, s'élève souvent, dans la pratique, de 92 à 95 pour 100, et même parfois davantage.

Voici un relevé de dépenses pris dans une exploitation, qui donnera un aperçu général :

	fr
Du puits aux moulins	0,72
Broyage, main-d'œuvre, graissage.	0,70
Mécaniciens, force motrice.	0,52
Eau et combustible.	1,73
Entretien, réparations.	1,69
Diverses	0,11
Classement des sables et slimes.	0,24
	5,71

La force absorbée par les divers appareils broyeurs modernes : tube mill et broyeurs cylindriques, en y comprenant la force nécessaire au concassage, peut être évaluée comme suit :

Par tonne et vingt-quatre heures : *minerai tendre*, 1 HP; *grès moyennement durs*, 1,25-1,5o HP; *quartz très durs*, 2,75 à 3HP. C'est-à-dire qu'un moteur de 25 HP pourra broyer une moyenne de 25 tonnes de minerai tendre par 24 heures, tandis qu'il ne broyera que de 17 à 20 tonnes de grès pas très dur, et seulement que 8 à 9 tonnes de quartz très dur.

Pour en revenir à la concentration, nous dirons qu'il existe pour cette opération des quantités d'appareils, les uns basés sur la séparation mécanique des grains de différentes densités, par des chocs rapides appliqués sur une table sur laquelle circulent ces sables : tables Dallemagne, tables Willfley, etc., d'autres, sur la pesanteur; des sables circulent sur une courroie, et un courant d'eau tente d'entraîner les sables pendant qu'une came imprime des secousses à cette courroie : Frue vanner, etc.

Dans d'autres, les sables se déposent, par suite de leur masse, étant entraînés par un courant d'eau de moins en moins violent; ils se déposent en cours de route suivant leur masse : Spiskastens.

Les Frues vanners, les tables Dallemagne, Willfley, les concentrateurs Gilpin, et tous ces appareils plus ou moins à secousses, sont tous basés sur le même principe, et ne diffèrent guère que par des détails de construction.

Nous passerons ces appareils rapidement en revue.

Frue vanner : toile caoutchoutée, sans fin, enroulée sur deux cylindres tournant et entraînant la toile, tandis qu'une came lui communique latéralement un mouvement de va-et-vient. La pulpe est déposée sur le bas de la toile, et le mouvement de la toile tend à la faire monter; un courant d'eau qui vient d'en haut tend à entraîner le tout vers le bas, mais les sulfures, plus lourds, résistent à ce courant, viennent jusqu'en haut où ils tombent dans un récipient, et les résidus sont entraînés par l'eau.

Concentrateur Gilpin. — Table à secousses supportée par un châssis légèrement incliné. Cette table reçoit environ 150 secousses à la minute. La pulpe est versée en haut, les sulfures tombent par un côté après séparation par les secousses, et les sables stériles sont entraînés par l'autre côté par un courant d'eau.

Concentrateur Bilhartz. — C'est un frue vanner, ne différant de celui-ci que par de petits détails de construction.

Concentrateur Hendez. — Cuve en fonte de grand diamètre, dont l'axe reçoit 200 à 300 secousses par minute. Les sulfures sont entraînés sur la paroi et viennent se déposer près d'un orifice que l'on ouvre à volonté ; les stériles s'échappent par un orifice central.

Table Dallemagne et Table Willfley. — Table de $5^m \times 3^m$ oscillant 300 fois environ à la minute, dans le sens de la longueur. Cette table, tapissée de linoléum, est striée longitudinalement par des baguettes de bois, qui délimitent de petites rigoles dans lesquelles viennent se sélectionner les sulfures, suivant leur densité, tandis que les impuretés, entraînées par l'eau, passent par-dessus les baguettes. Ces tables permettent de récupérer la presque totalité des sulfures qui forment les 60 à 90 pour 100 de la masse totale sélectionnée sur les tables, et comprend des pyrites sulfureuses, arsénicales, galènes, chalcopyrites, etc., bien propres, bien séparées, par ordre de densité.

Les Spiskastens et les Spitlustens ne nécessitent aucune force motrice et donnent d'excellents produits, mais moins bien sélectionnés que les appareils précédents. Des appareils sont également construits, basés sur les principes ci-dessus décrits et nous en donnerons une description plus complète en traitant de la cyanuration.

3. — TRAITEMENTS CHIMIQUES : CHLORURATION, PROCÉDÉ ÉTARD.

On traite enfin les produits ainsi enrichis de deux manières : 1° par chloruration et oxychloruration ; 2° par cyanuration.

Les produits obtenus sont ensuite traités par fusion.

Dans le premier procédé, on traite les produits par un courant de chlore naissant gazeux, dans des fours spécialement contruits. Pour faciliter l'attaque, on grille préalablement les pyrites, et le métal se trouve alors, comme *décortiqué* du soufre, de l'arsenic, de l'antimoine qu'elles contenaient. On ajoute, pendant cette opération, un peu de sel marin, qui rend l'opération chlorurante, en même temps oxydante par l'air. Ce grillage doit être très soigneusement fait : 1° on ne donne d'abord qu'une chaleur modérée, qu'on élève progressivement au moment de terminer l'opération, coup de feu qui fait disparaître le sulfate de fer qui s'est formé pendant l'opération et qui augmenterait la dépense de chlore nécessaire.

Quand l'opération est bien conduite, l'or est alors *nu*, débarrassé des combinaisons étrangères.

Le grillage se fait soit au four à reverbère, ou aux fours rotatifs, ou aux fours Stetefeld. Les fours à reverbère sont très économiques, si la main-d'œuvre est bon marché, car elle en demande beaucoup, et si le combustible n'est pas cher, car il en faut énormément.

Ce four à reverbère est composé de plusieurs soles, sur lesquelles le minerai passe de l'une à l'autre, de façon à se sécher d'abord, à se chauffer ensuite sur la deuxième, à se griller sur la troisième, et on le sale sur la quatrième, où il reçoit en outre le coup de feu qui le débarrasse des sulfates.

Dans les fours à soles superposées, le travail est absolument le même, mais le travail est beaucoup plus facile.

Il existe des fours dits *multiples* automatiques (O'Hara). Les fours rotatifs sont généralement cylindriques, en tôle, ayant aux deux extrémités, dans l'axe, des ouvertures, dont l'une communique avec le foyer et l'autre avec la cheminée. Dans cette catégorie, citons les fours d'Hoffman, à deux foyers, de Bruchner, de Howell, celui-ci incliné à tirage continu.

Nous citerons aussi les fours Stetefeld, qui, défectueux, laissent perdre beaucoup de métal.

Enfin, les sulfures grillés sont soumis à l'action du chlore gazeux, puis le chlorure formé est dissous dans de l'eau, et est précipité de cette solution de chlorure.

Les sulfures, après grillage, sont placés dans des cuves à double fond, en bois goudronné. Sur le premier fond, est un filtre en toile, ou de sable mélangé de quartz. On mouille le minerai avant de le charger. On recouvre les cuves, on lute les joints, de façon à ce que la fermeture soit bien hermétique. On fait ensuite passer le chlore par le double fond, et on laisse digérer 24 heures. Puis on fait passer de l'eau, qui dissout le chlorure formé.

On introduit de l'eau en plusieurs fois, jusqu'à ce que le dernier liquide sortant ne contienne plus trace d'or. Les dernières solutions, pauvres, servent plusieurs fois, jusqu'à une certaine concentration, pour les lavages suivants, au cours desquels ils s'enrichissent.

Pour récupérer l'or, on précipite cet or en faisant passer les solutions de chlorure sur des filtres de charbon de bois.

Ce filtre de charbon est nettoyé, tous les 15 jours, par un lavage à l'acide chlorhydrique qui enlève les sels de fer. Le charbon de bois est ensuite séché, calciné et le produit, cendres, est alors fondu au creuset et donne un lingot dont la teneur en or pur peut atteindre 0,90.

Il arrive souvent que l'argent, qui est presque toujours contenu en fortes proportions dans les minerais aurifères sulfurés qui, lui aussi, s'est transformé en chlorure, nuit à la bonne marche de l'opération, car le chlorure d'argent *englue* les poussières d'or, et celles-ci restent alors à l'abri de l'attaque par le chlore. Il est donc nécessaire de brasser la masse pendant l'opération, ce qui a aussi l'avantage d'assurer le contact absolu de tous les éléments de la masse avec le chlore.

Il existe des appareils spéciaux pour cette opération, notamment le tonneau de Mars, qui tourne pendant l'opération de chloruration.

Le chlore peut être obtenu par plusieurs moyens, comme par exemple par l'attaque du chlorure de chaux, par l'acide chlorhydrique.

Étard, qui a donné le jour à un procédé d'oxychloruration qui, à notre avis, aurait mérité une attention sérieuse, mais qui a eu le grave défaut d'avoir été trouvé en France, au moment où était lancé le procédé de cyanuration en Angleterre, ce qui fait que ce procédé, qui nous a donné au laboratoire des résultats surprenants, n'a, nous le croyons, jamais reçu la consécration de la pratique, tout au moins sur une grande échelle. Peut-être ce procédé aurait-il donné des résultats pouvant concurrencer, sinon mieux, le procédé de cyanuration, parfois si délicat. Donc, Étard obtient son attaque des minerais par une réaction du permanganate sur l'acide chlorhydrique.

Nous donnerons ici les grandes lignes de ce procédé.

Les minerais sont, après classement ou même sans classement, secs ou humides, mais propres et débarrassés des terres que ces minerais pourraient contenir; ces minerais sont placés dans un récipient, dans lequel peut être avantageusement disposé un barbotteur, comme pour la cyanuration.

Si les minerais sont sulfurés, arsénieux, antimonieux, etc., on les grille au préalable.

Le réservoir est à double fond, recouvert d'un textile (asbest ou autre); sur ce tapis, on dispose des petits graviers de quartz, devant servir de filtre.

Le minerai doit être très finement pulvérisé, au minimum au n° 90. Et, nous le répétons, on doit pouvoir brasser une fois toutes les 2 ou 3 heures.

On verse, sur une tonne de ces sables, de 400^l à 600^l d'une solution ainsi composée. Il faut que le mélange ne se fasse qu'au moment de le verser.

1° Dans une cuve, on verse par tonne d'eau de 40^l à 60^l d'acide chlorhydrique;

2° Dans une deuxième cuve, par tonne d'eau, 700^g à 900^g de permanganate de potasse.

Les deux solutions sont versées ensemble, de façon que, dans les 600^l nécessaires par tonne de minerai, il entre 300^l de n° 1 et 300^l de n° 2. C'est-à-dire que la solution d'attaque doit être composée, pour une tonne d'eau, de 30^l d'acide chlorhydrique, et de 450^g de permanganate de potasse.

Cette solution doit avoir une belle couleur rose pourpre.

Si, au cours de l'attaque, cette couleur venait à s'affaiblir, on verserait dans la cuve une solution concentrée des deux solutions également mélangées au moment du versement, solution 10 fois plus riche que la solution d'attaque, et l'on verserait de cette solution concentrée jusqu'à ce que la couleur rose pourpre soit revenue très nette.

Il est entendu que l'on peut, si les minerais sont riches, augmenter les quantités d'acide et de permanganate par tonne d'eau.

Il faut, quand l'attaque est finie, que la couleur rose soit encore très nette, c'est-à-dire que l'attaque doit être faite entièrement dans un milieu constamment générateur de chlore, et en même temps oxydant.

Cette attaque peut être faite très rapidement, comme elle peut quelquefois exiger 72 heures et même plus, si par exemple les minerais sont chargés de slimes ou poussières très fines d'oxyde de fer (limonite) ou de chlorite.

On précipite soit au filtre de charbon, soit par l'acide sulfureux, soit par le sulfate ferreux.

Mais avant, on a soutiré les solutions par le double fond de la cuve.

Ce procédé est, nous le répétons, énergique quand l'or est bien décapé et se trouve à l'état libre, propre, dans les minerais. Il faut donc que le grillage soit bien conduit et que le sulfate de fer produit soit bien éliminé.

Il faut enfin que l'or soit en particules extrêmement divisées, mais cette dernière condition n'est pas difficile à réaliser.

4. — TAILINGS OU RÉSIDUS.

Le produit boueux, qui s'échappe des appareils de concentration, ne doit pas être rejeté. Il contient, en effet, une importante quantité de poussières extrêmement fines, parmi lesquelles se trouve entraîné de l'or extrêmement divisé. Ces eaux sales sont envoyées dans des appareils spéciaux où l'eau se décante, c'est-à-dire que les poussières qui sont en suspension dans cette eau peuvent se déposer.

Les poussières, qui tombent en boue dans ces appareils, se nomment *slimes*, qui signifie boue en anglais.

Ces slimes sont traités, comme nous le verrons plus loin, par des procédés différant peu des procédés employés pour les [sables. Cependant les appareils sont différents, et la plupart sont actionnés d'un mouvement de rotation qui permet un mélange constant de la masse de boue avec la solution d'attaque.

CHAPITRE V.

CYANURATION.

Tous les minerais, quels qu'ils soient, peuvent être traités par cyanuration, sauf quelques échantillons, du reste très riches et à hautes teneurs.

Ce procédé est basé sur la dissolution de l'or par le cyanure.

1. — CAUSES DE PERTES.

L'air humide attaque le KCy et le décompose

$$KCy + H^2O = HCy + KHO$$

et aussi

$$2KCy + 2H^2O = HCy + 2KHO + HCyO.HCy$$

se dégage. L'acide sulfurique attaque aussi les cyanures

$$2KCy + H^2SO^4 = 2HCy + K^2SO^4;$$

tous les acides l'attaquent, même les plus faibles.

L'air chaud le décompose en acétates et formiates (80° environ). Toutefois, cette attaque n'a pas toujours lieu, certains cyanures de potassium résistant très bien. Ces trois causes : air humide, acides même faibles, air chaud, n'ont souvent pas d'influence, par le fait que des parcelles de corps réducteurs en réduisent considérablement l'action, même s'il se trouve de petites traces de corps oxydants : MnO^4K^2, PbO^2, K^3FeCy^6, etc.

Les parcelles de fibres de coco, bois, jute, etc. sont aussi des agents destructeurs, quand ils sont neufs. Mais s'ils ont été lavés pendant un certain temps, leur action est nulle.

Les carbonates, solubles ou non, ont une action néfaste, car ils décomposent le KCy.

Les *sulfures* de fer : marcassite, pyrite, sont solubles dans KCy, et par conséquent gênent l'attaque, puisqu'ils consomment. Toutefois, cette action peut être en partie palliée, en employant des sels désulfurants ou oxydants. Ces corps donnent aux solutions une couleur ambrée, pouvant aller au brun. Le grand soleil et l'air réduisent cette coloration en quelques jours.

La présence surtout du sulfate de fer dû à l'oxydation, par l'eau, des pyrites de fer est une source de *grosses* pertes. On y remédie par l'emploi d'alcali, qui décompose ce sulfate en sulfates alcalins et en hydrate de fer.

La limonite, dont l'action n'est pas bien déterminée, gêne considérablement l'attaque et peut retarder l'action du KCy dans de grandes limites.

Cuivre. — Ce corps se dissout dans KCy (2 parties de KCy pour 1 de Cu). Il faut donc, théoriquement, deux fois plus de KCy pour le cuivre que pour l'or. Cependant, en pratique, on peut travailler avec profit des minerais contenant jusqu'à 3 pour 100 de sels de cuivre pyriteux; mais il peut arriver aussi qu'une proportion de 0,5 pour 100 rende le traitement impossible. Si le minerai contient de l'argent, que l'on se propose de récupérer, le cuivre devient alors très nuisible, car le KCy n'attaque pas l'argent en présence du cuivre, ou très peu.

Les sels de cuivre les plus à craindre sont : l'azurite $2\,Cu\,H^2O^2\,Cu\,CO^3$, la malachite $Cu\,H^2O^2\,Cu\,CO^3$, qui, même en petites traces, rendent le minerai absolument impropre à la cyanuration.

Arsenic. — Décompose les cyanures, mais cette attaque est considérablement amoindrie en présence d'alcali. Le mispickel (sulfo-arséniure de fer) décompose le KCy, car il se décompose en sulfate de fer, en hydrate et en oxyde d'arsenic.

La chaux empêche cette décomposition et épargne donc une grosse dépense de KCy, en améliorant le traitement. La magnésie remplace aussi la chaux, et ce, avec avantage.

Le réalgar et l'orpiment, sulfures d'arsenic, sont attaqués par les alcalis. Ces corps peuvent donc être traités, mais devront être broyés *très* finement, car l'or qui y est inclus est peu aisément soluble dans les cyanures. On suppose que l'attaque de ces sulfures par les alcalis absorbant beaucoup d'oxygène, ce dernier corps étant très utile à la dissolution de l'or par le KCy, si un autre corps l'absorbe, l'attaque se trouve retardée.

Antimoine. — Les sulfures d'antimoine agissent comme les composés sulfureux d'arsenic, décomposés par les alcalis en absorbant beaucoup d'oxygène, retardent l'attaque et, en surplus, détruisent une assez grosse quantité de KCy. Ces corps rendent la cyanuration pratiquement *impossible.*

Tellure. — Soit en sels composés, soit en sulfotellurures, arsénio-sulfo ou arsénio-tellurures, la présence de ce corps rend presque toujours impossible l'attaque de l'or par le KCy et, en tout cas, retarde l'attaque dans des proportions énormes, tout en détruisant une quantité très grande de KCy. Pourtant, des minerais de l'Ouest australien sont traités, quand ils ont été broyés à mort, et soumis à un traitement *très long;* mais des minerais du Mexique et des Etats-Unis, *dont la composition est cependant sensiblement la même,* n'ont jamais pu être soumis à aucun traitement et restent inexploitables par la cyanuration.

On a essayé d'oxyder ce corps en formant du TeO^2; cet oxyde devient alors très soluble dans la potasse ou la soude caustique KHO, Na HO, avec lesquels il se combine en absorbant une énorme quantité d'oxygène. Mais comme ces minerais tellurés sont généralement prodigieusement riches, ils peuvent encore supporter le traitement après grillage et la perte de KCy qui résulte de la réaction de l'oxyde de tellure sur les caustiques.

Mercure. — A peu d'action sur les opérations. Il arrive même que sa présence agit avantageusement comme agent de désulfuration, ce corps ayant une forte affinité pour le soufre, avec lequel il s'associe facilement surtout en présence de KCy; l'affinité du mercure pour le soufre est du reste plus grande que son affinité pour le KCy.

Zinc. — On peut parfois (rarement) rencontrer de la blende dans les minerais d'or ou d'argent. Si ce corps n'est pas oxydé, il n'agit presque pas sur KCy.

La blende est, en effet, très peu soluble dans le KCy, quand elle est pure. Mais quelques blendes complexes sont assez solubles, et par conséquent consomment du cyanure.

Par contre, si cette blende est oxydée, soit qu'elle soit restée longtemps exposée à l'air, soit que le minerai ait été extrait de galeries humides d'où les minerais sortent oxydés, ce corps devient alors un terrible destructeur d'alcali et de KCy, et rend alors le minerai *complètement* impropre à la cyanuration.

Plomb. — Comme pour la blende, la galène est peu agissante sur le KCy, quand elle est bien nette; mais si elle est un peu oxydée, elle est aussi nuisible que la blende et rend, elle aussi, les minerais qui la contiennent impropres au traitement par le cyanure, surtout si cette galène contient des pyrites.

A. — Essais préparatoires.

On doit, avant de décider une installation, se rendre compte si les minerais sont susceptibles d'être traités profitablement par le cyanure.

1₀ Il faut donc obtenir des essais concluants, et se guider sur les résultats obtenus;

2° Installer une usine aussi moderne que possible, sans copier sur des installations déjà existantes;

3° Faire en sorte que les récupérations se rapprochent le plus possible des essais que l'on fait sur l'or, avant le traitement. On peut traiter des minerais qui ne contiennent que 1ᵍ,5 par tonne, et ce avec profit.

Pour faire un essai préliminaire, on prend 1000ᵍ de l'échantillon, on y ajoute 50 centilitres d'une solution de cyanure à 0,5 pour 100. Le tout est mis dans une bouteille de 1 litre environ.

Cette bouteille est mise à tourner dans un petit appareil qui fonctionne au moyen de l'eau, soit dans un petit cou rant, soit sous un robinet. Ce brassage doit durer au moins 15 heures ou 24 heures.

Au bout de ce temps, on filtre la solution et l'on établit la consommation de cyanure, au moyen d'une solution de nitrate d'argent (Az Ag O³).

Cette solution se prépare : 1 litre d'eau distillée et 8ᵍ,5 de nitrate pur. Chaque centimètre cube de cette solution, absorbé par 6ᶜᵐ³ de solution cyanurée, représente un titrage de 0,1 pour 100 de KCy.

Résidu. — Le résidu est alors lavé par trois lavages d'eau pure : 50ᵍ, 75ᵍ, 85ᵍ, et ces produits de lavages sont mélangés avec la solution de KCy ayant servi à dissoudre l'or. On fait chauffer au bain de sable, pour évaporer. Quand la solution est aux trois quarts évaporée, on ajoute 30ᵍ ou 40ᵍ de litharge en poudre et l'on continue à faire évaporer. Quand il est sec, ce produit est analysé par les moyens ordinaires de fusion et coupellation.

On peut encore épuiser cette solution de cyanure aurifère

sur des limailles ou copeaux minces de zinc. Puis on dissout
le zinc par l'acide sulfurique, et l'on essaic pour or.

On fait aussi un essai du résidu de sables épuisés, à titre
de comparaison.

Consommation. — Si la consommation de cyanure a été
forte, si par exemple la proportion a dépassé 0,15 pour 100
du minerai, on examine alors l'acidité de 1^g de l'échantillon. Pour cela, dans 1 litre d'eau distillée, on ajoute 2^g,90
de soude caustique. Sur les 1000^g de minerai, on verse 1 litre
d'eau distillée, on laisse séjourner quelques heures. On prend
6^g,5 du liquide clair et l'on essaye au papier de tournesol.
S'il y a de l'acidité, on verse goutte à goutte la solution de
soude caustique, jusqu'à ce que le papier bleu ne soit
plus attaqué en devenant rouge. Chaque centimètre cube
de solution employée ainsi correspond à 45^g de soude à
ajouter à chaque tonne de minerai.

Si le minerai contient des sels solubles de fer ou de cuivre,
on procède à de *grands* lavages à l'eau, avant de faire l'essai
d'acidité, et par conséquent d'ajouter la chaux ou la soude
ou potasse caustiques.

Si la consommation a été petite, mais la récupération faible,
on prolongera l'attaque, c'est-à-dire qu'au lieu de 12 heures
à 15 heures on laissera séjourner le minerai dans la solution
de cyanure pendant 18 ou 24 heures. On pourra aussi essayer
d'un broyage plus fin, et enfin, si cela ne suffit pas, on augmente le titre de la solution et on le porte à 0,60 pour 100
et même 1 pour 100.

Il est remarqué que, dans la pratique, la dépense de cyanure est moins forte que lors des essais.

La dépense de cyanure est proportionnelle à la récupération.

Ainsi, quand une dépense de cyanure de 0,1 pour 100
donne 20 pour 100 de l'or contenu, une dépense de 0,3 pour 100

donnera une récupération 3 fois plus forte ou 60 pour 100, et une dépense de 0,4 pour 100 donnera une récupération 4 fois plus forte ou 80 pour 100. Cette dépense et, par conséquent, ces récupérations sont obtenues par une prolongation du séjour du minerai dans les solutions cyanurées.

Minerais sulfurés. — Si les minerais sont sulfurés, il a été remarqué que le brassage de la masse par un courant d'air sous faible pression a considérablement amélioré les résultats de récupération. Notamment dans le cas de pyrites cubiques englobées dans une gangue siliceuse.

Minerais très complexes. — Si les minerais contiennent une forte proportion de sulfures, de diverses natures : d'argent, de cuivre, de plomb, de fer, de zinc, il faudra absolument les griller, de façon à les débarrasser entièrement du soufre qu'ils contiennent.

Il ne faudra pas, quoi qu'il arrive, s'effrayer de la grande quantité de cyanure parfois dépensée, lors des essais préalables, même si cette dépense dépasse la dépense possible pour une récupération payante, frisant par conséquent une impossibilité apparente de traitement. Comme il a été dit plus haut, la dépense, lors des essais, est beaucoup plus forte que celle que l'on peut atteindre lors de l'exploitation courante. Il est même arrivé de ne plus dépenser, lors de l'exploitation, que moins de un tiers de ce qu'avait indiqué l'essai préalable.

Il sera donc bon, avant de se lancer dans l'achat d'une installation, de faire quelques petites expériences sur 200^{kg}, ou plus, de minerai, et même, si possible, sur une tonne ou deux.

Gros or. — Si les minerais contiennent de l'or en grains, assez gros pour être visible à l'œil nu, par exemple de la grosseur d'un grain de farine, il faut, avant de le cyanurer, le débarrasser de cet or en le faisant passer sur des sluices ou tables amalgamées. Le gros *or* est, en effet, très lent à se laisser attaquer et à se dissoudre complètement. Du reste, cette préparation mécanique n'est pas inutile, en ce sens qu'elle sert aussi de lavage. Il est bon aussi de débarrasser les minerais du mercure qu'ils peuvent contenir, surtout s'ils sortent de tables d'amalgamation, le mercure entraîné étant alors parfois assez considérable dans les tailings.

B. — SABLES TAILINGS.

On appelle *tailings* les sables qui ont passé sur des tables d'amalgamation et qui sont rejetés comme épuisés.

Or, ces sables contiennent encore parfois une très forte proportion d'or trop petit pour être récupéré par les divers moyens mécaniques et par le mercure, l'or très petit, en effet, étant souvent rebelle à l'amalgamation.

Depuis déjà quelques années, on a repris ces sables pour les soumettre à la cyanuration.

Mais, la plupart du temps, ces sables, broyés pour amalgamation, sont trop gros pour être soumis directement à l'attaque des solutions cyanurées. Il faut donc les rebroyer.

Rebroyage. — On peut rebroyer les tailings soit à sec, soit sous l'eau.

Certains minerais sont plus avantageusement traités à sec, et par conséquent le broyage à sec est tout indiqué. Si ces tailings sont mouillés, il faudra donc les faire sécher. Toutefois, il faudra établir l'avantage qu'on peut trouver à cela, en comparant le prix du séchage (combustible) et l'amélioration dans les récupérations. Toutefois, on peut tout de suite affirmer que le séchage doit être laissé de côté quand le combustible n'est pas bon marché. Il arrive donc que ces tailings seront plus économiquement traités, quoique imparfaitement, par la méthode humide.

Pour cela, il est alors recommandé de ne pas broyer trop

fin. Il est donc avantageux, avant d'adopter un procédé, de se livrer, là encore, à divers essais de broyage.

Dans les mines en exploitation, les tailings peuvent être repris et passés sur un tamis, où les grains trop gros pour être traités seront renvoyés aux broyeurs.

Les minerais sortant du triage (scheidage) à la sortie du puits d'extraction vont à des concasseurs, qui cassent le minerai en morceaux. Si ces minerais sont suffisamment secs, ils pourront être avantageusement broyés ensuite, dans les broyeurs à cylindres, à sec, à la grosseur de 10^{mm} à 15^{mm}. Ces produits sont alors envoyés dans d'autres broyeurs, le plus souvent dans des bocards (pilons) où ils seront broyés assez gros. Pour obtenir ce résultat, on abaisse la hauteur de décharge des mortiers et ces produits passent alors sur un tamis à mailles de $0^{mm},75$ de côté.

Les produits qui passent par ces mailles s'en vont alors sur les plaques d'amalgamation en cuivre argenté, amalgamées. Ceux qui ne passent pas sont repris pour être rebroyés à nouveau. Pour cela, il est disposé, sous la décharge des mortiers, des rigoles à fond tamisé. Les produits qui ne passent pas sont conduits par le courant d'eau jusqu'à d'autres broyeurs.

Souvent encore, les produits, à leur sortie du pilon, s'en vont tous sur les tables d'amalgamation et sont repris à leur sortie pour être rebroyés à nouveau, car même les sables les plus fins des pilons sont encore souvent trop gros. Ces produits, sortant des tables, sont donc repris et passés dans des broyeurs pour broyage humide (tub-mills, moulins Huntington, etc.) où on les broye à la grosseur désirée.

Toutefois, il sera bon de faire alors repasser ces sables rebroyés sur des tables amalgamées, où de l'or se déposera encore, mis en liberté par ce nouveau broyage.

Pour bien conduire cette opération du rebroyage, il faudra régler très attentivement le débit de l'eau, juste ce qui est nécessaire pour entraîner les sables, et n'ajouter d'eau que sur les tables d'amalgamation, surtout si le rebroyage se fait au moyen de pilons.

Quel que soit le procédé employé, soit que l'on broye à sec ou que l'on broye à l'eau, il est préférable de ne pas essayer d'obtenir du premier coup des sables à dimension. Les opérations doivent se faire en plusieurs fois. On broye dans un premier broyeur, et les produits sont passés au tamis voulu; les grains qui ne passent pas sont alors envoyés sur un deuxième broyeur, et les produits sont encore envoyés sur un deuxième tamis aux mêmes dimensions, et enfin les grains encore trop gros sont rebroyés une troisième fois dans un autre broyeur. Il arrive, en effet, qu'en voulant obtenir des produits de dimension en une seule opération, on obtient en même temps une trop forte proportion de très petits grains, que l'on appelle *slimes* et dont la présence en forte proportion forme comme une sorte de boue qui se colle sur les grains plus gros, empêche le contact de ceux-ci avec les solutions cyanurées, et enfin, s'intercalant entre les gros grains, empêchent la libre circulation des solutions cyanurées entre ces grains. Leur présence, et par conséquent leur production, est donc une cause de retard, sinon d'empêchement. Enfin, il a été observé que le broyage très fin détermine une sorte d'enrobement des particules d'or dans une sorte de gangue siliceuse, sorte de pellicule qui entoure ces particules très petites d'or, par suite du frottement qu'elles ont subi au contact des poussières terreuses silicatées ainsi formées, et qui font que cet or reste rebelle à l'attaque du cyanure. Il faut donc ne pas vouloir trop broyer; le mieux est de déterminer une certaine grosseur, et de tenter d'obtenir des produits bien réguliers.

En passant, nous dirons que l'appareil qui donne des produits les plus uniformes sont les broyeurs à boulets (tub-mills, moulins Hardinge, etc). Il est, la plupart du temps, peu avantageux de broyer au-dessous du nº 60. Bien des produits sont très avantageusement broyés au nº 40. Par contre, certains réclament le nº 90, et même 100. Et enfin, comme nous l'avons vu lors des cas de pertes, certains tellures demandent un broyage à mort; mais c'est là une rare exception. Comme nous venons de le dire, un broyage trop énergique détermine l'enrobement des particules d'or par une pellicule de matière argileuse ou siliceuse, préjudiciable à la récupération, car cette pellicule est imperméable, inattaquable et protège malheureusement l'or qu'elle enveloppe.

Broyage à sec. — On casse, avant d'introduire les minerais dans les broyeurs, à la grosseur d'une noisette; puis si l'humidité est assez forte pour empêcher l'émiettement en poussière (humidité de plus de 25 pour 100), on doit faire sécher les minerais avant de les broyer plus finement.

Comme nous venons de voir pour le broyage humide, on ne doit pas chercher à broyer à dimension, en une seule opération. On procédera comme nous avons déjà vu en trois fois, en repassant toujours les grains les plus gros, ceux qui ne passent pas par le tamis, dans un autre broyeur.

On broye à sec avec une infinité d'appareils, même avec des bocards. Des pilons de 400^{kg}, avec une chute de $17^{cm},5$, et donnant 90 chocs par minute, peuvent broyer une tonne et demie à la grosseur du nº 40, en 24 heures, par pilon, dans des minerais de quartz assez durs.

Comme précédemment, et ici avec encore plus de raison, il n'est pas toujours avantageux de pousser trop loin ce broyage. Le nº 60 suffit dans la majorité des cas, le nº 90 est parfois nécessaire, mais il est rare que l'on soit obligé de pousser plus loin le broyage. On aura surtout soin de ne pas produire de *slimes*, qui, comme nous l'avons déjà vu lors du broyage à l'eau, gênent considérablement, surtout dans le traitement des minerais broyés à sec.

Nous rappellerons ce que nous avons déjà dit au sujet des sulfures : qu'il ne faut pas sécher les minerais à trop hautes températures pour ne pas former, en chauffant trop fort, des oxydes basiques qui abîment les solutions de |cyanures, certains minerais contenant des minéraux s'oxydant très facilement, à moins que certains autres minéraux n'exigent un grillage, et alors, au lieu de sécher on grillera.

Broyage fin. — Tous les appareils peuvent broyer fin ; mais certains, comme les brocards, broyent difficilement au-dessus du n° 40, sans produire énormément de *slimes*. Cependant, il est préférable, quand on monte une installation neuve, de chercher le meilleur appareil, et alors on choisira parmi les appareils récents : tub-mills, broyeurs chiliens, etc.

Les broyeurs tub-mills sont des appareils ayant la forme d'un cylindre. Certains, comme les broyeurs Hardinge, sont biconiques (*fig.* 25), deux troncs de cône ajoutés par leur

Fig. 25.

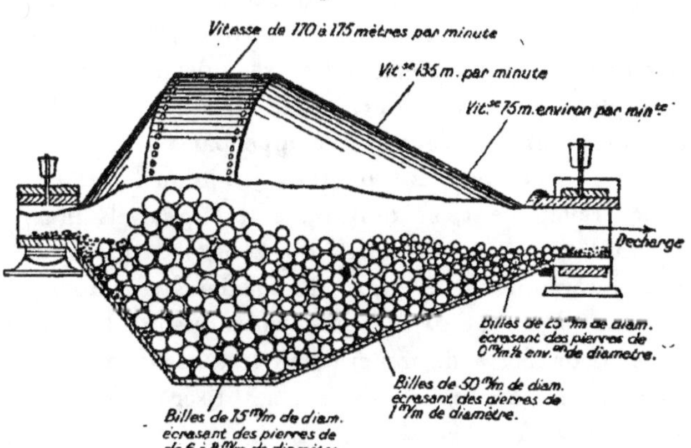

base. Ils sont en tôle, garnis intérieurement d'un revêtement en acier chromé. Ces cylindres sont fermés à leurs extrémités, mais un trou est ménagé au centre, dans l'axe, pour permettre de charger et évacuer le minerai. Des trous d'homme sont aussi percés sur les parois. Cet appareil est suspendu par un axe central, légèrement incliné sur l'horizontale, ou bien il est porté par des galets tournants.

Dimension.	Surface encombr.	Poids en kg.			HP néces.	Produit tonne heure.
		Appar.	Revêtem.	Boulets.		
0,91 × 0,20	1,55 × 2,15	1,250	500	275	4- 6	$\frac{1}{2}$ à 1$\frac{1}{2}$
1,36 × 0,33	1,80 × 2,45	1,800	1,800	1,825	10-15	1$\frac{1}{2}$ à 4
1,83 × 0,41	2,45 × 3,06	3,650	3,100	3,650	40-40	4 à 10

L'appareil, que ce soit un cylindre ou un corps formé de deux troncs de cône, est empli à la moitié à peu près de petites billes de flint glass cristal, du diamètre de 25^{mm} à 10^{mm}, en passant par des grosseurs intermédiaires de 12, 14, 15, 20, etc.

Les dimensions de ces appareils varient énormément, suivant le cube de minerai que l'on désire travailler en 24 heures. Il y en a de petits et de très gros, depuis 1^m de diamètre et 2^m,50 de long jusqu'à 3^m de diamètre et 9^m de long.

Les plaques de revêtement ont une épaisseur de 30^{mm} environ et sont fixées sur l'enveloppe par des boulons à tête fraisée. On peut user ces plaques jusqu'au bout. Quelquefois, ce revêtement, surtout dans les appareils nouveaux, est remplacé par un dispositif qui consiste à garnir la périphérie intérieure du cylindre de cornières très dures, espacées de 5^{cm} à 10^{cm}; entre ces intervalles viennent se caler des morceaux de pierre, de minerai, sur lesquels les autres parties de minerai restées libres viennent se briser et s'écraser (type *Globe Lining Tube Mill*).

La force nécessaire pour actionner ces appareils est assez considérable. Exemple : un appareil de 7^m de long et de 2^m,50 de diamètre exige 70 HP pour être lancé et 50 HP pour le service courant. Un appareil de 4^m de long et 1^m de diamètre exige 35 HP au lancer et 25 HP en service courant. Le premier pèse 10 tonnes, le deuxième 7 tonnes.

Les produits sont tamisés à leur sortie, et les parties trop grosses sont remises dans l'appareil. Le premier broye 220 tonnes par jour, le deuxième 20 à 25 par jour.

La vitesse a une énorme influence sur le rendement. Si, en effet, l'appareil tourne trop vite, la masse entière des minerais et des boulets est entraînée par la force centrifuge, reste collée sur la paroi et, de ce fait, il n'y a pas usure de minerai. Si, par contre, la vitesse est trop faible, la chute des billes et du minerai devient *molle*, sans énergie, et l'usure est alors très faible, les billes n'ayant pas la force d'écraser les grains. On reconnaît la vitesse de meilleur rendement au bruit que produit la chute des billes : plus ce bruit est fort, meilleur est le rendement.

Broyeurs à boulets. — Il existe encore un appareil basé sur le principe de broyage ci-dessus, mais les billes sont plus grosses, de 25^{mm} à 100^{mm}. Dans cet appareil, les sables produits par l'usure, au lieu de sortir par une extrémité (celle du niveau le plus bas), sont évacués par la surface du cylindre, qui est percée de trous. Un tamis entoure l'appareil pour retenir les grains un peu trop gros. Les boulets sont en acier chromé ou en cristal flint glass. Ces derniers sont de beaucoup les plus avantageux.

Poids total avec galets.	Rendement-heure en n° 20.	Poids total avec galets.	Rendement-heure en n° 20.
kg	kg	g	kg
3200.........	1000	14600.........	4350
5800.........	1750	16250.........	5000
8800.........	2250	18600.........	5500
11700.........	3000	22000.........	7000

Pilons. — Ces appareils sont maintenant de moins en moins employés. Ils coûtent très cher, sont très bruyants et exigent un entretien très coûteux, en dépit de leur apparente simplicité.

Leur capacité de broyage varie énormément, suivant le degré de dureté des minerais. La production peut être de 12 à 50 tonnes par jour et batterie de 5 pilons de 400^{kg} chaque. La force nécessaire étant de 11 à 12 HP. Le poids de l'appareil en ordre de marche varie, suivant [les constructeurs, de 12 à 20 tonnes. Exemple : un seul pilon de 400^{kg}, ayant une chute de 17^{cm},5, donnant 90 chocs à la minute, peut fournir 2 tonnes de sable de quartz n° 40, sec, par 24 heures, et environ 3 tonnes du même sable broyé à l'eau.

Pour faire varier la grosseur de sable, il suffit de faire varier la hauteur d'évacuation de ces sables à leur sortie du mortier.

Broyeurs à cylindres. — Très employés pour le broyage à sec. Le principe est le même que celui des broyeurs de grains dans les meuneries. Les minerais doivent premièrement être broyés en sable grossier. Ce sable grossier est alors versé dans l'appareil où un distributeur le laisse *couler* entre les deux cylindres, La distance entre les deux cylindres se règle suivant le degré de finesse que l'on veut donner aux sables. Ces appareils ont un débit *très* irrégulier.

Rouleaux (diam. × long.).	Poulies (diam. × larg.).	Révolution par minute.	Poids en tonnes.	HP nécessaires.
500 × 300	900 × 200	95 à 120	3	8 à 12
600 × 350	900 × 200	80 à 100	3,5	10 à 15
750 × 400	1200 × 250	65 à 80	5,250	15 à 20

La courroie de commande doit être croisée.

Moulins Huntington. — Le principe est celui-ci : deux gros rouleaux sont entraînés par un axe tournant à grande vitesse, par suite de la force centrifuge, ces rouleaux sont appuyés sur un cylindre en acier, qui entoure l'axe et les rouleaux, car la force centrifuge tend à écarter ces rouleaux de l'axe qui les entraîne. Les sables viennent se loger entre ces rouleaux et la chemise cylindrique, où la pression déterminée par cette force centrifuge, qui appuie, les écrase. Un tamis, qui entoure cet appareil, permet aux sables suffisamment fins de passer et d'être entraînés par un courant d'eau. Cet appareil peut aussi être disposé pour l'amalgamation, en plaçant au fond un bain de mercure.

Diamètre du moulin.	Hauteur.	Distance du fond à la décharge.	Révolution par minute.	HP nécessaires.	Poids.
m	m	m			kg
1,05	1,42	0,90 env.	90	4	4500
1,60	1,82	1,00 »	70	6	9000
1,82	1,96	1,20 »	55	8	15000

Si l'on se contente de rebroyer des tailings, cet appareil peut être mû avec une vitesse plus grande de 15 pour 100 que lorsqu'il s'agit de broyer des gros de concasseur.

Moulin chilien. — Ce sont des meules en acier chromé, qui tournent sur un fond en acier pavé de blocs de cristal flint glass. Ces rouleaux agissent ici, par leur propre poids, à la façon des meules à broyer les couleurs. Sur le pourtour est disposé un tamis, qui permet aux grains arrivés à grosseur d'être entraînés par un courant d'eau. Comme le moulin Hutington, cet appareil peut servir aussi d'amalgamateur.

Dimensions du fond.	Rendement en 24 heures.	Révolution. par minute.	Poulie tours par minute.	Poids.	HP nécessaires.
1,60 env.	25 t n° 30	35	170	17000	7 à 8
1,83 »	50 »	30	148	25000	12 à 15

Les moulins chiliens sont les appareils broyeurs qui exigent le moins de force, à production égale.

C. — Pratique de la cyanuration.

Avant de monter une usine de cyanuration, il faudra donc :

1° Faire des essais concluants du minerai à traiter.

2° Établir une installation moderne et ne pas se contenter de copier sur une installation connue où des erreurs ont pu être commises.

3° Travailler jusqu'à ce que les récupérations pratiques s'approchent des données obtenues tous les jours par les analyses des échantillons.

4° Vérifier très souvent les solutions déjà utilisées et les comparer avec des solutions neuves.

Un peu de chlorure ou d'acétate de plomb, ajouté aux vieilles solutions, améliore le rendement, car ils se combinent avec les traces de soufre qui peuvent provenir des pyrites, cyanicides puissants. La chaux améliorera les solutions lorsqu'il y aura des sulfates solubles, des carbonates, enfin des sels métalliques en général.

Il sera toujours avantageux de *bien aérer* les solutions.

5° Si les minerais ne contiennent pas de sulfates, arséniures, arséniates, etc., il sera avantageux que les solutions soient très légèrement alcalines. On ajoutera donc la chaux ou la soude caustique, petit à petit.

Toutefois, s'il y a des sulfures, etc., il ne faudra pas d'alcalinité, car ces sels deviendraient solubles, gênant alors la récupération.

Un petit peu de soude dans les boîtes à précipitation de zinc aide la précipitation, mais user surtout de la chaux pour les effets neutralisants.

6° Pour laver, ne pas remuer le minerai, ce qui pourrait faire perdre de l'or flottant. Se contenter de le laver par filtration.

7° Ne pas préparer trop de solution à l'avance, car les solutions perdent de leur force, comme nous l'avons déjà vu, sous l'influence de bien des agents qui peuvent se trouver dissous dans l'eau. Ne renforcer les vieilles solutions qu'au moment de l'emploi.

2. — PRÉPARATION DES MINERAIS.

Pesage. — Il est très important de connaître le poids exact des minerais que l'on met en cuves. Il existe actuellement des appareils qui permettent de peser le minerai au fur et à mesure de son introduction dans les cuves, et qui donnent le poids continu de ces sables sur un indicateur fixé sous la courroie convoyeuse pendant la marche de l'appareil. Tel est, par exemple, le Blacke Denison, Continuous Weigher.

Nous noterons en passant que les sables humides renferment de 10 à 20 pour 100 d'eau, en poids.

Concassage. — Nous avons dit que les minerais, avant d'être envoyés aux broyeurs, devaient, dans la plupart des cas, être préalablement concassés à la grosseur d'une noisette. Il existe pour cela des appareils, connus aussi dans les travaux publics pour le concassage des pierres dont on recharge les routes.

Le principe est simple : une came actionne une mâchoire mobile, qui vient forcer sur une autre mâchoire fixe; le minerai passe entre ces mâchoires, où il se trouve écrasé, comme nous l'avons déjà vu (*fig.* 24).

Le Tableau suivant peut servir à donner une idée du rendement des concasseurs.

Concasseurs Camet et Black.

Dimensions bouche.	Débit à l'heure 6 × 5 × 6.	HP néces- saires.	Poids.	Révol. par minute.	Débit à l'heure gros sable.
mm mm	t		kg		kg
150 × 100	2,25	2,5 HP	600		200
225 × 150	4	3,5 »	1360		500
300 × 200	6	4 »	3500	220	1000
375 × 225	9	5,5 »	6500	à	1500
500 × 250	15	8 »	11500	350	2000
600 × 400	23	15 »	14500		3000

P.

3. — LIQUEURS CYANURÉES, REMPLISSAGE DES CUVES.

La cyanuration est un phénomène mi-partie dû à l'osmose et mi-partie dû à un phénomène électrolytique.

Des théories très compliquées, affirmées par les uns, démenties par les autres, ont été avancées par divers auteurs. Ce qu'il y a de plus certain, c'est qu'à l'heure actuelle on n'est pas encore bien d'accord sur le poids moléculaire des cyanures. Certains chimistes donnent un chiffre, d'autres en donnent un autre. Il est donc très difficile, à moins de faire soi-même des expériences nécessitant un laboratoire très compliqué et spécial, de se renseigner avec exactitude. Au surplus, comme les diverses opinions émises ne diffèrent que sur des centièmes d'unité, ces discussions ont peu d'importance.

Remplissage des cuves. — Il est préférable, pour remplir les bassins ou cuves de traitement, d'y introduire les sables *secs*. De nombreuses expériences ont démontré que le sable sec *se tasse* moins, par conséquent la masse en est plus poreuse, plus facilement pénétrable par les solutions qui filtrent au travers beaucoup plus vite et facilement.

Les solutions cyanurées sont absorbées d'abord très rapidement par les couches de sable supérieures, mais au fur et à mesure que la profondeur augmente, la pénétration devient plus difficile. Ainsi, d'expériences faites, il a été démontré que, au début, c'est-à-dire sur les premières couches du dessus, le liquide pénétrait à la vitesse de 4^{cm} par minute sur une épaisseur de 35^{cm} à 50^{cm}. Cette vitesse n'est déjà plus que de 3^{cm} dans la deuxième couche de 50^{cm}, et enfin elle tombe à 25^{mm} après 1^{m} de profondeur, pour diminuer encore et n'être plus que de quelques millimètres à 2^{m}.

Il est préférable, comme nous l'avons déjà dit, de ne traiter que des sables ayant approximativement le même volume, c'est-à-dire la même grosseur. Des sables n° **30** mélangés de n° 60 laissent moins bien filtrer les solutions que des sables n° **30** seulement, et l'on a avantage à traiter ces numéros séparément, le n° **30** d'un côté, le n° 60 de l'autre.

4. — TEMPÉRATURE ET PRESSION.

La température des solutions a une grande influence et les températures élevées favorisent de beaucoup, dans certains minerais, la dissolution de l'or. Toutefois, après 80°, l'élévation de température serait plutôt défavorable.

On a avantage à accélérer la filtration des solutions au travers de la masse des minerais. On a même employé, aux États-Unis, un procédé qui consiste à aspirer de par en bas les solutions et à les reverser sur le dessus, à la pression de 3^{kg} par centimètre carré. Cette pression a aussi l'avantage d'injecter de l'air dans les solutions, par conséquent de l'oxygène, qui, comme nous l'avons déjà dit, facilite la dissolution et, par suite, améliore le rendement. Malheureusement, ce procédé est assez dispendieux et ne peut être employé que quand il s'agit de traiter des minerais très riches.

5. — FILTRATION.

Il faut éviter que des sables obstruent les pores du filtre. Si cet accident se produisait, les opérations seraient considérablement retardées. Il est donc recommandé, pour éviter que ce fait ne se produise, de disposer sur le fond de la cuve, par-dessus le filtre, quelques centimètres de graviers, recouverts de sable *gros*, sur une épaisseur également de quelques centimètres (3 ou 4). Cette couche de sable et graviers peut rester ainsi pendant un certain temps (plusieurs semaines). On aura soin, à chaque déchargement, de ne pas y toucher; on recommande aux ouvriers qui déchargent de laisser, au-dessus, 1^{cm} ou 2^{cm} de sable épuisé, de façon à être assuré que la couche protectrice n'est pas altérée. Celle-ci sera enlevée tous les 15 jours ou 3 semaines, et, si les minerais sont irréprochablement propres, on pourra la faire servir un mois.

Certains praticiens recommandent de remplir les cuves par le dessus, d'autres de remplir par le dessous du filtre, et chacun donne, à l'appui de ses dires, toutes sortes de bonnes raisons.

A dire vrai, chacune de ces méthodes a ses avantages, pour un minerai, et ses inconvénients, si l'on essaie sur un minerai d'une autre espèce.

L'opérateur aura donc à essayer les deux méthodes pour se renseigner personnellement.

6. — LAVAGES A L'EAU.

Lavages à l'eau. — Pour épuiser les tailings, retirer le plus possible des sels dissous qui sont restés dans l'humidité de la masse filtrée; après le soutirage des solutions, il est nécessaire de procéder à de petits lavages.

De nombreuses expériences ont été faites à ce sujet, qui ont démontré que l'on épuise les 85 pour 100 des sels restants avec trois lavages à l'eau.

Le premier lavage, enlève les $\frac{2}{3}$, le deuxième $\frac{1}{6}$, le troisième $\frac{1}{20}$ environ. Les autres lavages deviennent donc pratiquement inutiles et feraient perdre du temps. Chacun des lavages pourra être effectué avec une quantité d'eau égale au sixième du poids total des minerais secs, soit en tout la moitié de ce poids.

Les slimes qui peuvent rester dans la masse des sables à traiter diminuent notablement le rendement dans un temps déterminé, c'est-à-dire que plus il y a de slimes dans un sable, plus il est nécessaire de prolonger la durée de séjour de ces sables dans les solutions.

Exemple : on prit un échantillon de sable, bien homogène

et l'on en fit six parts ; la première fut soumise à la cyanuration telle quelle, la deuxième fut mêlée à 2 pour 100 de slimes, la troisième à 4 pour 100, la quatrième à 6 pour 100, la cinquième à 10 pour 100, la sixième à 12 pour 100. Le temps de séjour, pour tous, fut de 78 heures. Les résultats furent les suivants :

N°⁰.	Récupération pour 100.	N°⁰.	Récupération pour 100.
1	85	4	73,2
2	82,5	5	62,1
3	78,4	6	24,0

D'expériences faites tout récemment au Brésil, il résulte qu'un mélange de 15 pour 100 de slimes, lesquels étaient composés d'argile mêlée à un peu de limonite, rendaient le minerai (quartz à hautes teneurs) pratiquement rebelle à la cyanuration : après 120 *heures* de traitement, la récupération d'un minerai de 43^g à la tonne n'était que de 8^g, soit 18,6 pour 100.

Quantité de solutions à employer. — Cette quantité varie évidemment beaucoup, suivant les minerais. Tel sable n'exige que $\frac{1}{4}$ de tonne de solution, tel autre en exigera une demi-tonne. Toutefois, on peut établir que cette quantité varie d'un quart à la moitié du poids du sable, ou du demi au tiers en volume, suivant la grosseur des grains de sable.

Pour le cas où les minerais seraient introduits mouillés, rappelons que ces sables retiennent de 10 à 20 pour 100 d'humidité.

Troubles. — Il existe des troubles dans l'attaque du minerai, pas encore très bien déterminés, dus à des phénomènes électriques (positifs ou négatifs); suivant la composition des éléments du minerai, tel corps électropositif vis-à-vis d'un corps est électronégatif vis-à-vis d'un autre, phénomènes qui agissent sur les *ions* des corps en présence.

De cette théorie, il résulte, ce que nous avons déjà dit, qu'il est avantageux d'avoir dans les solutions des *traces* de soude caustique en excès, qui réduisent les pertes dues aux précipitations de KCy entraîné par ces phénomènes électrolytiques, quoique ce KCy n'ait pas servi au travail récupérateur. De ces mêmes observations, il résulte que les carbonates *augmentent* ces pertes, ce que la pratique a depuis longtemps établi sans en donner d'explication.

Pour développer ces causes, et tant d'autres phénomènes, voir le livre de LE BLANC : *Éléments d'électrochimie.*

7. — AGENTS RÉDUCTEURS ET OXYDANTS.

Le KCy du commerce n'est jamais chimiquement pur; il contient un peu toutes sortes de produits, notamment des traces de K^2S, Na^2S. Toutefois, les sulfures alcalins, quand leur proportion ne dépasse pas 0,4 pour 100 du produit, n'ont guère d'influence sur l'attaque de l'or par le cyanure, à la condition que ces solutions soient convenablement aérées.

Certains réducteurs sont tellement puissants qu'on les a dénommé *cyanicides*, et leur présence dans les solutions peut rendre le traitement impossible, comme nous l'avons vu au Chapitre des pertes : tellurures, sulfures, arséniures. Leur action est tellement retardatrice que l'attaque devient pratiquement nulle.

Enfin, non seulement ces corps affaiblissent les solutions, mais ces solutions gardent encore après une certaine *incapacité* de dissolution. D'une expérience faite sur une solution qu'on avait laissée en contact avec un minerai, jusqu'à ce qu'une récupération de 70 pour 100 fût obtenue, solution qui était de 0,3 pour 100, et maintenue tout le temps de l'attaque à cette force par des additions de solution forte. Soutirée, cette solution fut versée sur une deuxième masse du même minerai, mais la dissolution dans le même temps ne fut plus que de 55 pour 100. Soutirée à nouveau et remise toujours au même titre de 0,3 pour 100, sur une troisième masse du même minerai, son pouvoir était tellement affaibli qu'il ne parvint à dissoudre que 48 pour 100 dans le même temps. La solution garde donc, du fait de ce contact avec certains corps, comme une *paralysie* latente.

Oxydants. — Toutefois, après un certain temps de séjour au grand soleil et à l'air, cette solution qui était devenue, après soutirage, presque brune (elle était déjà ambrée dès le premier soutirage), avait repris une couleur plus pâle, jaune très clair, et, après avoir été renforcée à 3 pour 100, put dissoudre 68 pour 100 d'une quatrième masse de minerai; son séjour au soleil et à l'air lui avait donc redonné de l'énergie.

Chimiquement, on peut obtenir le même résultat en introduisant dans les solutions quelques traces de corps très oxydants, tels que $H^2 O^2$, $Na^2 O^2$, $Mn O^4 K^2$. Partant de là, certains chimistes distingués ont été amenés à faire des recherches sur les oxydants : manganates, ozone, etc., mais l'emploi généralisé de ces corps n'a pas donné ce que l'on en attendait.

Plusieurs brevets ont même été pris, ayant pour principe l'emploi de tel de ces corps. De recherches en recherches, certains d'eux furent même amenés à abandonner l'emploi du cyanure, le remplaçant par un autre corps dont l'attaque par l'un de ces corps amenait la dissolution de l'or.

En 1894, MM. Sulmann et Teed prirent un brevet pour le remplacement du cyanure de potassium du commerce par du bromocyanure $Br Cy$. Puis un autre brevet pour l'emploi simultané du cyanure de K et du bromure de cyanogène. Ce dernier procédé avait pour but principal de provoquer le dégagement du cyanogène. Pourtant, il n'a pas été établi que ce dernier gaz ait une action quelconque, sur l'*or* et l'argent, en solutions aqueuses.

En général, l'emploi d'oxydants n'est pas à recommander, sauf dans les cas spéciaux de minerais rebelles, très fins, à or extrèmement divisé, tels que les minerais tellurés de l'Australie, dont le traitement se fait en solutions agitées.

8. — PHÉNOMÈNES ÉLECTROLYTIQUES.

Comme nous l'avons vu un peu plus haut, la dissolution de l'or par le cyanure est due en partie à un phénomène électromécanique d'électrolyse, le courant étant produit par l'*or* positif et, d'autre part, par les particules de pyrites et autres corps négatifs.

L'échange de ce courant s'établit d'autant plus facilement que les solutions cyanurées sont plus faibles (en de certaines limites). La force maximum est obtenue par une solution à 0,3 pour 100; elle diminue si l'on augmente la proportion, et diminue aussi si on l'affaiblit. Au-dessous, cela se comprend tout seul par suite de l'affaiblissement de la solution, qui est forcément nulle quand elle se trouve n'être que de l'eau, et va en augmentant au fur et à mesure que la solution est renforcée. Au-dessus, quoique bizarre, l'explication est donnée par le fait de la viscosité qui résulte de l'augmentation de la force en K Cy, viscosité qui forme résistance à la circulation des courants électriques et, par conséquent, à l'échange des particules métalliques.

Ainsi, si une solution à 0,01 pour 100 dissout 5ᵍ d'or, une solution à 0,1 pour 100, 10 fois plus forte, n'en dissoudra cependant que 9,3, et une solution à 1 pour 100, c'est-à-dire 100 fois plus forte, n'en dissoudra que 17,5, le tout à temps égaux, alors que, si la progression était normale, elle aurait dû en dissoudre 500ᵍ.

Nous venons de voir que la concentration des solutions,

au lieu de favoriser la dissolution, était plutôt une cause de
retard, par suite de résistance déterminée par la viscosité qui
résulte de cet enrichissement. Mais, d'autre part, quand la
température d'une solution augmente, la résistance du milieu
diminue. Comme nous l'avons dit plus haut, l'élévation de
température, jusqu'à 80° environ, facilite la dissolution.
Cependant, en pratique, les résultats obtenus sont un peu
déconcertants. Certains minerais supportent très avantageusement le traitement par solutions chaudes; d'autres,
traités de même manière, quoique de compositions sensiblement identiques, ont donné des résultats moins bons que
par l'emploi de solutions froides. La perte était donc sensible,
puisqu'il avait fallu du combustible pour chauffer ces solutions.

9. — CYANURES.

Il existe des quantités de cyanures. Mais quelques-uns
sont d'action nulle sur les métaux précieux : or et argent.

On n'en a donc étudié que quelques-uns, en vue de leur
emploi pour la cyanuration. Ce sont : K Cy, Na Cy, Az H^4 Cy,
Mg Cy, Ca Cy^2, Sr Cy^2, Ba Cy^2.

Au point de vue de leur pouvoir dissolvant, et en repré-
sentant par 100 le pouvoir dissolvant du K Cy (le plus stable
de ces sels), nous avons :

MgCy^2....	171	Az H^{4}Cy ..	147,7	CaCy^2	141,3
NaCy.....	132,6	KCy......	100	BaCy^2	69,3

Par ordre de stabilité : K Cy, Na Cy, Az H^4 Cy; Mg Cy^2.

Impuretés. — Nous avons déjà dit que le cyanure du
commerce n'est pas chimiquement pur. Outre le K^2 S,
on y trouve aussi du sulfate de K et du sulfocyanure :
K Cy S. Ces corps n'ont pas d'action bien marquée sur
l'attaque, mais ils contribuent à augmenter la résistance
intérieure, en augmentant la viscosité.

Les pourcentages de corps étrangers que l'on peut trouver dans les solutions de cyanure, après un an d'usage, sont données dans le Tableau suivant :

	Analyse			
Corps.	des solutions fraiches.	des solutions sortant des caisses à zinc.	après 1 an d'usage avant attaque par le zinc.	des solutions sortant des caisses à zinc.
K Cy	0,500	0,492	0,503	0,494
H Cy	0,059	0,080	0,020	0,023
Total cyanures .	1,306	1,345	1,475	1,450
$K^4 Fe Cy^4$	0,095	0,115	0,015	0,025
K Cy S	0,210	0,206	0,060	0,058
Zn	0,315	0,355	0,370	0,390
Ca O	0,85	0,080	0,170	0,170
Or	37ᵍ	0,01	28ᵍ	0,03

Du reste, ce que l'on vend sous le nom de *double salt* dans le commerce n'est le plus souvent qu'un mélange de K Cy et de Na Cy; ce dernier sel, coûtant beaucoup moins cher que le premier, sert à falsifier ce que l'on appelle K Cy, et cela dans le but de combattre la concurrence. Il arrive même que la proportion est telle, que la proportion de K Cy peut n'être plus que de 25 à 30 pour 100. Ce dernier mélange, vendu sous le nom de *surrogati*, est très bon marché.

Enfin, on vend dans le commerce un cyanure dit à 125 pour 100, qui n'est autre que du cyanure de soude presque pur (90 à 95 pour 100). On a établi ce titre en se basant sur le pouvoir dissolvant, et nous avons vu que le pouvoir dissolvant du K Cy n'est que 100, alors que celui du Na Cy est de 132,6. Ce dernier sel est moins fixe que le cyanure de potassium; il n'est, par ce fait, pas plus économique, malgré sa puissance et son bon marché, car il s'en détruit davantage dans le traitement. Pourtant, comme rendement pratique, les résultats sont sensiblement les mêmes.

10. — ESSAI DE STABILITÉ.

On fait des solutions à 1 pour 100 et à 0,5 pour 100 de chaque marque; on les place dans des récipients largement aérés (casseroles, marmites, etc.), on laisse ainsi 10 jours. Au bout de ce temps, on fait un essai de chaque échantillon. Certains auront perdu jusqu'à 20 pour 100, quand d'autres n'auront été affaiblis que de 0,20 à 0,5 pour 100. Une perte de 1 pour 100 est admise comme tolérable.

Mais il est préférable de faire l'essai sur attaque. Pour cela, on met dans chaque récipient une feuille d'or à dorer, roulée en cylindre, et on la pèse avant, après l'avoir fait sécher. Au bout de 8 jours, on retire les feuilles, on lave, on fait sécher, et l'on pèse. On donne alors la préférence au cyanure qui, tout en ayant dissout le plus d'or, aura la moindre dépense en cyanure. Si x représente le pour 100 en K Cy de la solution primitive, x' le pour 100 après attaque, y représente le poids de l'or avant et y' le poids après attaque, $\dfrac{x-x'}{y-y'}$, donnant le plus faible chiffre, est le meilleur cyanure et, par conséquent, celui auquel on doit donner la préférence.

11. — PRÉCIPITATION.

Le procédé le plus employé est celui qui consiste à faire passer les solutions soutirées, contenant les produits aurifères en dissolution, sur les copeaux de zinc très fins.

Ces copeaux sont généralement disposés dans des cuves, sortes de boîtes divisées en compartiments, pour assurer un plus long parcours au liquide et, par conséquent, pour augmenter la surface de contact.

Sur ces tournures de zinc, le cyanure double d'or et de

potassium, qui s'est formé dans les cuves d'attaque, ce cyanure double se dédouble en or, qui se précipite, et en K Cy, qui se redissout dans le liquide.

Ces copeaux de zinc sont obtenus en tournant sur un tour des disques de zinc, d'un diamètre de 20^{em} à 30^{cm}. La vitesse d'attaque à donner sur l'outil est de 1^m à 1^m,25 par seconde. On doit essayer d'avoir un produit très mince, de 0^{mm},1 d'épaisseur environ. Des tours spéciaux peuvent donner jusqu'à 50^{kg} de tournure par journée de 8 heures.

Pourtant, si la théorie recommande de donner la moindre épaisseur aux tournures, de façon à avoir une plus grande surface de contact pour un même poids de zinc, en pratique, il est reconnu que les tournures trop fines sont très rapidement détruites et se cassent trop facilement. En pratique, pour la majorité des cas, une épaisseur de 0^{mm},05 est suffisante.

Minimum de force des solutions. — Il est enfin bon de ne pas abaisser par trop la force des solutions d'attaque, car les copeaux de zinc ne précipitent plus l'or quand la force de ces solutions tombe au-dessous de 0,01 pour 100.

Certains praticiens recommandent de former un couple de précipitation en trempant les copeaux de zinc, juste au moment de leur mise en boîtes, dans un bain d'acétate de plomb pendant quelques minutes. Il se forme sur le zinc un petit dépôt de plomb, très mince, qui détermine un couple électrique qui, en effet, facilite notablement la précipitation de l'or.

Débit. — Il est recommandé de ne pas dépasser le chiffre de 30 litres de solution, par litre de capacité de boîte et par jour.

Le zinc neuf ne doit pas être introduit dans les compartiments, en tête des cuves. Le zinc trop neuf n'a pas d'action assez énergique. Il est préférable de ne mettre le zinc neuf que dans les compartiments les plus éloignés ou par boucher les vides qui peuvent se produire dans les compartiments.

Un nouveau brevet comprend deux cuves, de chacune six compartiments. Dans la première, les dimensions sont 0,60 × 0,375 sur 0^m,60 de profondeur; dans la deuxième, les dimensions sont 0,45 × 0,375 sur 0^m,60 de profondeur également. Sur des solutions qui tenaient, avant précipitation, 5^{fr},10 d'or, les teneurs après la sortie n'étaient plus que de faibles traces.

Le débit d'écoulement était de 15 tonnes à l'heure. Si le débit était augmenté, et porté à 25 tonnes à l'heure, les solutions épuisées contenaient encore 0^{fr},32 d'or. Le débit était donc de 200 litres-minute dans le premier cas, et 380 litres-minute dans le deuxième. Le débit par litre, en 24 heures, était dans le premier cas de 256 litres de solution par litre de capacité-cuve de précipitation.

Théoriquement, 1^g de zinc devrait précipiter 6^g d'or et 3^g d'argent. Pratiquement, il n'en va pas de même, et une précipitation de 1^g d'or par gramme de zinc est considérée comme un bon rendement. Ainsi, dans une récente installation (Mysore Mines, à Kolar Gold Field), on a pu obtenir la dépense de 55^g de zinc pour traiter 1 tonne de solution contenant 20^g d'or en moyenne par tonne. Toutefois, lorsque les solutions sont fortes, on peut précipiter beaucoup plus, et l'on peut ramener la dépense à 1^g de zinc, par 1^g d'or.

Chargement des boîtes à zinc. — On dispose d'abord, sur le fond des compartiments, une couche de 3^{cm} environ d'épaisseur de gros copeaux de zinc; sur le dessus de cette couche, on dispose alors le zinc plus mince, mais en ayant bien soin de ne pas tasser et aussi de ne pas laisser de trous vides par où pourrait s'échapper facilement le liquide sans être astreint à passer au travers de la masse de ces copeaux.

On doit avoir soin, comme nous l'avons indiqué déjà, de
ne pas mettre de copeaux neufs immédiatement en tête,
à l'entrée des solutions dans les boîtes à précipitation.
Toutefois, les vides qui se produisent dans les coins des
compartiments, ou dans la masse des copeaux, peuvent être
bouchés avec des copeaux neufs, si ces vides ne sont pas trop
considérables.

Un procédé nouveau recommande de botteler les copeaux
de zinc et de les disposer botte par botte, l'une à côté de
l'autre, sur une couche; la deuxième couche sera disposée
transversalement à la première, la troisième sera disposée
comme la première, etc., jusqu'au faîte, c'est-à-dire une
couche longitudinalement, une couche transversalement.

Les solutions doivent avoir au moins une force de 0,05,
et autant que possible 0,1 pour 100; au-dessous de ce premier chiffre, la précipitation se fait mal.

En sortant des cuves à précipitation, les solutions épuisées passent sur un tamis, où les parcelles de zinc entraînées se déposent pour être remises dans les cuves, généralement en tête.

En employant la méthode du bottelage, la masse du dépôt
est moins volumineuse, mais est bien plus riche en métal
précieux, et peut contenir, après séchage, 85 pour 100 d'or
et argent. Par ce dernier procédé, la consommation de
zinc est d'environ 110^k par tonne de solution.

Fonctionnement des boîtes à zinc. — On peut s'assurer du
bon fonctionnement des boîtes à zinc par le dépôt. Quand
ce dépôt est floconneux, spongieux, noir ou brun foncé, la
précipitation se fait dans de bonnes conditions. Si, par contre,
ce dépôt est tassé, de couleur claire, c'est que les solutions
sont faibles en cyanure, et alors on peut ajouter quelques
cristaux de cyanure dans le premier compartiment, ou un
peu de soude caustique. Toutefois, si les minerais sont très

alumineux, il arrive qu'un peu d'alumine est entraînée dans les solutions, et alors sa précipitation peut donner une couleur claire au dépôt de précipitation. Si cette cause se produisait, il faudrait alors faire des clean-up assez souvent pour éviter les pertes d'or, c'est-à-dire de procéder à des lavages fréquents.

Comme, par suite de la décomposition, il se dégage de l'hydrogène, qui se dépose sur le zinc et tend à le faire flotter, il faut, plusieurs fois par jour, s'assurer que des « jours » ne se sont pas produits dans la masse des copeaux de zinc, surtout dans les coins. Comme nous l'avons déjà dit, il faudrait alors remplir immédiatement ces vides pour éviter les rigoles de moindre résistance par où s'écouleraient les solutions sans passer au travers des copeaux.

Pour se rendre compte de la qualité du zinc, en ce qui concerne sa finesse, on dispose un petit tas de zinc en copeaux, auquel on met le feu. Si ces copeaux s'enflamment librement, la finesse est bonne. On trouve sur le marché une marque de zinc sans plomb (le zinc ne doit jamais contenir plus de 1,5 pour 100 de plomb) qui donne de très bons résultats : marque V.M., n° 10 à n° 14.

Défaut. — Quand les minerais contiennent du cuivre, les solutions en contiennent également, et alors, comme ce cuivre est précipité par le zinc, cette précipitation gêne considérablement celles de l'or et de l'argent. Dans ce cas, il est bon de faire des expériences de précipitation très serrées avant d'adopter le système de précipitation par le zinc. Il est alors, le plus souvent, utile d'adopter la précipitation par l'électricité.

Autres procédés de précipitation. — Il a été suggéré de nombreux procédés de précipitation, et de nombreux brevets ont vu le jour sur ce sujet. On a essayé les tournures d'aluminium, les poussières de zinc, l'amalgame de soude, etc.

Poudre de zinc. — On emploie du zinc commercial, que l'on réduit en limaille fine. Avant l'emploi, on la lave par une faible solution d'ammoniaque, qui la débarrasse de l'oxyde de zinc. Cette poudre traite bien des solutions à 0,25 pour 100 tenant 6ᵍ d'or par tonne, et des solutions à 0,05 pour 100 tenant 2ᵍ à la tonne. Le mélange est maintenu au moyen d'un barbotage à l'air comprimé. Ensuite, on laisse déposer, et les solutions épuisées sont passées au filtre-presse. A la Mare Mines (Mercur-Utah), ce procédé est employé avec succès et donne un rendement presque théorique. Le tuyau d'épuisement qui évacue les solutions épuisées est branché

Fig. 26.

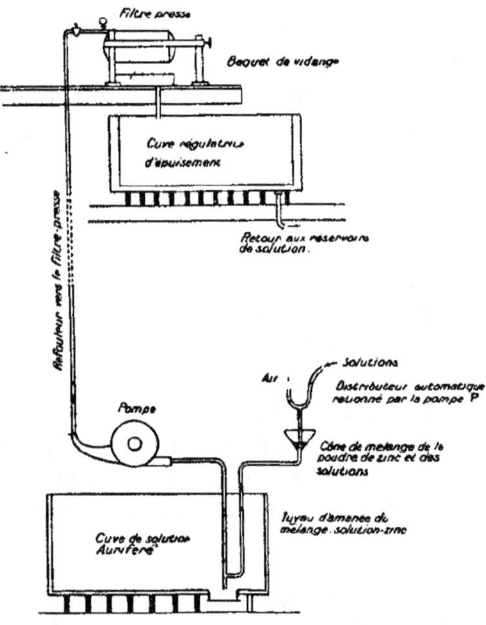

à 20ᶜᵐ du fond. Les boues sont enlevées à la main. La consommation est d'environ 125ᵍ par tonne. Les cuves de précipitation ont $4^m,20$ de diamètre et $2^m,40$ de profondeur (*fig.* 26).

Procédé électrique. — De nombreuses expériences ont démontré qu'il était préférable d'utiliser des cathodes de très grande surface.

L'énergie à donner doit varier suivant la force ou richesse des solutions.

Ainsi, une solution contenant 60^g d'or par tonne fut traitée avec 0,3 ampère par décimètre carré de surface de cathode. Pour une solution de 6^g à la tonne, il suffit de moins de 0,01 ampère.

Un courant de 1 ampère par décimètre carré peut déposer 2^g d'or à l'heure, si la solution est riche ; le même courant ne déposera que 1^{dg}, si la solution ne tient que 5^g à la tonne.

Anodes pôle positif. —Les anodes peuvent être constitués au moyen de corps : 1° solubles facilement, 2° peu solubles, 3° insolubles, dans le KCy.

L'avantage des premiers sur les autres est que leur emploi nécessite une moins grande force électromotrice. Ils fonctionnent, en effet, avec 0,5 volt, et les derniers exigent au moins 3 et 4 volts. Ceci s'explique par suite de la résistance qui provient du dépôt d'oxygène qui se forme à la surface de ces pôles.

Si les anodes sont de zinc, le courant nécessaire sera moins grand que celui qu'exigeraient des anodes en fer ; il est vrai que, si le courant venait à dépasser une certaine limite, le zinc se recouvrirait alors d'un dépôt complètement résistant, au point d'interrompre tout courant ; et, d'autre part, si le courant baisse trop, le zinc alors se dissout dans la solution et vient se précipiter sur la cathode, avec l'or et l'argent.

Le fer s'oxyde assez vite. Le charbon des cornues se décompose en un autre composé nommé *mellogène*, et en oxydes de carbone, et enfin en graphite.

Le plomb en oxyde, comme pour des plaques d'accumulateurs, a donné de bons résultats. Pour obtenir ces anodes, on place des plaques de plomb dans des solutions de plombate de soude, solutions très fortes; les plaques se trouvent rapidement recouvertes d'une sorte d'« amalgame » d'oxyde de plomb. On les retire, on les lave et on les plonge dans une solution forte de KCy, où on les soumet à un courant électrique, qui fait cristalliser les dépôts en une couche dure et résistante.

D'autres ont préconisé de peindre les plaques de plomb, au moyen d'un composé de peroxyde de plomb et de plombagine, dans l'huile de lin. Si les plaques sont bien faites, elles tiennent bien; sinon, elles s'écaillent sous un courant même très faible, de moins de 0,005 par décimètre carré.

Cathodes. — Elles doivent être constituées par un corps moins électropositif que les anodes, pour éviter la formation, le courant une fois arrêté, d'un courant électrique, en sens inverse de celui fourni par les électrogènes, et qui ferait que l'anode deviendrait cathode et la cathode anode, en redissolvant le métal déposé.

L'or déposé doit pouvoir se détacher facilement. Il n'est pas du tout nécessaire qu'il adhère fortement.

On a essayé toutes sortes de substances, jusqu'à des plaques faites d'un tissu de coton trempé de substance conductrice, des plaques de fer peintes à la plombagine, etc. Enfin, on a préparé des plaques de fer de la façon suivante: on trempe les plaques de fer dans un bain composé de 100 parties d'eau et 10 d'acide sulfurique, dans lequel a été dissous 1,5 de zinc, et à ce mélange on ajoute 10 parties d'acide nitrique. On lave ensuite copieusement. Les plaques ainsi préparées sont d'un beau brillant, et l'or s'y dépose facilement. Si l'on ne veut pas s'en servir immédiatement, on les empile dans une bassine et l'on verse sur le dessus une eau légèrement

alcaline, dans laquelle elles se conservent très bien assez
longtemps.

L'or déposé sur ces plaques est retiré de la façon suivante :
on trempe la plaque dans une boîte métallique, contenant
une solution de KCy à 2 pour 100, et l'on fait travailler les
plaques dans ce bain, comme anodes, en reliant la cuve et
les cathodes à un faible courant électrique. L'or se détache
en se précipitant dans la cuve et les plaques ont gardé leur
beau brillant. La solution de KCy est alors évaporée et le
dépôt dans la cuve est alors recueilli. Le tout est alors fondu
dans un creuset de plombagine.

Procédé Siemens-Halske. — Les anodes sont en tôle de fer,
de 3^{mm} à 6^{mm} d'épaisseur ; elles sont recouvertes par un léger
tissu de gaze ; les dimensions de ces plaques sont habituellement o^m,70 × o^m,6o, ou o^m,75 × o^m,7o (environ o$^{dm^3}$,4o à
o$^{dm^3}$,5o en surface). On brase sur un des coins une petite
patte en fer, pour établir le contact avec le pôle positif de
la dynamo.

Les cathodes et anodes sont de mêmes dimensions et sont
placées le long des boîtes, qui sont elles-mêmes divisées en
compartiments, pour forcer le courant à parcourir un chemin
sinueux, montant et descendant. Il faut que les cuves aient
45o litres de capacité par tonne de solution traitée en
24 heures.

Un exemple donnera une idée générale des conditions
d'établissement :

Ampères par décimètre carré..........	0,004	0,004
Titrage pour 100 des solutions........	0,2 à 0,8	0,8
Nombre de boîtes...................	6	4
Longueur de chacune (en mètres).....	9,10	8,75
Largeur de chacune (en mètres).......	1,45	3,05
Profondeur de chacune (en mètres)....	1,50	1,50
Cube (en mètres cubes)...............	19	40
Tonnage par 24 heures...............	300	320

Volume par boîte et par tonne de solution (en litres)	391	5oo
Surface des anodes (en mètres carrés)..	1250	168o
Surface des cathodes (en mètres carrés .	14oo	21oo
Volume des solutions par min. (en lit.).	19o	2oo
Or par tonne, avant précipitation (en tonnes).........................	8	1,57
Or par tonne, après précipit. (en tonnes).	o,78	o,15

Pour améliorer le rendement, on peut augmenter le nombre d'anodes et de cathodes, mais ce procédé a l'inconvénient d'augmenter l'oxydation, et il arrive que le passage des solutions se trouve diminué. Une bonne distance à tenir entre plaques est 75^{mm} d'axe en axe.

On peut augmenter la surface des anodes, mais ce procédé a le défaut, si les cathodes sont en plomb, d'augmenter la proportion de plomb dans le lingot d'or.

Plus les solutions sont riches en or, moins il est nécessaire de surface d'électrodes. Ainsi, pour 1 tonne de solution en 24 heures, en travaillant avec électrodes de mêmes dimensions, une solution de 6^g par tonne exige une surface pour chacun d'eux de 1^m,33 à 1^m,75 pour une récupération de 85 pour 100 à 97 pour 100, tandis que pour une solution de 3^g par tonne il faut de 1^m à 1^m,20.

Consommation de métaux. — On use de 120^g à 300^g de fer par tonne de solution traitée, une partie de ce fer étant transformée en oxydes et en ferrocyanure. Quant au plomb, sa consommation dépend de la richesse des solutions, mais toutefois cette consommation se tient dans une limite allant de 110^g à 180^g par tonne de solutions.

Jonctions. — Le courant est amené le long des boîtes, au moyen de fils de cuivre ou de rigoles pleines de mercure. Les ligations sont faites, soit en tension, soit en parallèles. On relie, bien entendu, les anodes entre elles et les cathodes entre elles, ou plusieurs groupes de cathodes sont reliés entre eux et le courant de ce group,e va se greffer sur un groupe d'anodes.

Procédé Butter. — Dans ce procédé, on utilise des cathodes en étain. Ce métal résistant à de très hautes intensités, on peut aller jusqu'à 0,05 ampère par décimètre, soit 10 fois ce que l'on peut faire supporter à des plaques en fer. L'or se dépose sur les cathodes en fines poussières, que l'on détache et que l'on fait tomber, au fur et à mesure de la production, sur le fond des cuves, où on les recueille lors des lavages (clean up). Ces plaques peuvent durer de 18 à 20 mois. Des solutions contenant 15^{gr} d'or sont épuisées à 1^{gr},15.

L'inconvénient qui résulte de ce procédé est la grande consommation de cyanure.

Procédé Snodgrass. — Les anodes sont en cailloux de charbon de 10^{mm} à 12^{mm} de diamètre environ, enfermés dans des sacs plats, en gaze, fixés sur des cadres en bois qui donnent à l'anode une dimension 1^{m},20 $\times$ 0^{m},90 $\times$ 0^{m},025. Les cathodes sont en fin fil d'acier, assemblées les unes contre les autres, de façon à donner environ 3^{m} de surface effective, quoique la plaque n'ait que 1^{m},20 $\times$ 0^{m},90 $\times$ 0^{m},005.

On place dans une cuve 60 anodes et 61 cathodes ; cette cuve a 8^{m},15 de long, 1^{m},20 de large et 1^{m} de profondeur intérieure. Les électrodes sont appuyées sur la boîte de façon à former joint étanche, et les solutions doivent traverser les électrodes.

12. — SLIMES.

On peut précipiter l'or par solutions cyanurées, des slimes, en faisant circuler dans un long cylindre d'acier de 6^{m} sur 1^{m},50 de diamètre 15 tonnes environ de pulpe, à la vitesse de

5 tonnes à la minute. Un courant électrique de 150 ampères circule dans la solution. La face interne du cylindre en acier est recouverte de plaques de cuivre amalgamées. Les extrémités du cylindre sont en bois et supportent 12 à 15 barres d'acier de 5^{cm} de diamètre, celles-ci formant anodes. On introduit dans ce cylindre, avec la pulpe, 150^{kg} de mercure. L'or se dépose sur les plaques amalgamées formant cathodes.

Ce procédé permet de traiter 24 tonnes de cyanure à 0,015 pour 100, tenant 8^g d'or à la tonne.

13. — RÉCOLTE DES BOUES AURIFÈRES.

Les boues, qui proviennent soit des cuves à zinc, soit des appareils à récupération électriques, sont lavées à l'eau fraîche jusqu'à ce que le liquide de lavage ne soit presque plus alcalin.

Les tournures de zinc sont lavées à la main, doucement, pour les débarrasser des poussières d'or qui adhèrent parfois un peu. Le dépôt est alors enlevé, et le peu d'eau qui reste dans les cuves pompé avec la pulpe ou boue aurifère, et le tout est passé sur un filtre-presse. On peut aussi faire passer les boues sur un tamis nᵒ 40, ayant $0^m,40 \times 0^m,40$. Dessous est disposé une sorte de sac, ressemblant assez bien à une taie d'oreiller, dans lequel les boues de métal précieux se rassemblent, les parcelles de zinc restant sur le tamis. On frotte bien ces résidus de zinc pour en détacher les particules de poussière précieuse qui y resteraient collées. On retourne alors les boues, qui sont dans le sac, sur une sorte de batée qui sert à faire sécher ces boues.

Toutefois, le système de la presse filtrante est de beaucoup le plus sûr, car il évite toute perte d'or.

La finesse du tamis sur lequel s'écoulent les boues aurifères est très importante, car, si l'on emploie par exemple le n° 30, beaucoup de poussières de zinc passent et viennent diminuer le titre du lingot aurifère; tandis qu'avec le n° 40 on peut obtenir un lingot ayant un titre de 960 de fin, sans emploi d'acides ou de mixtures quelconques. Cette méthode a l'avantage de ne pas nécessiter de grillage au nitre. Si, toutefois, le traitement par l'acide est jugé nécessaire, on pourra vider les boues, sèches ou non, dans la cuve à acide qui peut être en bois, en plomb ou en aluminium. Ce dernier est très recommandable, car il est léger, propre et n'est attaquable ni par l'acide nitrique, ni par l'acide sulfurique.

En sortant de l'acide, ces boues sont pressées, séchées et mises à fondre avec des fondants.

14. — FUSION DES BOUES.

Cette opération a lieu dans des creusets en plombagine, depuis le n° 28 jusqu'au 79. Le four à employer peut être un four d'essai. On peut, si la production est importante, construire un four à reverbère qui peut contenir de 6 à 12 creusets n° 60.

Le fondant à employer varie suivant la pureté des boues. Si celles-ci sont presque pures, on les fond avec la moitié de leur poids de borax et $\frac{1}{10}$ ou $\frac{1}{4}$ de leur poids de carbonate de soude, et l'on y ajoute un peu de sable de silice. Si les boues contiennent beaucoup de sable, on ajoute davantage de carbonate de soude, jusqu'à un peu plus du double du poids du sable. S'il y a beaucoup de cuivre, de zinc ou d'autres métaux, il faudra augmenter la proportion du borax. On peut aussi faire entrer pour une bonne part, dans le fondant, les vieilles scories des anciennes fusions, qui contiennent toujours un peu de métal précieux. On ne doit introduire les boues, mélangées de leur fondant, que quand le creuset est déjà chaud, et on ne l'introduit que petit à petit. On attend que la partie dans le creuset soit déjà

fondue pour introduire la deuxième partie. La troisième
sera introduite un peu avant que le tout soit en fusion, les
autres parties également. Si, malgré ces précautions, le contenu bouillait tumultueusement et menaçait de déborder,
on jetterait dans le creuset une petite pincée de sel, qui
calmerait instantanément l'ébullition. Lorsque le creuset
est presque plein (au plus à 25^{mm} du bord), on le hisse avec
un palan, suspendu au-dessus du four, et l'on vide le contenu
dans une lingotière. Les moules sont en fonte, coniques généralement, et assez grands pour pouvoir contenir le contenu
entier d'un creuset. Les scories sont broyées et passées au
tamis, où l'on recueille les particules de métal précieux qui
sont restées en elles. Le restant peut être gardé pour des
fusions nouvelles, ou est vendu à des traitants.

Un lingot de bas titre peut être notablement amélioré en
granulant le métal et en rôtissant les grains dans un moufle.
Les grains sont alors refondus, et le métal ainsi obtenu sera
brillant et mou. Ce procédé ne provoque aucune perte. Si les
boues contiennent beaucoup de zinc, on les fait rougir, et
le zinc se dégage en fumée (oxyde de zinc). Quand ce dégagement ne se fait plus, on considère le grillage comme terminé. On mélange alors très intimement ces boues grillées
avec le mélange suivant :

Boues grillées : 3000^g; bicarbonate de soude : 400^g; borax :
400^g; silice : 150^g. Toutefois, certains opérateurs recommandent de mélanger le sable siliceux avant le grillage, en
même temps que le nitre. Le nitre doit être mélangé avant
que les boues ne soient sèches, et ce n'est qu'après séchage
à basse température que l'on fait griller. On mélange les
boues avec une ou deux parties de nitre, rarement plus.

Si les boues sont passées à l'acide, on considère qu'il faut
215^{kg} d'acide et 3^{m3} d'eau chaude (3000 litres) pour traiter
100^{kg} de boues.

L'opération se conduit ainsi : Pour 100^{kg} de boues, on

prend 5o^{kg} d'acides que l'on mélange avec 25o litres d'eau. On verse le tout sur les boues. On ajoute alors, petit à petit, 5o^{kg} d'acide, 1o^{kg} par 1o^{kg}. S'il n'y a plus d'attaque, on arrête l'opération; mais si l'attaque continue, on versera de l'acide jusqu'à cessation de réaction.

Quand il n'y a plus d'attaque, on laisse déposer, on soutire le liquide clair, on lave copieusement, on soutire à nouveau (on lave ainsi 5 fois). Ensuite, les boues sont séchées et fondues.

Si les boues contenaient du plomb, on fondrait ces boues, après le traitement indiqué ci-dessus à l'acide, et après séchage, avec :

Poudre aurifère : 1^{kg} ; borax fondu : 25o^g ; bioxyde de manganèse : 35o^g à 4oo^g; sable siliceux : 2oo^g; carbonate de soude : 5oo^g.

Certains opérateurs conseillent de coupeler les boues après les avoir fondues avec de la litharge.

Boues sèches : 1^{kg} ; litharge : 6oo^g ; carbonate de soude : 2oo^g; borax : 1oo^g; sciure de bois : 15^g à 25^g.

Creusets. — Comme nous l'avons déjà vu, les creusets employés sont en plombagine. On emploie généralement les n°s 60 à 70, mais on peut utiliser aussi les n°s 40, 50, 60 et 70. Leur durée est de 8 à 1o fusions.

On peut encore, pour charger un creuset, le faire premièrement rougir au feu, et le laisser refroidir doucement à l'abri des courants d'air, jusqu'à la température de 1oo°. On y verse alors, presque au tiers, le mélange de fondants et de poudre de boues aurifères, mélange très intime. On met alors ce creuset sur un fromage ou sur un quartier de brique, mis bien ferme sur la grille du four à fusion, fromage qui a pour but d'éloigner le fond du creuset de la grille, et par conséquent de l'air froid qui entre par cette grille dans le four à fusion. Sur le fond de la grille, on dispose du combustible, en gros morceaux de la grosseur d'un œuf de poule jusqu'à la moitié de la hauteur du creuset. Sur ce combustible, on verse du combustible un peu plus petit jusqu'à la hauteur du bord du creuset. Sur ce dernier, on met une couche de 2^{cm} à 3^{cm} de charbon de bois, très petit, puis de la paille, et enfin du bois en petits morceaux ; c'est par le dessus que l'on allume le feu.

Il reste entendu que le ou les creusets ont été recouverts par un couvercle, en terre réfractaire ou en tôle. Quand le combustible a suffisamment été consommé, et qu'il a atteint la hauteur du bord du creuset, on retire le couvercle et l'on surveille la fusion pour recharger d'autre mélange. On a bien soin de ne pas laisser le combustible tomber trop bas, Pour éviter cela, on peut recharger avec du charbon de bois, mélangé de petit coke. Pour éviter de laisser tomber du mélange en dehors du creuset, lors de la recharge, on peut mettre la charge dans un morceau de papier bien sec, et l'on met le tout dans le creuset. Il faut, avant de verser le creuset dans les lingotières, que la fusion soit bien liquide, bien fluide, de façon à ce que rien n'adhère sur les parois du creuset, ou tout au moins le minimum de scories.

Nous avons dit que les scories pouvaient être vendues. Cependant, si par malheur la fusion avait été mal faite, il resterait beaucoup de petits globules de métal précieux disséminés dans la masse des scories. Dans ce cas, il faut écraser, pulvériser ces scories et les refondre dans un creuset ordinaire avec de la litharge et du fondant, et le plomb sera coupelé dans une coupelle.

DÉPENSES POUR LA FUSION DE L'OR.

Les dépenses pour cette manipulation varient beaucoup. Ainsi, quelques exemples montreront mieux que des explications.

Pour une récolte de 19^{kg},290 d'or, il fut employé :

325^{ks} d'acide à 0^{fr},90............... 292,50
30^{ks} de borax à 0^{fr},47............... 14,10
4^{ks},250 de carbonate soude à 0^{fr},50... 2,15
4^{ks},250 de spath fluor à 0^{fr},80....... 3,40
5 sacs de coke à 10^{fr},65............... 53,25
1 creuset, n° 60................... 34,60

Au total........... 437,20

soit 22^{fr},14 par kilogramme or fin.

Pour 18^{kg},040, les boues n'étant pas traitées à l'acide, les dépenses furent :

Borax........................... 31,10
Carbonate de soude.... 8,20
Spath fluor............... 6,85
Nitre........................... 3,15
Creuset, n° 60..................... 27,00
Charbon (300 ^{ks})................... 45,00
Main-d'œuvre 28,35

Au total........... 149,65

ou 8^{fr},29 le kilogramme.

On peut donc dire que ce prix est très variable, puisqu'il peut varier du simple au triple.

15. — PROCÉDÉ DIT DU « MULTIPLE TRAITEMENT ».

Depuis quelques années, il a été introduit un nouveau mode opératoire de cyanuration, que l'on appelle *multiple traitement*.

Partant de ceci : que dans une cuve à traitement (percolateur) les minerais ne sont pas tous et en toutes les parties également en contact avec les solutions de cyanure (il arrivait en effet que des nids entiers, lors du déchargement, n'avaient même pas été mouillés) ; d'autre part, voulant faciliter l'action de l'air sur les minerais, on a trouvé que, pour améliorer le rendement, il valait mieux ne pas effectuer le traitement dans une seule cuve. On a donc préconisé ceci : les minerais sont d'abord introduits dans un réservoir (vat), où ils sont soumis à un premier traitement au moyen d'une solution *faible* (0,02 à 0,03 pour 100) et 10 pour 100 en poids du minerai. On évacue cette solution, après 24 heures environ à deux jours, et on la remplace par une solution *moyenne* (0,05 à 0,1 pour 100) dans la proportion de 55 à 65 pour 100 en poids du minerai.

Quand les solutions sont évacuées, on vide ce réservoir, soit à la pelle, soit au moyen d'appareils spéciaux, et les sables sont transversés dans un deuxième réservoir, où ils continuent le traitement, par une solution *forte* (0,2 à 0,4 pour 100) et de 40 à 50 pour 100 en poids (36 à 48 heures), puis de nouveau avec 60 à 70 pour 100 d'une solution *moyenne* (36 à 48 heures), et enfin avec 45 à 65 pour 100 de solution *faible* (24 à 48 pour 100).

Si les sables sont peu riches, on les traitera plus économiquement de la façon suivante :

Dans le premier réservoir, à une première attaque de 10 pour 100 de solution *faible* pendant 24 heures, puis 20 pour 100 de *moyenne* (pendant 48 heures environ). Dans le deuxième, 45 à 50 pour 100 de solution *forte* (48 heures et plus), 15 à 25 pour 100 de *moyenne* (36 à 48 heures), et enfin 20 à 25 pour 100 de *faible* (36 à 48 heures).

Il est entendu qu'après ces solutions vidées, on lavera soigneusement les épuisés, à l'eau claire, comme nous l'avons déjà indiqué.

Pour vider et pour emplir les cuves d'attaque (vats, percolateurs), il existe de nombreux appareils : élévateurs, excavateurs, transporteurs, aérateurs, etc., dont l'emploi est certainement avantageux sous le rapport du rendement, mais dont les frais d'achat et d'entretien de conduite, etc.

n'ont pas toujours compensé les dépenses. Il faudra donc être très sceptique, en ce qui concerne les offres des constructeurs, et se livrer à de petites expériences de rendement, faites en petit sur quelques tonnes, au moyen d'appareils de fortune, faciles à construire sur le principe de ces appareils, qui ont le fâcheux défaut de coûter généralement très cher. Par exemple, on essaiera le principe des courroies transporteuses, en construisant un petit appareil de ce genre, ou en chargeant à la pelle sur une plaque où les sables mouillés sortant du premier réservoir seront préalablement ratissés à l'aide d'un rateau de bois, de façon à ce que toutes les parties viennent au contact de l'air. On fera un essai comparatif avec une partie transvasée seulement à la pelle, et l'on verra de quelle importance sera l'amélioration obtenue. Si cette amélioration était réellement importante, on se déciderait alors à acheter un aérateur spécial « Blaisdell Mixer » qui fait en grand ce que font en petit la plaque de fer et le rateau de bois.

Quant aux courroies transporteuses, leur emploi est le plus souvent économique, surtout là où la cuverie est importante par suite de la suppression de main-d'œuvre qu'elle entraîne. Ensuite, cette courroie transporteuse aide aussi à l'aération, en ce sens que, du fait de charger la courroie, on retourne une fois les minerais, lames par lames, et, en se déchargeant, celles-ci les retournent une deuxième fois. Pendant ces contacts avec l'air, il se produit aération sur ces deux faces.

Bref, il faut toujours comparer l'avantage que l'on tirerait de l'emploi d'un appareil avec le prix d'achat, de montage, d'entretien, et de conduite, avant d'en faire l'achat.

Ceci a surtout de l'importance quand il s'agit d'installer quelques-uns de ces appareils dits *classeurs*, et qui, si l'installation est un peu importante, exigera un grand nombre de ces appareils, qui coûtent très cher et ne rendent souvent

pas les services que l'on en attendait. On traite parfois avec
beaucoup plus de profit des sables pauvres, en les cyanurant
directement, que si on les classe et les concentre dans des
appareils spéciaux. Il est vrai que, quelquefois, le classement est absolument indispensable, comme nous l'avons
déjà vu.

16. — CLASSEURS.

Il y en a des quantités, dont beaucoup se ressemblent et
sont basés sur le même principe : telles sont, par exemple,
les tables à secousses; tables Wilfley, tables Dallemagne,
Frue Vanner, etc., basées sur ce principe que des boues
qui tombent sur un plan incliné, mobile ou non, mais battu
sur un des côtés par une came qui donne des chocs vifs et

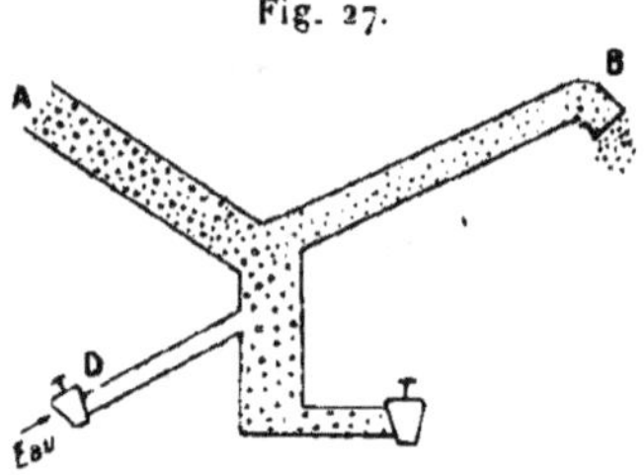

Fig. 27.

rapides, déterminent la séparation des éléments constituant ces boues, suivant leurs poids moléculaires.

D'autres sont basés sur ce principe, qu'un courant d'eau
d'une vitesse déterminée entraînera des éléments de même
masse. Tels sont, par exemple, les spitzluttes et tous les nombreux appareils basés sur le même principe.

Nous donnerons ici un aperçu du principe, car les spitzluttes peuvent parfois rendre des services.

Si, en A, on introduit du minerai de diverses grosseurs;
qu'en D, on fasse venir un courant d'eau facilement réglable,
les parties qui ne seront pas entraînées par le courant tom-

beront sur le fond F, les plus fines s'évacuant par B, où elles peuvent retourner dans un second appareil où le courant en D sera moins fort et déterminera encore un classement, etc.

Nous donnons ici un aperçu des vitesses nécessaires à l'entraînement.

Matériaux.	Vitesse du courant par seconde.
	^{cm} p. sec.
Slimes d'argile.......................	0,08
Sables très fins.......................	0,10
Sables...............................	0,16
Graviers, grosseur d'un pois	0,19
Graviers, grosseur d'une fève.............	0,32
Graviers, grosseur d'une noix (25^{mm})......	0,65
Graviers, grosseur d'un œuf de poule	1,00

TRAITEMENT DES CONCENTRÉS.

[Waibi (Nouvelle-Zélande).]

Les minerais, grossièrement broyés, sont envoyés sur des tables Wilfley. Les concentrés de ces tables sont ensuite broyés finement, dans deux tubes mills. Ces fins sont alors traités dans des cuves d'attaque, Ces cuves ont 2^m de diamètre et 5^m de haut. Pendant le traitement, ces concentrés sont soumis à l'agitation, par l'air comprimé. 19 de ces cuves, et 2 tubes mills, peuvent traiter 100 tonnes par 24 heures.

	Analyse des concentrés			
	avant traitement.	après traitement.	Extraction.	Pour 100.
Or... .	206,90	9,23	197,5	95,46
Ag	2985,90	200,90	2785,00	93,27

La précipitation est obtenue au moyen de zinc en limailles fines.

17 — SLIMES.

On appelle *slimes* des boues, autrement dit toutes espèces de matières, réduites en particules extrêmement ténues, mouillées, égouttées, pendant 24 heures, qui contiennent encore 3o pour 1oo d'humidité, s'agglutinent facilement et présentent certaines propriétés plastiques.

Quoi que l'on fasse, le broyage donne toujours une certaine proportion de ces poudres fines, capables de produire des *slimes*, ou boues, et, suivant la nature des minerais, cette proportion peut aller de 10 à 15 pour 100 pour les quartz et roches dures, jusqu'à 4o et même 5o pour 1oo dans les roches tendres tels que les talcs.

Nous avons vu que ces boues nuisent à l'attaque des sables. On a donc beaucoup cherché à s'en débarrasser.

Quand ces slimes se trouvent dans un liquide, elles le troublent, le souillent et se déposent parfois très lentement.

La température a une très grande action sur la précipitation en dépôt des particules constituant ces slimes. Ainsi, vers o°, la précipitation est extrêmement lente; à 1oo°, elle ne se fait plus du tout, la circulation des molécules, due à la chaleur, empêchant tout dépôt en entraînant les particules dans le mouvement. Il a été observé que la température la plus propice était la moyenne, environ entre 53° et 54°.

18. — PRÉCIPITATION DES SLIMES.

D'autre part, il a été démontré que la présence de certains corps, dans l'eau qui contient ces slimes, favorisait dans d'énormes proportions le dépôt de ces slimes, en suspension dans cette eau : le sel marin, le chlorure de baryum, l'alun, l'acide sulfurique, la chaux, etc. Il a été en outre observé que cette précipitation se fait indépendamment du nombre des particules de slimes en suspension, mais seulement suivant une proportion entre le précipitant et l'eau chargée de slimes, cette quantité de slimes ayant peu et même pas d'action, quant à leur volume.

L'action précipitante est parfois très forte : les eaux du Mississipi, chargées de boues très fines qui exigent 12 à 16 jours de repos pour être précipitées par simple repos, sont clarifiées, après 12 heures, par l'addition d'alun, au bout de 16 heures par l'addition d'eau de mer, en 24 heures par addition de chaux.

Dans les mines, on a cherché à traiter sur ce principe les eaux chargées de boues aurifères, *slimes* en langage de mine. On a adopté généralement, dans les mines, la chaux comme précipitant; et, pour que le dépôt se fasse dans des conditions parfaites, on a admis comme une règle de donner aux bassins de dépôt des dimensions telles que le dépôt qui s'y forme ne soit que de la quinzième partie du volume total : eau et boues.

Cette précipitation à la chaux est des plus avantageuses, en ce sens que l'expérience a démontré que la présence de la chaux favorise l'amalgamation dans la proportion de 5o à 55 : 5o sans chaux, et 55 avec chaux, soit donc 10 pour 100. Enfin, cette chaux neutralise ce que les sables peuvent avoir d'acidité.

La quantité de chaux à employer est d'ailleurs liée à cette acidité, et peut varier de 50^g à 100^g par tonne d'eau ; et, si l'on considère le poids, on peut dire que pour précipiter une tonne de slimes, considérés secs, il faut compter de 1^{kg} à 4^{kg} de chaux.

19. — MATÉRIAUX A EMPLOYER EN CYANURATION.

Avant d'aller plus loin, nous dirons tout de suite qu'en cyanuration les seuls matériaux à employer sont : le bois, le fer, le ciment, la pierre, la fonte, l'acier, les fibres de coco d'amiante ou asbeste, de jute, de lin, en général tous les produits textiles ; et les lubrifiants seront des lubrifiants minéraux : vaseline, etc.

20. — TRAITEMENT DES SLIMES.

Les slimes sont envoyés dans de grands réservoirs où le dépôt s'effectue. Environ au bout de 10 heures, la masse des slimes précipitée est pompée et envoyée dans un autre réservoir, où l'on réunit plusieurs de ces masses. Les réservoirs de précipitation sont généralement très grands : 12^m à 16^m de diamètre et 3^m à 4^m de profondeur.

Nous venons de voir que le temps de précipitation est d'environ 12 heures.

Dans les réservoirs d'attaque, on donne environ 3 tonnes et demie de solution par tonne de minerai.

Pendant tout le temps de l'attaque, la masse (solution et slimes) est brassée.

Ce brassage se produit au moyen de trois procédés : soit par des appareils dits *de brassage;* soit au moyen d'une circulation que l'on établit à l'aide d'une pompe, en prenant les solutions et slimes par-dessous la cuve de traitement, et reversant le tout par dessus; soit à l'air sous pression.

Dans ces deux derniers cas, le fond des cuves est conique, et la pente est de 1 pour 5 ou 7.

Ce brassage est maintenu pendant 6, 7 et même parfois 16 heures.

Dans certains cas, ce temps est même prolongé jusqu'à 24 et 36 heures.

Après ce brassage, la masse est laissée en repos, pour qu'elle puisse déposer. Dès qu'une lame de liquide de 10^{cm} est claire, on la soutire, et cette opération est continuée en épuisant le liquide clair au fur et à mesure de sa production, pendant un temps qui varie de 50 à 60 heures.

Quand l'épuisement est complet, la solution est alors remplacée par une autre, plus faible (0,07 à 0,01 pour 100) en K Cy, et les opérations ci-dessus décrites recommencent.

Ensuite, les épuisés sont pompés, et quelquefois rejetés tels quels.

L'opération totale a duré de 6 à 8 jours.

En jetant les slimes, seulement décantés, on jette en même temps 30 pour 100 de solution.

On peut récupérer cette solution en épuisant les slimes par des filtres-presses. Il existe plusieurs façons de procéder, toutes donnant de bons résultats.

On peut : 1° débarrasser même de l'eau les slimes, avant de les envoyer aux cuves de traitement ; l'eau que ces slimes renferment, diluant en effet les solutions ; les slimes secs sont alors traités, et souvent l'attaque a lieu dans les filtres-presses mêmes.

2° On peut envoyer les eaux boueuses dans des réservoirs, comme nous l'avons déjà mentionné, mais on ne les

Fig. 28.

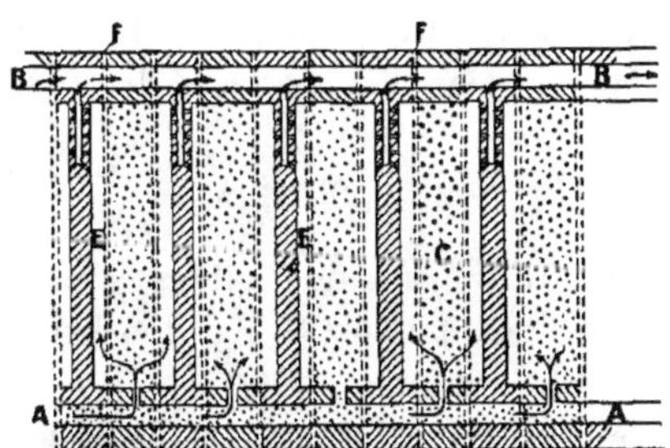

laisse déposer qu'en partie (50 pour 100), et l'on épuise d'eau cette masse, et les slimes sont encore traités aux filtres-presses.

3º Enfin, on peut envoyer les slimes séchés, soit d'une façon, soit d'une autre, à des cuves d'attaque où se fera le traitement. Les slimes épuisés sont renvoyés à des filtres-presses qui épuisent les solutions, laissant les sables à l'état sec pour être rejetés.

La différence des deux méthodes : rejeter les slimes non séchés ou les faire passer par des filtres-presses, est la suivante : par la première méthode, la récupération de l'or est de 65 à 70 pour 100; par la seconde, elle peut aller à 95 pour 100.

Le titrage des solutions des slimes est généralement faible : la solution forte est habituellement de 0,03 pour 100, les solutions faibles de 0,007 à 0,01.

Ces solutions donnent de mauvais résultats lorsque l'on veut précipiter l'or dans des cuves à zinc. On a donc tourné la difficulté en mélangeant ensemble les solutions provenant du traitement des sables avec celles provenant du traitement des slimes : cela fait une moyenne de 0,02 à 0,06 pour 100, qui se prête bien à la précipitation.

Réemploi des solutions. — Souvent la même solution sert deux fois avant d'être envoyée à la précipitation de l'or. Ce procédé permet d'économiser de grosses quantités de solutions.

24. — CUVERIE.

Les cuves de traitement des sables sont généralement calculées comme devant avoir 675 à 700 litres de capacité par tonne de sable à traiter.

Les cuves où l'on réunit les sables, pour leur donner un commencement de traitement, sont calculées sur une base de 575 à 600 litres par tonne de sable à traiter.

Pour ce traitement, on compte 1 jour pour emplir, 1 jour pour vider, plus le nombre de jours de traitement : 5, 6,

7 (?). Pour réunir les sables, on compte 1 jour pour réunir, 1 jour ou 2 pour déposer et traiter, et 1 jour pour vider.

En supposant le traitement de 6 jours, on devra donc calculer la cuverie d'attaque pour 8 jours, et la cuverie de dépôt pour 4 jours. La première sera obtenue en multipliant le nombre de jours par le nombre de tonnes de sable à traiter journellement, multipliées par le chiffre correspondant : 700; la deuxième, le coefficient sera 600.

La cuverie doit être calculée pour avoir le moins de cuves possible. Il est beaucoup plus avantageux d'avoir de grandes cuves qu'un grand nombre de petites. Le meilleur moyen est de construire des cuves suffisamment grandes pour pouvoir n'avoir qu'un jeu de cuves par journée de travail, chaque cuve pouvant contenir la masse de sable journalière produite et à traiter.

Les cuves pour slimes sont calculées comme devant contenir une partie de slimes et 4 de liquide d'attaque : autrement dit, on établit que 1 tonne de slime cube environ 400 litres; mais comme il faut 4 tonnes de liquide pour une de traitement, cela représente 4^{m^3}, soit au total $4^{m^3},400$ à $4^{m^3},500$.

Le temps à prévoir est de 6 à 8 jours.

Si donc on prévoit un traitement journalier de 100 tonnes, cela fera : $100 \times 4,400 = 440^{m^3}$; si le traitement est de 7 jours : $440 \times 7 = 3,080^{m^3}$.

Pour un réservoir ou cuve de $2^m,32$ de hauteur sur 13^m de diamètre, pouvant traiter de 425 à 430 tonnes de minerai, les douves en bois devront être faites dans des pièces de 80^{mm} d'épaisseur, au moins, sur 150^{mm} à 200^{mm} de largeur.

Les cercles seront espacés irrégulièrement, allant en diminuant d'écartement au fur et à mesure que l'on approche du fond, c'est-à-dire à mesure que la pression augmente sur les parois (*fig.* 29).

Le premier cercle sera placé à 10^{cm} du bord supérieur, et le dernier sera placé à la hauteur du fond.

Fig. 29.

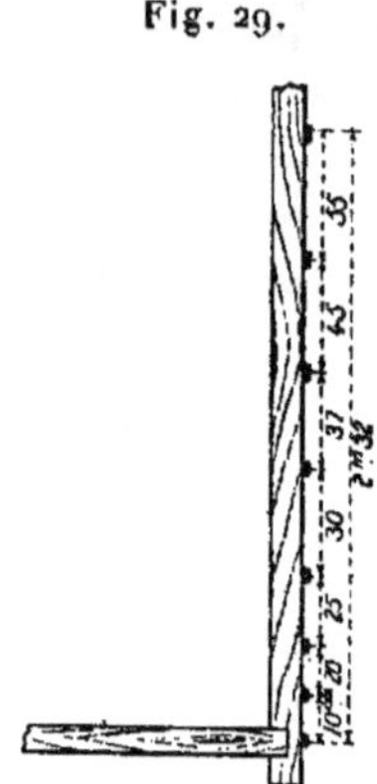

Ces cercles sont en fer plat de 32^{mm} de large et de 14^{mm} d'épaisseur ; une patte en équerre est rivée fortement aux

Fig. 30.

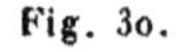

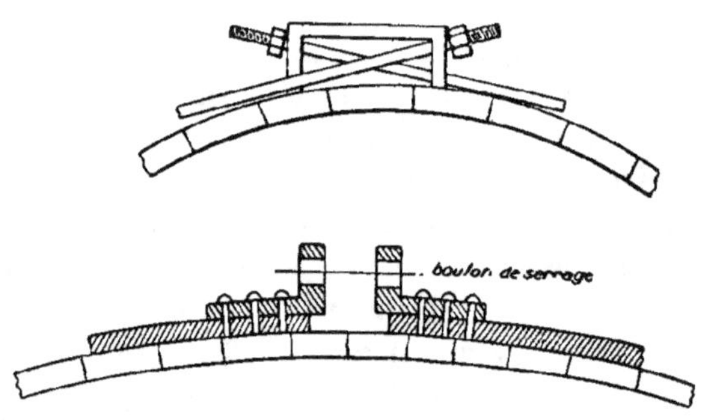

extrémités, cette patte étant plus large et plus épaisse que celle du fer du cercle : 40^{mm} de large $\times$ 18. La partie en équerre est percée d'un trou, *à chaud*, de façon à ne pas diminuer de la force du fer, et c'est par ce trou que passe le boulon de serrage des cercles.

Chaque cercle est constitué par deux ou trois segments (deux ou trois arcs).

Le boulon de serrage a 32^{mm} ou 35^{mm} et sera en acier.

Toutefois, ces fers plats peuvent être remplacés par des fers ronds de 32^{mm}, renforcés aux bouts par des morceaux de 36^{mm} et de 300 de long.

Le serrage se fait alors sur une pièce d'assemblage (*fig.* 3o).

Le fond. — Le fond des cuves est construit en bois de même épaisseur que celui qui constitue les parois. Les diverses pièces qui constituent ce fond sont préalablement assemblées et chevronnées sur des traverses en bois plus fort (dans le cas des cuves ci-dessus, ces chevrons auront 120 × 240, et seront placés à o^{cm},3o d'axe en axe.

Ces traverses reposent sur les fermes qui recouvrent la fondation qui entoure le tunnel, ou qui forme pont au-dessus du système de vidange (*fig.* 3i).

Fig. 3i.

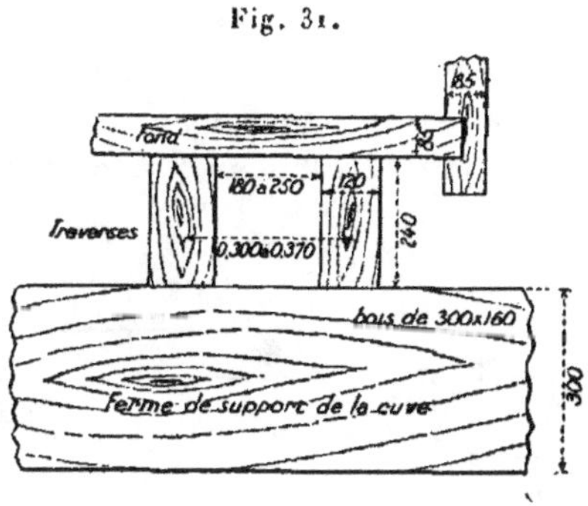

Fond filtrant. — Sur ce fond, on place un caillebottis qui doit supporter les tapis filtrants. Ce caillebottis est constitué par des lamelles de bois de 25^{mm} × 20^{mm}, à plat,

clouées sur des traverses un peu plus fortes : 5o × 3o sur
champ, placées à 10^{cm} d'axe en axe. Les lamelles ont entre
elles 25^{mm} d'écartement. C'est sur ce caillebottis que l'on
place les tapis filtrants.

Ceux-ci sont en général des tapis en fibre de coco ou de
jute, recouverts dans certaines exploitations de toile à sac.

Pour éviter que les hommes, en déchargeant à la pelle
les sables de la cuve, n'aillent trop avant et déchirent ce
filtre, on place sur ce tapis des pièces en bois de 4o^{mm} × 3o^{mm}
qui servent à indiquer que l'on approche du fond. Le plus
souvent, on garnit, comme nous l'avons déjà dit, le fond des
cuves d'une couche de graviers.

Enfin, lorsque la vidange des cuves se fait par des trous
percés sur le fond des cuves, les pièces métalliques qui traversent le fond, le filtre et la couche de graviers, indiquent
la limite de déchargement.

Déchargement. — Depuis quelques années, il a été reconnu
que le déchargement par le fond avait des avantages. On
a donc établi des trous de décharge par le fond. Ce sont des
trous de 0^m,4o de diamètre, percés dans le fond des cuves.
Sur le pourtour de ces trous, on fixe des pièces métalliques
qui forment à l'intérieur une sorte de cheminée, et, à l'extérieur, une sorte de rebord sur lequel vient s'encastrer une

Fig. 32.

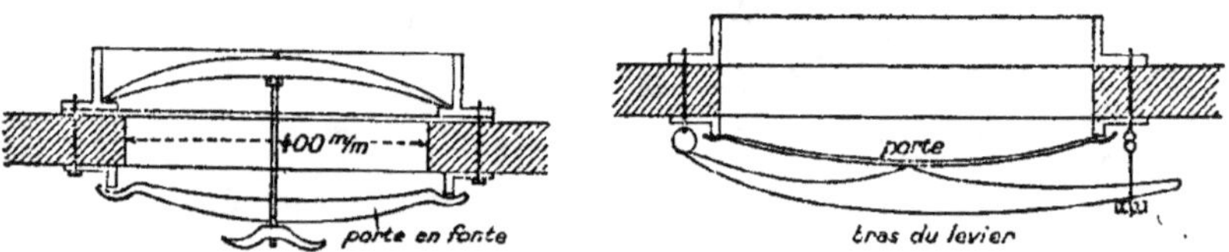

porte en fonte ou en tôle d'acier embouti, maintenue en place
soit par un boulon, soit par un bras de levier, comme l'expliquent les croquis ci-dessus (*fig.* 32).

La cheminée intérieure traverse toute l'épaisseur du fond
du tamis et de la couche de graviers. Quand la cuve est
remise en état de rechargement, on garnit le tube qui dépasse
de sable, sur le dessus duquel on étale une couche d'argile
bien grasse, qui forme joint étanche.

Pour le déchargement, on ouvre la porte, et par le dessus
on perce un trou dans la masse des sables, et l'on aide à la
vidange au moyen d'un jet d'eau sous pression.

22. — PROCÉDÉ BROWN.

Voici, à titre d'exemple, le procédé suivi par une mine
d'or de France, qui exploite des quartz à sulfures et mispickel, avec des rognons à galène, avec or visible, mais dans
ce dernier cas seulement. Les teneurs de ces quartz sont
d'environ 20^g à la tonne. Le traitement est double : amalgamation, et épuisement des tailings par le procédé *Brown.*

Le minerai, à sa sortie de la mine, est préalablement concassé et réduit en cailloutis. Ce cailloutis est alors conduit
à des pilons de 600^{kg} et 700^{kg} par pilon.

Ces pilons réduisent le quartz en sable grossier, et ce sable
passe sur des tables d'amalgamation; car le broyage en
bocards se fait en présence de mercure, et l'amalgamation
se fait dans les mortiers. L'amalgame sort des bocards et
se fixe sur les tables d'amalgamation, en cuivre amalgamé.
La plus grosse partie de l'or se dépose sur ces tables, sous
forme d'amalgame.

L'amalgamation est terminée.

A leur sortie des tables, les sables, ou tailings, sont évacués dans des rigoles en bois, et vont à des tubs-mills, qu'on
appelle dans cette mine des *canons broyeurs*, dans lesquels
le sable est broyé à un degré de finesse variant de 80 à 160.

Ce mélange est envoyé sur des tapis cribleurs, à mouvement longitudinal; les fines de 140 et au delà passant par
les mailles, les numéros plus gros sont retenus et sont

renvoyés, par une courroie transporteuse, pour un nouveau rebroyage plus énergique.

Les sables passant au travers des mailles n° 140 minimum sont alors évacués, par un caniveau, vers une cuve de dépôt; mais, sur le parcours, un filet de lait de chaux neutralise l'acidité des sables. Cette cuve de dépôt reçoit les sables et l'eau ; les sables tombent au fond de la cuve, mais un lent mouvement empêche le tassement sur le fond, et fait que ce sable retient suffisamment d'eau pour garder l'aspect d'une boue fluide. Cette cuve de dépôt prend du reste le nom de *cuve d'agitation*, par suite du mouvement mécanique lent dont nous venons de parler. Les sables, en se déposant, se séparent par conséquent de l'eau, qui s'évacue par le bord supérieur de la cuve.

Enfin, quand la masse de boue est suffisante pour constituer une charge, on reprend cette boue au moyen de pompes, et on l'envoie à la cuve *Brown* dite *agitator Brown*, très haute cuve à fond conique pouvant contenir 200 tonnes environ.

Dans cette cuve, le sable boueux est mélangé à environ 2 fois et demie son poids de solution cyanurée, et la masse entière, solution et boues, est brassée, au moyen de l'air comprimé, par des machines de compression.

Pour faire ressortir l'économie du procédé, nous ajouterons qu'avant de mettre en pratique le procédé ci-dessus décrit, la mine en question reprenait les sables sortant des bocards et les broyait à nouveau, jusqu'aux n°s 60 à 80. Ces sables étaient alors conduits à des cuves de cyanuration, *double traitement* que nous avons longuement expliqué précédemment. Le traitement exigeait de 8 à 9 jours pour un épuisement de 92 pour 100 environ, et nécessitait une grosse dépense de main-d'œuvre et de manipulations.

Actuellement, les sables sont traités en 8 heures, quelquefois 7 heures, et l'épuisement est alors de 97 pour 100 environ, quelquefois 98 pour 100.

Les sables qui, avant, étaient rejetés avec une teneur d'environ 1^g à la tonne, ne tiennent plus maintenant que quelques dixièmes de gramme.

L'épuisement des liqueurs provenant du filtrage des boues épuisées par le traitement se fait au moyen des cuves à zinc, à compartimentage sinueux, haut bas, bas haut, etc. L'épuisement est virtuellement total, puisque les solutions épuisées, c'est-à-dire à leur sortie des cuves à zinc, ne contiennent plus que de faibles traces d'or.

23. — PROCÉDÉS CHIMIQUES DIVERS.

Enfin, il existe des procédés de dissolution de l'or par d'autres métalloïdes, tels que, par exemple, le brome.

Ces procédés, extrêmement récents, sont peu connus, et n'ont encore permis de tirer des renseignements bien définis, ni bien probants. En deux mots, ils n'ont pas encore reçu une consécration bien large de la pratique.

Pour terminer ce Chapitre, nous dirons aussi qu'il existe des minerais qui sont traités plutôt pour un autre métal que pour l'or; tels sont, par exemple, les minerais de cuivre du Montana, etc.

L'or apporte un bon appoint dans les bénéfices de l'affaire, mais, en somme, le traitement des minerais est celui du cuivre, et l'or n'y est traité qu'accessoirement.

Nous ne pouvons donc pas entrer dans le traitement de ces minerais, qui sont du domaine de la métallurgie du métal dominant.

Cependant, certaines mines d'antimoine se sont franchement converties en mines d'or, le métal exploité au début étant devenu, en profondeur, fortement chargé de particules d'or, au point de devenir plutôt minerai aurifère que minerai antimoinifère : France, Portugal, etc.

CHAPITRE VI.

DEVIS ET RENSEIGNEMENTS.

1. — COUT D'ÉTABLISSEMENT D'UNE INSTALLATION.

Le coût d'une installation est assez variable. Cependant, on peut admettre une moyenne de 5o^{fr} par tonne de capacité. Dans ce prix sont fournis les divers appareils nécessaires : roues à tailings, pompes, classeurs, etc.

Par exemple, à Johannesburg, une installation pour traitement simple, avec fondation en pierre et ciment, *cuverie en bois*, devant traiter 20 000 tonnes par mois, a été entreprise pour 3o^{fr} la tonne. Par contre, le même entrepreneur a demandé 65^{fr} par tonne pour une installation, plus petite, de 5ooo tonnes par mois. Une installation de « double tiers traitement », pour 10 000 tonnes mensuelles, fut construite sur le prix de 75^{fr} par tonne, et sur une moyenne de 100^{fr} par tonne pour petite installation.

Dans l'ouest australien, une installation pour simple traitement de 2000 tonnes par mois revient à environ 35^{fr} la tonne.

Aux États-Unis, une installation moyenne de cuverie et classeurs revient à environ 5o^{fr} par tonne.

Rappelons, en passant, que le tonnage nécessaire pour simple traitement est, en regard du tonnage pour double traitement, comme 35 est à 5o.

2. — COUT DU TRAITEMENT.

Le coût du traitement est lié à une foule de dépenses : cyanure, produits chimiques, zinc, plomb, force motrice, administration, salaires, combustible, entretien, réparations, lumière, laboratoire, etc.

Le cyanure coûte en moyenne 2^{fr} le kilog, en l'achetant en gros, ce qui, pour une dépense minimum de 160^g de cyanure par tonne de minerai, donne une dépense de 0^{fr},30 pour l'emploi de solution à 0,1 pour 100, et de 0^{fr},60 et 0^{fr},85 pour l'emploi de solutions à 0,25 pour 100.

Chaux grasse. — Remplace maintenant presque partout l'emploi de la soude caustique, lorsque les minerais ne sont pas excessivement acides. La dépense est d'environ 3 ou 5 centimes par tonne, en mettant le prix de la chaux à 50^{fr} la tonne (600^g à 1^{kg}) par tonne de minerai. Cependant, pour des minerais très acides et contenant du cuivre, la dépense peut atteindre 1^{fr},50 (30^{kg} de chaux) par tonne de minerai. Il est juste d'ajouter que, dans ce dernier cas, il serait sans doute plus avantageux d'employer la soude caustique pour neutraliser l'acidité.

Zinc. — En dehors du prix du zinc, il faut ajouter le prix de la main-d'œuvre pour le découpage au tour des tournures de zinc. Un homme un peu exercé peut produire 25^{kg} de tournures fines en 8 heures. On établit généralement la dépense sur une consommation de 150^g à 175^g de tournure. En admettant donc que cette tournure prête revienne à 1^{fr},20 le kilogramme, la dépense sera d'environ 0^{fr},20 par tonne; et si ces tournures sont préalablement traitées par l'acétate de plomb, avant leur emploi dans les caisses à zinc, nous mettrons la dépense pour le zinc à 0^{fr},25. Toutefois, si l'on pousse très loin la récupération, c'est-à-dire si l'on veut se rapprocher d'un épuisement théorique, la dépense en zinc sera beaucoup plus élevée.

Précipitation par courant électrique. — D'après les comptes rendus de nombreuses installations, il résulte que la dépense varie de 0^{fr},25 à 0^{fr},30 par tonne, main-d'œuvre comprise.

3. — MAIN-D'ŒUVRE EN GÉNÉRAL.

La main-d'œuvre varie énormément de pays à pays, et, étant données ces différences, nous donnerons le prix de revient par pays.

Coût de la main-d'œuvre pour cyanuration.

Pays.	Traitement par mois en tonnes.				
	1000.	2000.	5000.	10000.	20000.
Australie.......	14,25	7,30	3,10	1,75	1,50
Afr. S	26	13,25	6,70	4,00	2,10
U. S. A.........	23	11,50	4,50	2,80	1,55

4. — PRIX DE REVIENT POUR DIVERS SERVICES.

Salaires en centimes par heure.	Remplissage : wagonnets.	Vidange à la pelle. Réservoirs.	Vidange à l'eau. Réservoirs.	Remorquage des wagons (200^m) aux réservoirs.	Remorquage chaq. 100 suppl.	Nettoyage, entretien.
0,20	11,10	2,5	0,6 à 1,3	3,3	0,9	0,3
0,40	22,2	5	1,2 à 2,6	6,6	1,8	0,5
0,60	33,3	7,5	1,8 à 3,8	9,9	2,7	0,8
0,80	44,4	10	2,4 à 5	13,2	6,6	1,0
0,90	50	11,3	2,7 à 5,6	14,9	4,1	1,1
1,00	55,6	12,5	3 à 6,3	16,6	4,5	1,3
1,40	77,8	17,5	4,2 à 8,2	23,2	6,4	1,8

Ces prix doivent être augmentés d'environ un tiers quand on emploie de la main-d'œuvre de couleur.

5. — TACHES POUR DIVERS TRAVAUX.

Remplissage à la pelle des wagonnets (1^{m3} en 20 minutes). — Comme le travail n'est pas continu, mais n'est que les deux cinquièmes environ du temps de présence, le travail réel moyen d'un homme est d'environ 1^t,5 par heure.

Remorquage des wagons sur 200^m *à main.* — 5 tonnes environ par heure ou un peu moins d'une tonne en 10 minutes. On ajoute 2 minutes environ par chaque 100^m supplémentaires de voie.

Vidange des réservoirs : à la pelle. — 7 tonnes environ par heure pour un réservoir de $2^m,50$ de haut..

Vidange des réservoirs : à l'eau (eau sous faible pression). — On peut vider 15 tonnes de sable à l'heure. Avec 2^{kg} de pression, une manche à eau de 5^{cm} de diamètre et un jet de 12^{mm}, on peut vider 45 tonnes.

Avec la main-d'œuvre de couleur, il faut diminuer ces chiffres de 1/3.

6. — REMORQUAGE.

Quand la mine est à une certaine distance des appareils de traitement, on amène les minerais par un petit chemin de fer, au moyen de petits wagonnets.

La vitesse de remorquage doit être calculée sur 6^{km} à l'heure pour un wagonnet, et l'on accorde au conducteur 5 minutes pour la charge et 2 minutes pour la décharge. Quand une mule remorque deux wagonnets, on calcule la vitesse sur 4^{km}, et trois wagonnets sur 3^{km} environ.

Coût du remorquage en centimes.

Salaires du conducteur et prix de revient de la mule (heure).	1 wagonnet.		2 wagonnets.		3 wagonnets.	
	500^m.	1000^m.	1000^m.	2000^m.	1500^m.	2500^m.
fr.	fr.	fr.	fr.	fr.	fr.	fr.
0,80....	18	24,8	21,9	29,4	22,1	29,4
1,00....	22,5	31,0	27,4	36,7	27,6	36,7
1,20....	27	37,3	32,8	44,1	33,2	44,1
1,40....	31,5	43,5	38,3	51,5	38,7	51,4
1,60....	36,0	49,7	43,8	58,9	44,2	58,8
1,80....	40,5	55,9	49,2	66,1	49,7	66,1

Quand le remorquage est effectué par câble, le prix de revient est encore plus bas, et varie de $0^{fr},10$ à $0^{fr},55$ par tonne pour 400 tonnes par jour, suivant que la force motrice est produite spécialement pour cet objet, ou que l'on emprunte une force bon marché telle que la force hydraulique. Les prix les plus élevés comprennent les salaires d'un mécanicien et de son chauffeur. Pour le reste, sont compris les salaires des hommes au chargement (1 ou 2) et de l'homme employé au déchargement.

7. — ENTRETIEN, RÉPARATIONS, AMORTISSEMENT.

On admet généralement que ce Chapitre peut exiger 0,75 à 1 pour 100 du capital d'achat de l'installation.

L'amortissement doit être calculé sur la quantité de minerai à traiter et non sur la durée possible du matériel, celui-ci pouvant encore être neuf lorsque le gisement se trouve épuisé.

Exemple. — Une mine qui aurait à traiter 2 400 000 tonnes de minerai, à raison de 20 000 tonnes de minerai par mois, et qui aura coûté 65^{fr} par tonne pour son installation, soit 1 250 000^{fr}. Cette somme de 1 250 000^{fr} devra être récupérée en 10 ans, puisqu'il n'y a que pour 10 ans de minerai.

Le coût supplémentaire par tonne sera donc 52 centimes.

8. — PRIX DE REVIENT D'UNE TONNE TRAITÉE.

Sables Kalgoorlie (le broyage fait sous eau 4000 tonnes par mois).

	fr.
Cyanure	1,82
Chaux	0,25
Zinc	0,10
Charbon	0,66
Mécanicien	0,24
Direction (cyanuration)	0,21
Emplissage et vidange. Cuves	2,39
Reprise vieux tailings	0,47
Produits divers	0,19
Entretien. Réparations	0,47
Essais	0,17
Grillage	0,05
Condensation de l'eau	0,34
	7,36

Slimes Golden Horshoe (4000 tonnes par mois, frais de direction partagés).

	fr.
Cyanure	2,36
Zinc	0,18
Combustible	0,92
Vapeur (y compris personnel)	0,46
Direction	0,61
Rebroyage à slimes	0,67
Déchargement des presses	1,37
Divers et réparations	1,56
Toile filtrante	0,42
Essais et fusions	0,30
Courtage et divers	0,38
Condensation de l'eau	0,75
Eau salée	0,46
Air comprimé	0,70
	11,14

Dans ces deux installations, les frais de direction sont partagés entre les traitements de sables et de slimes.

Sables, Nouvelles-Galles du Sud (2000 tonnes par mois).

	fr.
Cyanure	1,36
Chaux	0,05
Produits chimiques divers	0,05
Zinc	0,17
Vapeur	0,12
Direction	0,47
Remplissage et vidange	1,28
Main-d'œuvre extra	0,10
Charpentier	0,01
Coke	0,06
Divers	0,05
	3,72

Sables, États-Unis d'Amérique (3600 tonnes par mois).

	fr.
Cyanure	0,75
Chaux	0,01
Zinc	0,11
Combustible	0,25
Travail des réservoirs	0,65
Décharge des tailings	0,50
Réparations et huile	0,14
Chimiste	0,09
Direction	0,50
	3,00

Sables, Afrique du Sud (3500 tonnes par mois).

	fr.
Cyanuration	8,14
Réparations	0,29
Essais	0,18
Administration	0,27
Dépenses diverses	0,40
	9,20

On voit donc que, suivant les prix des marchandises et le procédé employé, suivant la qualité des minerais, le prix de revient du traitement peut varier de 3^{fr} par tonne à plus de 10^{fr} ; il y a même des exploitations où le prix a dépassé 25^{fr} par tonne.

9. — PRIX GLOBAL D'UNE INSTALLATION COMPLÈTE DE BROYAGE ET TRAITEMENT.

On admet généralement que le prix global d'une installation complète, comprenant: les broyeurs, classeurs, tuyauterie, chemin de fer, bâtiments, pompes, filtres-presses, cuverie, machines diverses, laboratoires, etc., peut être établi sur une somme de 450^{fr} pour les grosses installations, 500^{fr} pour les moyennes (4000 à 5000 tonnes mensuelles) ct 55o^{fr} à 6oo^{fr} pour les petites installations, par tonne traitée mensuellement.

Prix de quelques produits achetés en Europe,
en centimes par kilog.

	fr.
Cyanure	2,00
Litharge	0,50
Borax	0,50
» fondu	1,40
Bicarbonate de soude	0,20
Soude caustique	3,00
Acide sulfurique	0,80
Feuilles de fer	0,25
» de plomb	0,80
» de zinc	0,60
Creuset plombagine, n° 60	26 à 3o
Poudre d'os	0,65
Combustible	?

CHAPITRE VII.

Les alluvions, sables aurifères, cailloux roulés, sont traités de nombreuses façons.

Nous avons indiqué que l'or s'y trouvait à l'état libre, en particules très fines ou en pépites.

Ces alluvions, ou terres aurifères, sont traitées presque toujours par voie hydraulique, dans des appareils spéciaux, et la récupération de l'or est basée sur un principe de gravitation, et sur la plus grande difficulté que présente l'or à être entraîné par l'eau que les autres minéraux qui l'accompagnent.

Il existe de nombreux appareils pour ce traitement, depuis la batée jusqu'aux dragues de rivière ou de champs alluvionnaires.

Nous allons passer ces appareils en revue, en donnant d'eux une description suffisante pour en expliquer le fonctionnement.

Batées. — Il existe trois sortes de batées : la batée conique, la batée à fond plat, et la batée en forme de morceau de gouttière.

La batée conique est, à notre avis, celle qui convient le mieux pour déterminer des teneurs (*fig.* 10).

C'est un cône en tôle mince, de 0^m,45 de diamètre de base à 0^m,60, et de 0^m,10 à 0^m,15 de hauteur ou profondeur.

En parlant de l'étude des minerais, nous avons écrit la façon de procéder pour se servir de cet appareil.

Il existe des batées coniques en bois qui ont cet inconvénient de se craqueler. De plus, le bois, aussi dur soit-il,

est toujours parsemé des pores dans lesquels l'or très fin
vient se loger, et si cette batée est utilisée pour prospection,
il devient alors difficile de se rendre compte exactement des

Fig. 33.

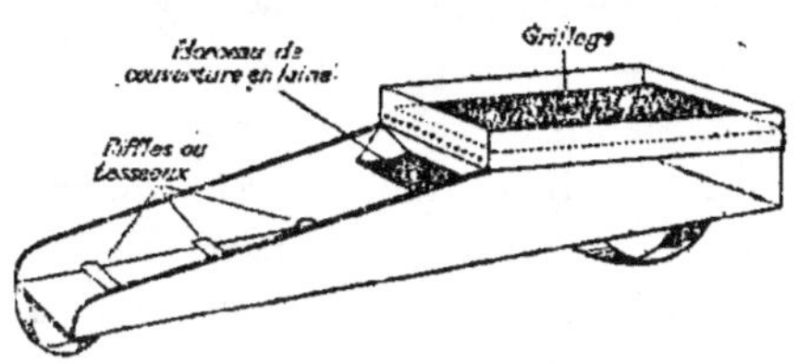

teneurs. Mais si la batée doit uniquement servir à l'exploitation, les batées en bois ont cet avantage d'être légères à
la main en les manœuvrant dans l'eau.

La batée à fond plat, très utilisée en Amérique du Nord,
se nomme *pan*, ce qui signifie *poêle à frire*, et par le fait elle
en a un peu la forme. Le diamètre de base varie de $0^m,45$
à $0^m,50$, et le creux est de $0^m,10$ à $0^m,12$.

L'exploitation au pan est beaucoup plus rapide que
l'exploitation à la batée conique. Toutefois, l'or fin, très fin,
se sauve plus facilement (*fig.* 11).

La charge utile d'une batée varie de 4 à 5 litres, soit de
5^{kg} à 8^{kg} de terre ou sable. Un homme très adroit peut laver
un demi-mètre cube par jour.

La batée en auge n'est guère utilisée que par quelques
peuplades. C'est une sorte d'auge, un morceau de gouttière,
qui se manœuvre en *berçant* l'instrument.

Actuellement, il existe peu d'exploitations employant les
batées comme instruments de travail. Quelques peuplades
de Guinée, de la Guyane, quelques orpailleurs du Brésil
(Minas), se servent encore de ces instruments, mais en général, lorsque le travail peut être conduit par trois individus,
les batées sont abandonnées et ne servent plus que pour
l'étude des placers, pour trouver les bons endroits ou re-

chercher des placers neufs, ou établir une teneur sur les minerais extraits à un moment donné.

Le berceau californien. — L'usage de cet instrument tend à disparaître. Son fonctionnement se comprend à la simple vue (*fig.* 33).

On verse les minerais dans une sorte de boîte dont le fond est un crible; on imprime à l'appareil un mouvement de va-et-vient, comme à un berceau d'enfant, d'où son nom. Par suite de ce mouvement, les matériaux se désagrègent, et, entraînées par l'eau, les particules assez fines passent par le crible pour s'en aller sur une sorte de table, recouverte ou non par une couverture en laine, mais sectionnée par des tasseaux en bois qui arrêtent le courant, et derrière lesquels on verse un peu de mercure qui a pour but de retenir l'or en l'amalgamant.

Avec cet instrument, deux hommes peuvent travailler 2^{m^3} à 3^{m^3} par jour.

Le *long tom* est un peu différent, en ce sens que le mouvement de va-et-vient est remplacé par un malaxage des matériaux, au moyen d'une sorte de houe à l'aide de laquelle on remue constamment le contenu de la caisse où l'on a versé les minerais, et dans laquelle également on introduit de l'eau. A part cette différence dans le débourbage des matériaux, le reste de la construction est, à peu de chose près, semblable au berceau californien.

Cet appareil a, du reste, été souvent perfectionné, notamment en Guyane, où pourtant il continue à porter le même nom de *long tom* auquel certains *bricoleurs* ou *orpailleurs* libres donnent aussi le nom d'*instrument.*

Toutefois, les long toms de Guyane sont munis de *Under current,* c'est-à-dire d'un dispositif qui permet de ne traiter que les sables, en retenant sur une sorte de grille les matériaux plus gros, notamment les boules d'argile, que des femmes délaient; ces boules d'argile ramassent souvent, en étant malaxées avec les matériaux aurifères, les parcelles d'or avec lesquelles elles entrent en contact. Elles s'enrichissent donc fortement, et c'est pourquoi les exploitants ont eu l'idée de retenir ces boules d'argile qui *volent*, disent-ils, les productions, ce qui est du reste vrai, et de les déliter à la main. Ce sont habituellement des femmes qui sont chargées de ce travail.

Le long tom s'appelle aussi *auge sibérienne*, lorsqu'il est employé en Sibérie; mais le nom nouveau n'a rien changé au principe, ni au fonctionnement.

Les *sluices*, de forme, de longueur et dimensions variables, suivant la nature des terrains que l'on travaille, sont en somme des rigoles dans lesquelles les matériaux, entraînés par l'eau, se déposent sur le fond.

Ce fond est garni d'un revêtement et aussi de tasseaux, que dans la pratique on a baptisé du nom anglais de *rifles*, ayant pour but d'arrêter les particules d'or. Ces rifles ont le même but que les tasseaux des appareils précédents, qui est d'arrêter dans leur course sur le fond les éléments pesants tels que l'or. Le revêtement peut être un pavage de quartz, du métal déployé, entre les mailles duquel les morceaux de quartz viennent se loger, formant ainsi un véritable pavage, ayant cet avantage sur le pavage réel en pavés de quartz que les cailloux anguleux forment sur le fond une couche particulièrement raboteuse qui a l'avantage de briser, d'user ensuite, les boules d'argile qui passent à leur surface. Comme nous l'avons expliqué en parlant ci-dessus des long toms guyanais, les boules d'argile, en roulant, agglutinent l'or avec lequel elles viennent en contact, et parfois ces boules sont remarquablement enrichies. Il y a donc un gros intérêt à les diviser, de façon à remettre en liberté l'or qui s'est trouvé agglutiné, collé sur ces boules.

Étant remis en liberté, cet or vient se loger entre les mor-

ceaux de cailloux, où il se trouve à l'abri du courant qui
pourrait l'entraîner à nouveau.

Pour aider encore à ce but d'abriter l'or déposé, on dispose
souvent sur le fond même des sluices, au-dessous du métal
déployé, généralement à très larges mailles, des tapis en tissus
de coco ou de pita, en fibres d'aloès, etc., tapis très grossiers,
présentant de nombreuses barbes entre lesquelles les parcelles
d'or viennent se loger et s'accrocher, surtout si les poussières d'or sont un peu rugueuses et garnies d'aspérités.

Enfin, sur le parcours des matériaux, le fond du sluice,
ou des sluices, est interrompu par une sorte de récipient qui

Fig. 34.

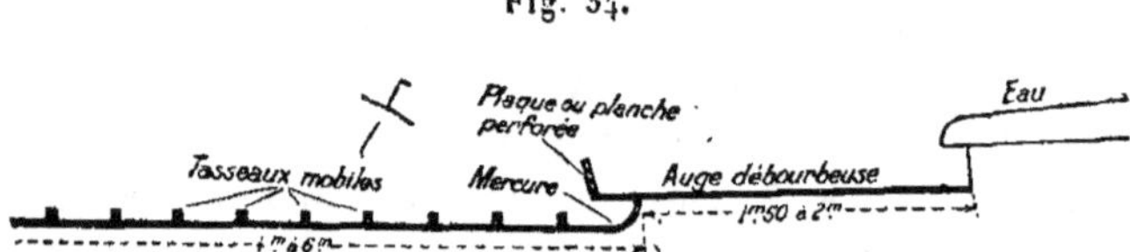

reçoit le nom de *quick sylver trapp*, qui signifie trappe à mercure, que l'on remplit, comme son nom l'indique, de mercure
qui absorbe l'or qui passe à sa surface, et le garde dans sa
masse sous forme d'amalgame.

De nombreux perfectionnements sont parfois apportés à
ces sluices, sous forme d'*under current* qui ont pour but
de retenir les parties grosses des matériaux, ne laissant
passer que les parties fines et les sables, ce qui évite l'encombrement des sluices. On dispose encore, à la fin de ces sluices,
des tables plus ou moins perfectionnées, dites *tables de récupération*, qui ne reçoivent que les sables les plus fins. Sur ces
tables, dont la superficie est généralement très grande, le
courant de l'eau est très faible, et les sables peuvent donc se
déposer, pour peu qu'ils aient un peu de *masse*, et ne plus se
trouver entraînés par le courant de l'eau. On garnit également ces tables avec des tissus, dont de la peluche, des

tapis de laine, des tapis fins de fibres de coco ou d'aloès,
du métal déployé à mailles fines, des rifles, etc. Ces divers
obstacles à l'entraînement sont employés chacun suivant
le degré de limpidité de l'eau qui entraîne les sables. Il est
bien entendu que l'on ne garnira pas les tables avec des tapis
de laine là où les minerais sont très épaissis par de l'argile,
qui aurait tôt fait d'encrasser les pores de la laine, d'engluer
les mailles du tissu, rendant ces tapis absolument inutiles
après quelques heures de travail.

C'est pour déterminer le garnissage à employer que nous
avons conseillé, lors des prospections, de faire de petits
essais de traitement, avec des appareils de fortune, qui
fixeront l'opinion de l'ingénieur.

Dans certains placers, l'enlèvement des minerais, c'est-
à-dire le terrassement, s'opère à la pelle et à la pioche ;
à bras d'homme, la tâche journalière varie suivant les pays,
et nous croyons pouvoir dire qu'une bonne moyenne est
établie en Guyane, où elle est de 8^{m3} par jour et par homme.

Pour fixer les idées, nous dirons que les alluvions guyanais
sont formés d'une argile blanchâtre compacte, avec une forte
proportion de sable et de quartz, en morceaux parfois volumineux, et que cette sorte de minerai nous semble être
assez dure à travailler à la pelle.

Dans d'autres placers, le minerai est extrait au moyen
de dragues, dont nous parlerons après, car ces appareils
constituent par eux-mêmes un instrument de traitement.

Quand le placer peut être travaillé en butte, on se sert
enfin de *monitors*, sortes de jets très puissants dont quelques-
uns peuvent lancer sur le front d'attaque jusqu'à 600 litres,
et même plus, par seconde.

Il est nécessaire, pour cela, d'avoir beaucoup d'eau à sa
disposition ; le plus souvent cette méthode est employée là
où l'on peut établir de grands barrages au travers de cours
d'eau, et l'eau qui s'accumule dans ces sortes de lacs arti-

ficiels est alors utilisée à plusieurs dizaines de kilomètres de là, à 60^m, 100^m, 150^m en contre-bas, et elle y est amenée soit par des conduits en bois appelés *flumes* qui traversent parfois d'énormes vallées, à la façon d'acqueducs sinueux (sinuosité nécessaire à leur établissement, afin de permettre de donner plus de résistance contre l'action des vents, ces flumes étant souvent perchés très haut et supportés par des supports en troncs d'arbres, établis avec une réelle hardiesse). Parfois, cette eau est amenée au moyen de gros tubes en tôle d'acier, dont l'épaisseur est calculée suivant la pression intérieure et le diamètre suivant le débit qu'ils doivent assurer, tout en tenant compte de la distance à franchir, étant données les courbes inévitables et les résistances intérieures.

La pression minimum à envisager est d'environ 40^m de hauteur de chute, colonne d'eau, et cette pression doit être prévue fortement supérieure si le front d'attaque est très élevé. Il faut, en effet, se tenir à l'abri des éboulements qui se produisent et qui, si les monitors étaient situés trop près, risqueraient de tout emporter: travailleurs et matériel.

Nous avons vu des éboulements, concernant des fronts d'attaque de 70^m de hauteur, produisant l'abatage de 25 000$^{m^3}$ de matériaux d'un coup.

L'eau pour le débourbage varie suivant la nature des minerais: il est, en effet, compréhensible qu'il est plus facile de débourber des sables bien propres que des terres provenant de la décomposition de roches magnésiennes et de feldspath, qui donnent quelquefois des matériaux argileux assez durs.

Toutefois, on estime que, pour des terres argileuses, on doit envisager la dépense de 15 à 18 litres d'eau pour délayer 1 litre de terre. Si les terres sont assez chargées de sables, on doit envisager une dépense de 10 à 12 litres par litre de terre. Si, maintenant, les minerais sont des sables agglutinés seulement par de l'argile, ou une terre argileuse, la dépense tombe à 7 et 10 litres par litre de terre. Toutefois, il faut, pour que les eaux formant la matière à traiter puissent laisser déposer les particules de métal, que la boue ainsi déterminée ne soit pas trop épaisse, et il faut donc que la proportion d'eau à minéraux ne descende jamais au-dessous de 7 à 8 litres. Si, par exemple, on doit dépiler des sables à graviers, non cimentés, et que 4 litres d'eau entraînent 1 litre de sable et gravier, il faudrait, à l'entrée des sluices, disposer un système d'arrosage qui verserait de l'eau à raison de 3 à 4 litres, de façon à rendre un peu de fluidité aux matériaux entraînés. Ce système d'arrosage a, en outre, le grand avantage de faire *la pluie* au-dessus de la nappe qui s'écoule, et de déterminer la précipitation, sur le fond, des poussières d'or qui pourraient flotter (or flottant) au-dessus, d'autant plus facilement que les eaux qui entraînent les sables sont plus épaisses, et par conséquent plus denses.

Cette addition d'eau est très utile lorsque les eaux d'entraînement ont tendance à enlever trop de matériaux et à prendre l'aspect de boues fluides ayant, s'il nous est permis de parler ainsi, l'aspect du chocolat au lait.

Il faut, nous le répétons, que les eaux à traiter soient fluides, très fluides, si l'on veut obtenir une bonne récupération. Si les eaux étaient boueuses, il arriverait que les particules d'or se trouveraient entraînées dans un milieu trop résistant pour leur permettre de se déposer sur le fond. Il faut que la pesanteur de ces éléments aurifères ne rencontre que le minimum de résistance pour tomber au fond.

Le monitor est, nous l'avons dit, un énorme jet, qui lance l'eau avec une pression calculée d'autant plus forte que le front d'attaque est plus haut ; cette pression est parfois de 180^m de colonne d'eau, et, dans ces conditions, il faut que le tube qui amène cette eau, tube que l'on nomme *colonne forcée*, soit soigneusement établi.

Le monitor se dirige au moyen d'un ajutage, qui permet d'orienter le jet dans une direction voulue ; il s'ensuit que l'obliquité du jet, par rapport à l'axe du monitor, détermine un couple de torsion, une sorte de tourniquet hydraulique, qui fait que le monitor évolue autour de son pivot, soit dans un plan horizontal, vertical, ou oblique, sans qu'il soit nécessaire pour l'homme chargé de sa conduite de faire d'effort. Cet homme se nomme un *nozzle-man*, du nom de *nozzle* qui sert à dénommer le bout du jet du monitor.

En général, les mines qui travaillent aux monitors travaillent également aux sluices, et, en Californie notamment, quelques-uns de ces sluices ont des dimensions énormes, ayant 2^m à 3^m de largeur, et quelquefois 2^{km} de long.

Les produits dépilés sont évacués dans une galerie souterraine, qui est percée dans le *bed rock*, ou roche du fond, et qui conduit les matériaux, parfois très loin, dans une vallée où se déversent les épuisés.

Il arrive, si les vallées ne possèdent pas de cours d'eau assez puissants pour entraîner cette masse de minerais, que ces vallées se trouvent rapidement obstruées, se comblant petit à petit.

Ces faits ont conduit le gouvernement des États-Unis, où cette industrie avait pris un grand développement au moment de la découverte de ce procédé, à interdire tout simplement ce genre de travail, très productif il est vrai, mais qui, par contre, ruinait les propriétaires établis au long de ces vallées.

Certaines rivières, anciennement navigables, ont été presque complètement obstruées, au point que certaines d'entre elles ont disparu en tant que navigabilité.

Cependant, ce procédé est encore employé dans certaines contrées où les circonstances le permettent, soit que des cours d'eau à débit torrentueux permettent l'évacuation des tailings produits, soit que le voisinage des habitants ne soit pas autrement gênant.

Lorsque l'on ne dispose pas de réserve d'eau naturelle, bien placée pour déterminer une pression, on y supplée par l'emploi de pompes puissantes, comme c'est notamment le cas dans la municipalité de Campanha, au Brésil, dans l'État de Minas, où l'on dépile des minerais partie terreux, partie sablonneux, où l'on a capté une petite rivière qui donne la force motrice qui permet de donner 2000 HP et d'actionner trois moteurs triphasés de 400 HP chacun, actionnant trois pompes pouvant refouler ensemble 36000$^m³$ d'eau par 24 heures, soit 400 litres-seconde, à 110^m de hauteur, par une colonne forcée de 0^m,80 de diamètre, à 760^m de distance, dans un réservoir situé à 900^m de la mine, à une moyenne de 75^m au-dessus du niveau du bed rock, ou plancher de la mine.

La méthode par monitors, appelée plus communément procédé hydraulique, permet de travailler des terrains remarquablement pauvres ; par exemple, des terres ne tenant que 50 centimes au mètre cube parviennent encore à laisser d'appréciables bénéfices, lorsque les terrains ne sont pas trop difficiles à dépiler. Ce procédé ne nécessite, en effet, qu'un perssonnel extrêmement réduit, et la quantité de matériaux traités peut être considérable. Toutefois, nous pensons que ce chiffre de 0^{fr},50 est un minimum de teneurs à traiter, car en somme le matériel coûte cher, et son amortissement est à prévoir en peu d'années.

Dragues. — Les dragues sont des instruments qui flottent sur une nappe d'eau, que ce soit l'eau d'un étang, d'une rivière ou d'un champ creusé au-dessous du niveau hydrostatique, c'est-à-dire un étang artificiel.

Comme les dragues ayant pour but de nettoyer ou de creuser le fond des rivières que l'on veut maintenir à un niveau constant, ou approfondir dans le but de les rendre navigables, les dragues à or enlèvent, elles aussi, les matériaux du fond, mais dans le but de les débarrasser du métal précieux qui se trouve mélangé à ces matériaux posés sur le fond.

Certaines rivières sont encore en voie de formation de dépôts aurifères; certains étangs ont servi de réservoirs à des rivières charriant des sables aurifères, et les sables déposés sur leur fond sont parfois très riches; enfin, certains dépôts de sables, formés par les dépôts d'anciennes rivières, dont le cours actuel est souvent très éloigné de ces dépôts ou dont les sources ont été taries (Colorado, Californie), sont souvent très riches.

Leur disposition ne permettant pas de les exploiter par le procédé des monitors, et du reste le gouvernement Nord-Américain ne permettant plus ce genre d'exploitation, des ingénieurs ont eu l'idée de creuser ces placers jusqu'au-dessous du niveau hydrostatique, formant ainsi des étangs artificiels sur lesquels on fait flotter les dragues.

Une drague est un flotteur, sur lequel est disposée une série d'appareils, les uns destinés à creuser le fond et à remonter les matériaux ainsi enlevés et à les envoyer dans un appareil destiné à débourber ces matériaux de fond (tromel, grilles à secousses, etc.) et à en séparer par conséquent, par lavage, tous les éléments constitutifs : à débarrasser, en un mot, les sables des parties terreuses qui les agglutinent plus ou moins. Les parties terreuses et les cailloux sont évacués et rejetés, les parties sableuses passent sur des tables de récupération, garnies de tapis de métal déployé, de décrottoirs, etc., sur lesquels l'or se dépose. Le tromel, pour opérer cette séparation du sable et des parties plus grosses, est constitué par des plaques perforées, au travers desquelles le sable passe au fur et à mesure qu'il se trouve mis en liberté.

De l'eau sous pression est envoyée dans ce tromel, afin d'aider au débourbage, qui s'opère mécaniquement, par suite de la rotation qu'imprime au tromel une machinerie spéciale, rotation qui détermine un brassage énergique des matériaux, aidé en cela par la force de l'eau projetée dans l'intérieur du tromel.

Une courroie sans fin, servant d'élévateur, reprend les matériaux rebutés par le tromel, pour les rejeter loin en arrière de la drague, de façon à éviter l'encombrement à l'arrière.

Des treuils sont disposés de façon à pouvoir manœuvrer le flotteur par l'intermédiaire de câbles, le plus souvent en acier, dans toutes les directions.

Certaines dragues sont munies, pour cette manœuvre, de piquets très lourds qui s'enfoncent dans les roches du fond, et permettent, en créant ainsi un pivot, de réduire à deux le nombre des câbles de manœuvre.

Toutefois, ce dispositif présente de gros inconvénients, dont le moindre est le poids énorme de ces piquets, qui, lorsqu'on les relève, provoquent une gîte parfois dangereuse, surtout si la manœuvre de ces piquets est faite dans un courant un peu violent.

La plus grosse critique à faire aux dragues sont les arrêts constants, nécessités par les accidents des nombreuses machines qui sont nécessaires à bord.

Les arrêts sont fréquents, et, par suite, le manque à gagner, devient souvent un gros inconvénient. Il faut que le personnel mécanicien soit très habile et débrouillard, et ce sont malheureusement là des qualités qui ne se délivrent pas par diplômes.

Bien des exploitations, travaillées par dragues, étaient des réalités, et même d'excellentes affaires; mais le grand nombre d'arrêts, provoqués tantôt par une avarie à un treuil, tantôt par un accident à la transmission du mouvement au tromel, tantôt par un engagement de la chaîne à godets, puis par la manœuvre des câbles, parfois difficile, tous ces arrêts prenaient le plus clair du temps, et, les frais courant malgré tout, les affaires ont périclité et disparu.

Nous pensons qu'un remède pourrait être apporté à ce grave défaut.

Ce serait de construire les dragues de façon que tous les moteurs soient de même type, et tous actionnés à l'électricité, et voici la raison : qu'un treuil, par exemple, vienne à ne plus vouloir fonctionner. Si la machinerie de ce treuil est à vapeur, il faudra que le personnel mécanicien se livre à un démontage, toujours très long, et ceux qui connaissent les dragues en comprendront la raison par suite de la nécessité pour les constructeurs de placer tous les appareils les uns sur les autres, par suite du manque de place, ce qui fait que les démontages sont rendus remarquablement difficiles. Donc, si le moteur à vapeur est avarié, et le moins qui puisse enrayer la marche est une avarie de coussinets, il faudra donc perdre des heures à attendre la fin de cette réparation. Si ce moteur est électrique, et que celui-ci se refuse à fonctionner, sans perdre de temps en vaines recherches, le chef de drague fera démonter le moteur : 4 ou 6 écrous à desserrer, et fera mettre immédiatement en place un moteur de rechange.

Le moteur avarié, ou simplement grippé, sera visité à son temps, à l'atelier, pour être remis en place à l'occasion.

Si, maintenant, tous les moteurs sont de même type, l'avantage sera que le nombre de moteurs de rechange pourra être réduit à 2 ou 3. Ces moteurs de rechange sont du reste très bon marché, et ne peuvent pas être comparés, comme prix, aux moteurs à vapeur. Enfin, le poids des moteurs électriques est aussi un sérieux facteur. Leur emploi permettrait de réduire considérablement le poids surchargeant parfois les dragues.

Supposons une drague employant des moteurs de 10 HP pour ses treuils. On pourrait donc très bien s'arranger pour que toutes les installations soient actionnées par des groupes de moteurs de 10 HP. Tout au moins pourrait-on uniformiser le type des moteurs pour tous les treuils, qui seraient tous de 10 HP ; établir les pompes sur un type de 20 HP, ainsi que la commande du tromel, et disposer deux moteurs de 20 HP, accouplés, pour actionner la chaîne à godets.

Le seul moteur à vapeur serait la machine qui fournirait la force à la dynamo génératrice ; mais encore faudrait-il la choisir d'un type simple et robuste, et à marche pas trop rapide, c'est-à-dire à vitesse angulaire, assez réduite, quitte à payer un peu plus cher pour la dynamo génératrice.

Si nous insistons sur ce chapitre, c'est parce qu'il nous a été donné de connaître des exploitations sur lesquelles le malheur semblait s'être abattu : on réparait le moteur d'un treuil, 2 heures après c'était la pompe rotative qui était obligée d'être démontée ; cette avarie réparée, c'était au tour d'une pompe dont la garniture venait de partir, puis c'était un joint de vapeur qui nécessitait l'arrêt général pour la remise en état ; à peine avait-on terminé et remis en route qu'un entraînement d'eau dans la chaudière faisait sauter le plateau de cylindre de la machine actionnant le tromel. Cette exploitation fut, pendant un mois, presque continuellement arrêtée par suite d'avaries successives.

Nous appellerons aussi l'attention sur la vidange des cales, qui, par raison d'économies de construction, est souvent sacrifiée, faite seulement au moyen de syphons à vapeur dont le fonctionnement est souvent défectueux par suite de l'engorgement des tuyères d'injection par des débris de souillures de cales. Il est certain qu'une pompe de secours serait très utile pour venir en aide aux éjecteurs, dans le cas d'engorgement. Très souvent, en rivières, le courant fait donner une bande dangereuse au flotteur, et l'eau s'introduit dans les cales.

Par suite du mouvement donné brutalement à la drague, les boules de graisse sale qui se forment dans les cales par suite des suintements d'huile et de graisses qui sont employées dans les machineries, ces boules de souillures sont elles-mêmes mises en mouvement, et c'est précisément au moment où l'on aurait le plus besoin des éjecteurs que ceux-ci refusent tout service, alors qu'il est impossible d'entrer dans les cales par suite de la hauteur de l'eau.

Nous avons connu plusieurs accidents de naufrage, précisément dus au mauvais fonctionnement des éjecteurs au moment utile.

Certains constructeurs, pourtant connaissant leur affaire, sont forcés, pour combattre la concurrence, de sacrifier des *détails* de construction qui ont le grave inconvénient, plus tard, lors de l'exploitation, de compromettre la bonne marche générale de l'appareil. Le bon marché, en question de drague, est souvent très cher.

Pour quelques centaines de francs, de plus ou de moins, dans l'achat de la drague, on provoquera des arrêts, et il est alors bon de se souvenir que chaque arrêt, tout manque à gagner, est une dépense double, puisque, malgré l'arrêt, le personnel doit continer à être payé.

Une drague de 500 tonnes, par exemple, qui traite des matériaux de 1^s par tonne, qui fera par conséquent des recettes théoriques de 500^s, produit donc environ 20^s d'or par heure. Toute perte d'une heure de travail, coûte donc premièrement le prix de ces 20^s d'or, plus le salaire du personnel inoccupé.

Personnel. — On doit compter par quart un minimum établi comme suit, pour des dragues même de petite importance; ce sera donc un minimum, nous le répétons :

Un chef de quart, qui doit connaître, en dehors du métier de dragueur, les détails de construction et de conduite des machines. Ces qualités sont tout au moins *indispensables* au chef de drague.

Un mécanicien au moteur de commande de la chaîne à godets, 1 aide mécanicien pour les graissages des autres moteurs, 1 chauffeur, et 1 aide chauffeur, surtout si la chauffe est faite au bois, 1 homme aux treuils, 1 homme aux pompes.

On peut ajouter à cette liste 1 homme aux tables, pour désencombrer celles-ci après une manœuvre qui aurait fait trop giter la drague et provoqué l'encombrement.

Pour une drague de 600^{m3} par jour de 24 heures, voici l'équipage :

État-major : 1 chef dragueur, 1 chef mécanicien chargé du quart de jour.

Personnel : 1 chauffeur, 1 mécanicien, 1 aide mécanicien, 1 dragueur (aux treuils), 1 homme aux tables, 1 manœuvre, par quart. Lors de la manœuvre des câbles, le chauffeur, l'aide mécanicien, l'homme des tables et le manœuvre exécutent la manœuvre, le mécanicien veillant aux feux et le dragueur restant aux treuils.

Domestiques : 1 chasseur-pêcheur, 1 boy-cuisinier, 1 jardinier.

Bûcherons : 8 à 12 par quart.

Les godets de cette drague sont de 100 litres environ, et le travail de ces godets est de 15 à 16 godets par minute.

Frais par mois d'une drague de 30^{m3} à l'heure, travaillant de 6^h du matin à 10^h du soir :

État-major.

1 directeur	1200^{fr}
1 comptable	500
Nourriture	600
	2300

Drague.

18 hommes	2160^{fr}
Nourriture	1080
2 dragueurs	500
Nourriture	340
	4080

Services accessoires.

Magasinier	150
Nourriture	150
Boulanger	180
Cuisine, garçon	150
Jardinier	100
Divers	400
	1130

Atelier.

3 hommes	600
Nourriture	300
Chef mécanicien	600
Nourriture	300
	1800

Divers.

Bois	2985
Pétrole, graissage	300
Mercure	100
Imprévus	1365
	4700

En tout............ 14000 par mois.

En moyenne, pour une drague de 9 hommes par quart, le prix du mètre cube lavé est d'environ 0^{fr},50 à 0^{fr},80, sans y inclure les frais d'amortissement.

Il faut compter pour cet amortissement une durée de 5 ans.

Combustible : en théorie, il est établi qu'un cheval-vapeur exige 2^{kg},200 de bois bien sec. En pratique, il faut compter

de 5^kg à 8^kg de bon bois dur, et de bons chauffeurs, à condition que les moteurs soient à condensation.

Il faut compter sur 12 stères de bon bois dur par quart de 8 heures et par 50 HP.

Un bûcheron doit débiter au minimum 3^{m^3} par jour. Un bon bûcheron peut aller jusqu'à 6 stères. On aura avantage à faire débiter le bois, à forfait, à un prix déterminé par stère.

PRÉPARATION DE L'OR EN VUE DE LA VENTE.

Nous venons de voir comment on extrayait l'or de son minerai.

Soit que cet or ait été extrait chimiquement, soit qu'il ait été sorti dans des appareils de classement, dont font partie les sluices, dragues, etc., l'or doit subir une préparation.

Si le procédé employé a été un procédé chimique, l'or que l'on recueille des appareils se présente généralement sous forme d'une boue, qui n'indique pas du tout sa richesse : boue grise, boue noirâtre, renfermant encore de très nombreuses impuretés.

Dans ces conditions, il faut traiter les boues ainsi recueillies, par fusion, et nous avons indiqué, au Chapitre de la cyanuration, plusieurs recettes ou formules indiquant la marche à suivre.

Quand l'or est recueilli dans des appareils de lavage, sur des tables, dans les sluices, etc., on emploie généralement, pour éviter des pertes lors de la cueillette, que l'on nomme d'un terme anglais *clean up*, qui veut dire *nettoyage*, on emploie, disons-nous, du mercure, qui amalgame les poussières d'or retenues pas les divers dispositifs : tapis, décrottoirs, métal déployé, couvertures, tasseaux (riffles), etc. Cet amalgame agglutine l'or, le retient en formant une sorte de

mastic, plus ou moins fluide selon que la proportion de mercure est plus ou moins forte.

Ce produit est alors lavé dans des battées pour le débarrasser des petites poussières de sable noir, en majeure partie du fer oxydulé magnétique, que cet almalgame renferme. Lorsqu'on a lavé suffisamment cet amalgame, on le verse alors dans un morceau de peau de chamois, ou plus simplement dans un morceau de toile à tissu très serré, que l'on double ou quadruple, suivant que l'or des minerais est fin, moyen ou gros, et par pression on extrait, par filtrage au travers de cette peau ou de cette toile, le mercure en excès. Il ne reste plus, après cette opération, dans le filtre, qu'une boule plus ou moins volumineuse d'*or amalgamé*.

On ne peut songer à vendre cet or sous cet aspect peu avantageux, car la masse ainsi obtenue est d'un aspect grisâtre que rien ne décèle être de l'or, et qui pourrait tout aussi bien être du plomb amalgamé ou du zinc amalgamé, ou tout autre métal attaquable par le mercrue.

Il faut donc lui rendre autant que possible une couleur marchande, et pour cela on procède comme suit :

Deux cas peuvent se présenter : la boule d'amalgame est souillée par des matières graisseuses, ou cette boule d'amalgame est bien propre.

Premier cas, qui est celui, malheureusement, de beaucoup de dragues, dont le personnel peu soigneux laisse les graisseurs des paliers pleurer l'huile de graissage dans la goulotte. Les minerais sont alors au contact de cette huile, qui graisse l'or contenu. Ce grave défaut doit être soigneusement évité, car, outre que l'or recueilli est sale, beaucoup d'or fin, ainsi souillé par l'huile, est rendu flottant et se trouve entraîné en dehors des appareils de récupération.

Pour en revenir à la boule d'amalgame, sale, graisseuse, il faudra la laver très soigneusement dans une solution de

carbonate de soude ou de potasse, ou plus simplement avec du savon et de l'eau. Quand toute la graisse est bien éliminée, on se contente le plus souvent d'évaporer le mercure. Il est en effet très rare qu'un placer fasse fondre l'or de sa production ; on se contente de faire la séparation de l'or et du mercure.

Deuxième cas. — L'or est propre en sortant de l'amalgamation, et il n'est pas nécessaire de le nettoyer. C'est le cas qui se présente dans les placers où l'on n'emploie aucun appareil mécanique : pompe, etc.

Donc la boule d'amalgame est propre.

On peut alors, si la quantité d'or n'est que de quelques grammes, opérer comme les anciens chercheurs d'or et les orpailleurs actuels d'Afrique, de Guyane, etc.: on met la boule d'amalgame, en galette bien plate, sur une poêle à frire, que l'on expose à la flamme d'un foyer assez vif. On voit alors la couleur de la galette d'amalgame passer progressivement du gris au jaune pâle, puis au jaune franc.

Par ce procédé, le mercure se trouve perdu.

Généralement, on place la boule d'amalgame dans une feuille de papier, et cette boule enveloppée dans une sorte de cornue en fonte, dite *retord*.

Ce retord (*fig.* 35) est placé dans une sorte de petit four-

Fig. 35.

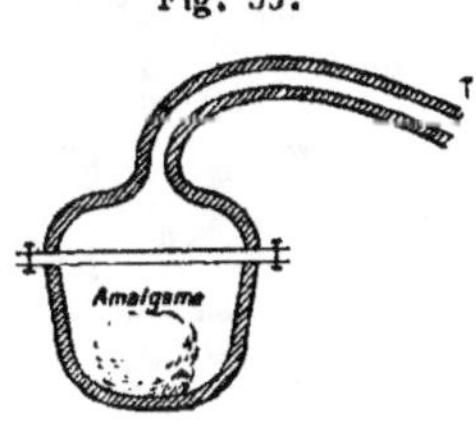

neau (*fig.* 36) que l'on chauffe la plupart du temps au charbon de bois. En chauffant, le mercure se transforme en vapeur et se dégage par le tuyau T, qui plonge dans un récipient quelconque qui se trouve être sur la figure une batée B.

Fig. 36.

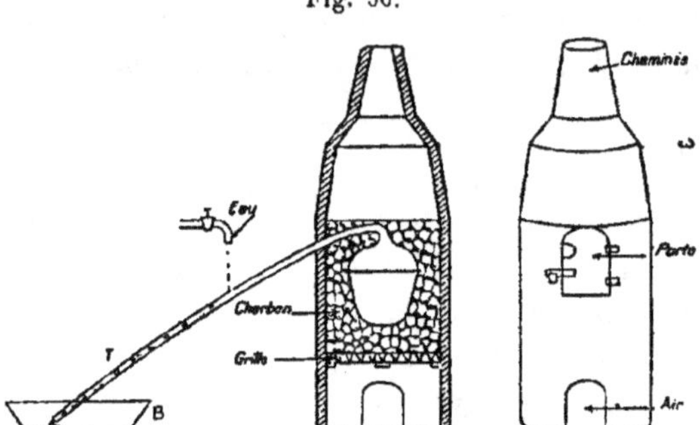

Autour du tube T, on fait couler de l'eau fraîche qui a pour but de refroidir ce tube, dans lequel les vapeurs de mercure se condensent et viennent se concentrer dans le fond de la batée. Le bout libre du tube doit plonger un peu dans l'eau, de façon que les quelques vapeurs de mercure non condensées, qui sortiraient, se trouvent refroidies par l'eau, en sortant.

On entoure la boule d'amalgame avec du papier, de façon à empêcher l'adhérence de l'or sur les parois du retord. Il se forme en effet, en brûlant, une mince couche de cendres de papier, qui isole la boule d'amalgame de la paroi en fonte et empêche l'adhérence.

CHAPITRE VIII.

CONSEILS DIVERS.

1. — HYGIÈNE AUX COLONIES.

Nous jugeons bon de donner ici quelques conseils d'hygiène et quelques recettes diverses. Ces conseils s'adressent plutôt aux débutants, à ceux qui vont dans la brousse pour la première fois, et qui ne se doutent pas de ce qu'est la vie loin de tout centre de réapprovisionnement.

Nous conseillerons donc à celui qui part dans la brousse d'emporter avec lui des livres, pour se distraire, en dehors de ses aides-mémoire ou autres livres scientifiques ; de s'abonner à quelques journaux et revues, de façon à recevoir de temps en temps des nouvelles, et d'être tenu à distance au courant de ce qui se passe.

Pour vivre aux colonies, il sied d'avoir par devers soi tout ce qui est nécessaire, et de ne pas compter sur le voisin pour se le procurer.

Il faudra donc bien veiller, avant de partir, à ce que la garde-robe soit bien pourvue, surtout des petites choses qui semblent superflues : savons, lacets de souliers, souliers, brosses à dents et pâte dentifrice, boutons de culotte et fil pour les recoudre, en n'oubliant pas les aiguilles et les ciseaux. Il faudra compter sur deux savonnettes par mois, et sur une paire de lacets pour le même temps.

Emporter plusieurs canifs de poche, à bon marché, à deux lames, une grande et une petite. On perd souvent ces accessoires, qui font grand défaut quand on en manque. Emporter plusieurs montres à bon marché, gardant une bonne montre ou un bon réveil-matin chez soi. Du reste, il sera utile de remettre souvent ces instruments à l'heure, et l'on se fie en cela sur les heures de lever et coucher du soleil, ou sur un cadran solaire que l'on construira facilement, et qui donne le midi exact.

Les vêtements coloniaux sont des vêtements de toile ; les vêtements en toile tannée, comme en portent les pêcheurs en mer, sont très commodes pour le mineur, en ce sens que les minerais étant le plus souvent ferrugineux, et par conséquent de couleur jaune brunâtre, ces vêtements sont bien moins salissants que les vêtements blancs, qui sont bons seulement dans les villes où l'on n'a aucun travail à faire. Les vêtements bleus de mécaniciens sont très bons aussi.

Nous conseillerons, comme souliers, les souliers dits *réservistes* à semelles renforcées et garnies de clous. Certaines colonies sont douées de la propriété de détruire rapidement les semelles ; telles sont notamment les contrées à latérite, sorte de terre rougeâtre, très dure, ayant un peu l'apparence de la brique bien cuite, et qui détruit une paire de souliers en quelques heures, si la semelle n'est pas bien solide.

On peut avoir, une fois chez soi, des chaussures plus légères, afin de se reposer les pieds.

Avec les procédés de lavage généralement usités aux colonies, il faut compter qu'un costume de toile ne va pas plus de 12 fois au lavage. Ce chiffre indique le nombre de costumes que l'on doit emporter.

Il faut se bien préserver du soleil ; pour cela, avoir un chapeau garantissant bien les yeux et la nuque, tout en ne gênant pas la tête.

Des chapeaux de jardin, en paille très bien tressée, garnis à l'extérieur de toile blanche, que l'on change à volonté, nous ont toujours donné toute satisfaction, quoique ayant été souvent en plein midi, en plein soleil.

Éviter de rester mouillé; au besoin, se dévêtir et faire sécher les vêtements au soleil, si l'on n'est pas à proximité de chez soi, pour les remettre une fois secs. Pendant le séchage, on se met à l'ombre.

Emporter avec soi de la quinine, que l'on prendra à petites doses, un peu chaque jour ou tous les deux jours, quitte à augmenter la dose en cas où l'appétit viendrait à disparaître en même temps que le sommeil deviendrait difficile la nuit.

Environ tous les mois, prendre environ 15^{gr} d'un sel purgatif quelconque; un mélange à parties égales de sulfate de soude et de sulfate de magnésie est un excellent laxatif pour cette circonstance mensuelle. Avoir soin de garder l'intestin libre. Il est bon de se munir de quelques boîtes de petites pastilles laxatives, à base de Phtaléine du phénol : Purgyl, Fructines-Vichy, Purgatifs Gaulois, etc. Avoir aussi quelques comprimés d'acide acétylsalicylique et quelques pilules de valérianate d'ammoniaque; celles-ci, pour les cas d'insomnie, peuvent être remplacées avantageusement, à condition de ne pas abuser, par le Véronal. Enfin, il sera bon de prendre, après le repas de midi, une tasse d'eau très chaude, dans laquelle on versera de 10 à 15 gouttes d'un mélange de deux tiers de teinture de camomille et un tiers de teinture de canelle.

Ce dernier traitement a pour but de maintenir l'estomac *ferme* et de remonter en même temps les forces.

Il sera bon d'emporter avec soi une petite pharmacie, composée comme suit : quelques bandes de pansement, 1^{kg} à 2^{kg} d'ouate hydrophile, des épingles de nourrice, quelques aiguilles à sutures dans un tube d'alcool, un peu de fil de soie pour ces sutures, également conservé dans un tube ou un flacon d'alcool, 250^{gr} de permanganate de potasse, 50^{gr} de teinture d'arnica, 5 à 6 tubes de comprimés de sublimé corrosif, 100^{gr} de vaseline pure, 20^{gr} d'une solution forte d'ammoniaque, 100^{gr} de camphre pour faire chez soi de l'alcool camphré, 1^{kg} de poudre de talc pour la bourbouille.

Le permanganate est utile comme désinfectant, et aussi pour des injections hypodermiques, en cas de morsures de serpent. Dans ce cas, on prend la moitié d'un paquet de 25^{cg}, que l'on verse dans 12^{cl} d'eau bien bouillante; on laisse refroidir, et l'on injecte, après fusion complète, 4 injections autour de la morsure, de 1^{cl} chacune. La teinture d'arnica est utile dans les cas de coups pouvant déterminer un dépôt sanguin; on peut s'en servir aussi pour faire revenir à soi une personne qui se trouve mal, ou qui a éprouvé une violente émotion : 2 gouttes sur un morceau de sucre. L'ammoniaque a le même but, en le faisant respirer, et peut servir aussi en cas de piqûre de scorpion ou de moustique, dont certaines déterminent des enflures très douloureuses. L'alcool camphré servira pour frictionner un nerf meurtri, et à faire des compresses, mélangé à l'eau salée ammoniacale en cas de coups de soleil. On emportera de la teinture d'iode, pour badigeonner des plaies ou coupures, et aussi pour se badigeonner la poitrine en cas de refroidissement. En cas de diarrhée, nous conseillerons le breuvage suivant : un verre de rhum dans lequel on verse quelques gouttes d'alcool camphré et d'alcool de menthe, 2 gouttes de laudanum, 1 jus de citron, beaucoup de sucre, que l'on fera fondre dans un tout petit peu d'eau, 1 jaune d'œuf; on bat le tout, et l'on avale. Si la diarrhée est consécutive d'une mauvaise digestion, on avalera une tasse d'eau très chaude avec du bicarbonate de soude, quelques gouttes d'alcool de menthe, et 20 gouttes de teinture de camomille. On emportera donc quelques flacons d'alcool de menthe et 20^{gr} de laudanum.

En cas de bilieuse, il est utile d'avoir en réserve de l'acide tartrique et du bicarbonate de soude, pour se fabriquer de l'eau fortement gazeuse pour combattre les vomissements. On met dans une bouteille, munie d'un bon bouchon, de l'eau, presque plein, puis on verse 10^{gr} de bicarbonate de soude, et l'on ajoutera 6^{gr} d'acide tartrique ou citrique ; on bouchera immédiatement et l'on agitera fortement. On n'ouvre qu'au moment de s'en servir. On se place sur le ventre des linges très chauds, que l'on renouvelle souvent. On prendra des pilules de Podophyline mélangée d'aloès, lorsque la crise sera passée, pour faire évacuer la bile, et l'on doublera la dose de quinine pendant quelques jours. Ne pas prendre de quinine pendant les accès de fièvre. Si l'on sent que l'on est *mal en train*, pour employer une expression répandue, on pourra essayer de conjuguer la crise ; mais, quand elle est déclarée, il faut s'abstenir de quinine, qui pourrait provoquer des accidents du côté de la rate et du foie. Pour essayer d'arrêter la crise, on peut absorber 1 ^{gr} de quinine toutes les 3 heures, en prenant du café, jusqu'à midi ; après midi, il n'en faut plus prendre, car ce breuvage pourrait empêcher le sommeil la nuit suivante, et le sommeil est ce dont on a le plus besoin lors des accès de fièvre. Quand l'accès se déclare, si l'on n'a pas pu l'enrayer, on se couvre fortement, en buvant des grogs chauds qui provoquent la sueur et soutiennent le malade ; on donnera si l'on veut, après le plus gros de l'accès, un peu d'aspirine, ou acide acétylsalicylique (50^{cg}) pour calmer les suites nerveuses, qui se déclarent avec un violent mal de tête.

Comme les pays coloniaux sont habités par de nombreuses espèces de serpents, dont quelques-unes sont particulièrement venimeuses, il sera prudent, pour courir la brousse, de se munir de jambières en cuir fort. Il est rare qu'un serpent morde au-dessus du mollet.

Enfin, pour les personnes sujettes aux maux de dents, nous indiquerons ici un remède qui a réussi à toutes les personnes auxquelles nous l'avons indiqué : faire dissoudre 5^{gr} de menthol dans 5^{gr} d'eucalyptol. Une goutte de ce remède sur la dent qui fait souffrir calme immédiatement la douleur.

Si l'on est sujet aux clous, on pourra faire fondre, avant son départ, 50^{gr} de vaseline blanche, 100^{gr} de cire jaune, 50^{gr} de saindoux, 100^{gr} de résine de sapin; quand le tout est bien fondu, on incorpore 30^{gr} de coaltar ou goudron de houille et 10^{gr} de litharge en poudre. On mélange bien, on verse dans un pot. Pour l'usage, mettre un peu de cette pommade sur un morceau d'ouate et l'appliquer sur le clou. Prendre aussi, tous les matins, 5^{gr} de bicarbonate de soude dans un verre d'eau chaude, et une pincée dans la boisson aux repas, et bien surveiller le ventre pour qu'il reste bien libre. On pourra aussi prendre, en guise de boisson, de la tisane de salsepareille ou de pensée sauvage.

Enfin, quand on a seulement de petits accès de fièvre, on facilitera la transpiration de même manière que pour les gros accès, mais on prendra, au lieu d'alcool, des boissons rafraîchissantes, à base de citron et d'eau gazeuse, fabriquée, si l'on ne possède pas d'appareil à sparkletts, comme nous l'avons indiqué plus haut, avec du bicarbonate de soude et de l'acide tartrique ou citrique. On se changera le linge souvent, pour ne pas rester dans la moiteur de la transpiration qui résulte de la fièvre, transpiration parfois très abondante.

· Si cette transpiration était par trop abondante, on pourrait alors relever les forces du malade en lui donnant quelques boissons un peu alcoolisées par du rhum ou du tafia : une cuillerée à soupe dans un verre d'eau sucrée légèrement.

En cas de coup de soleil, prendre immédiatement un bain de pieds, à condition toutefois qu'il y ait plus de 2 heures écoulées depuis le dernier repas. On se placera sur la tête une compresse d'alcool camphré mélangé à de l'eau salée ammoniacale, à raison d'une cuillérée à soupe d'alcool camphré pour 1 litre d'eau très salée et un verre de tafia. Si l'on a de l'ammoniaque, on peut en ajouter la valeur d'une cuillérée à café. Ouvrir largement le col de la chemise, débou-tonner la ceinture, les poignets des manches et de la chemise, à la rigueur, donner de fortes claques sur les cuisses, et, si l'on a du piment, en badigeonner les mollets, en y ajoutant de la moutarde. Si l'on a des cantharides sous la main, en écraser quelques-unes sur les mollets. Tenir le malade allongé le plus possible, mais les pieds beaucoup plus bas que la tête. On placera donc le malade sur une table en relevant les pieds de cette table du côté tête, sur un banc ou sur des caisses. Donner de l'air le plus possible, en éloignant du malade tout ce qui pourrait le gêner dans sa respiration, tels que les parfums; à l'exception toutefois de l'eau de cologne, à condition qu'elle ne contienne pas de musc. On peut aider à la respiration à l'aide de vinaigre fort ou d'acide acétique, que l'on promène à quelque distance des narines.

Enfin, nous recommanderons aux futurs coloniaux de ne pas faire de la nuit le jour et du jour la nuit; les nuits sont aites pour dormir, surtout aux colonies. Ne pas faire d'abus d'alcools ou de boissons alcoolisées, que l'on réservera pour les jours d'indispositions. Surtout pas de ces boissons dites *apéritives*, et qui n'ont d'autre résultat que de vous introduire du liquide dans l'estomac, et de vous couper par conséquent l'appétit, tout en vous énervant.

Les nuits sont parfois très froides aux colonies; il faudra donc avoir en réserve de quoi se couvrir, c'est-à-dire deux bonnes couvertures de laine, qui seront du reste les bienvenues en cas d'accès de fièvre.

Nous conseillerons d'emporter un lit confortable. On fabrique des lits démontables, remarquablement bien compris, et sur lesquels on peut étendre un bon matelas de kapoc ou coton d'arbre, qui a l'immense avantage de ne pas se laisser pénétrer par l'humidité. Si l'endroit où se rend l'ingénieur est à proximté du chemin de fer, ou d'une voie navigable, nous lui recommanderons un lit avec sommier métallique, et toujours un matelas de kapoc.

Pour les repas, nous pensons qu'il est bon de bien déjeuner le matin, quelques minutes après le lever; de bien manger à midi, et de manger très peu le soir; surtout d'éviter de manger des choses lourdes à ce dernier repas : une soupe bien épaisse et quelques bananes, ou fruits cuits, ou compote de fruits secs.

Si le séjour à la colonie doit se prolonger plusieurs mois, nous recommanderons alors d'emporter quelques graines, ne serait-ce que des salades, des radis, des haricots.

2. — CULTURE POTAGÈRE ET CONSEILS DIVERS.

Nous donnons ci-dessous quelques conseils de culture potagère pour les colonies, car nous estimons que les légumes cuits sont une grande ressource pour la bonne santé, et sont même indispensables. On ne saurait impunément manger longtemps des conserves, qui finissent par altérer l'estomac, l'intestin, et par conséquent la résistivité de l'individu.

Dans la nourriture, nous dirons de ne pas abuser des salades vertes, et surtout des petits oignons crus. Du reste, l'oignon doit être employé avec beaucoup de modération aux colonies. La bière en bouteille est aussi déconseillée, car elle agit fortement sur le foie.

On peut se fabriquer des boissons gazeuses, très utiles pour les repas, telles que le *dolo* guinéen ou champagne de miel, le *vesou* guyanais ou bière de canne et d'ananas. Ce sont des boissons très peu alcoolisées et très agréables, étant gazeuses lorsqu'elles sont mises en bouteilles avant la fin de la fermentation.

On peut fabriquer cette boisson couramment en faisant fondre 500^{gr} de sucre dans 2 litres d'eau bouillante. On verse cette eau sucrée dans un petit baril de 20 à 25 litres, et, quand cette eau sucrée est froide, on ajoute l'épluchure de 6 ananas. Quand la fermentation est bien établie, on retire les épluchures, et on laisse fermenter encore 2 jours, et l'on met en bouteilles bien ficelées. Au bout de 3 ou 4 jours, on obtient une petite boisson très rafraîchissante, légèrement piquante et mousseuse, dont on peut boire impunément, sans crainte de s'enivrer. Lorsque l'on a retiré les épluchures, on peut ajouter aux 20 litres d'eau 2 litres de vin, ce qui donne un petite boisson rappelant la piquette des paysans de France, mais piquante et mousseuse.

JARDINAGE COLONIAL. — *Ail.* — Au début de la saison des pluies. Repiquées au doigt à 15^{cm} en tous sens. A l'ombre légère. Ne donne pas de graines à maturité; il faut donc faire venir la graine d'Europe, et la semer en boîte, dans de la terre riche. On la repique quand elle a la grosseur d'un cure-dent. Vient mal.

Artichaut. — Si le climat n'est pas trop chaud, on peut essayer de repiquer des drageons d'artichaut vert de Provence, au début de la saison des pluies. On fait dans ce but, deux mois avant, une petite pépinière de graines, dans une grande caisse de terre légère. On repique les plus beaux, les mieux venants, à 0^{m},80 en tous sens. Si les fruits ne poussent pas, on a toujours la ressource de manger les feuilles comme cardons : pour ce faire, on lie la plante, et on l'entoure de paille de brousse ou de feuilles de palme pour faire blanchir.

Aubergines. — On fait un semis en caisses, en saison sèche. On recouvre la boîte pour la préserver du soleil. Bien recouvrir les graines. On repique lorsque les pousses ont 5 ou 6 feuilles, à 0^{m},60 en tous sens, au plantoir, au début de la saison des pluies, en terrain bien remué.

On enlève la jeune plante, avec un paquet de terre, pour la replanter en place.

L'aubergine tend à prendre de la hauteur, et on la main-

P.   17

tient, lorsque cela devient nécessaire, avec un tuteur. Un pied ne doit pas donner plus de 7 à 8 fruits, on doit enlever le surplus.

Biner au pied de temps en temps.

Cardon. — Voir *artichaut.*

Carotte. — La meilleure à semer est la carotte Grelot, puis la carotte de Hollande. On sème en terrain bien remué, riche en feuilles mortes, pourries si possible. On sèmera en saison sèche, très clair, et recouvrera légèrement : 50^{gr} par are, en mélangeant la graine à du sable. Si les pousses sont très tassées, on peut éclaircir et repiquer les pousses arrachées en un autre endroit, en ayant soin de bien arroser ensuite. Les pieds repiqués deviennent souvent plus gros que les autres restés en place. On peut obtenir de la graine, mais il faut la préserver des oiseaux.

Céleri. — Vient très bien en pays chaud, en toutes saisons.

Faire une pépinière dans une caisse de terre, légère mais riche, en recouvrant légèrement la graine. Quand la pousse a 5^{cm} à 6^{cm} de haut, on la pique en place, en terrain riche, bien remué, à 0^{m},40 ou 0^{m},50 en tous sens. Arroser copieusement. On recouvre le pied, lorsqu'il est assez gros, avec des feuilles mortes ou des paillons, en ne laissant dépasser que les feuilles vertes. On peut obtenir de la graine, en choisissant les plus beaux pieds.

Cerfeuil. — Vient magnifiquement, en tous terrains bien remués. Semer souvent, pour avoir un produit constant (environ tous les mois).

Chicorée : Scarole, endive, etc. — Toutes les chicorées viennent très bien, en toutes saisons. On sème en caisse, et uand les pieds ont 5 ou 6 feuilles, on les repique dans un terrain bien remué, à o^m,40 en tous sens. On peut avoir de belles salades en deux mois. En saison des pluies, pour faire blanchir, recouvrir la plante d'une caisse. En saison sèche, arroser matin et soir, copieusement.

Si le terrain est riche, on obtient des produits superbes.

Chou. — Tous les choux viennent bien aux colonies, mais pomment difficilement.

On sème dans une caisse, très clair, peu recouvert. On repique à 3 ou 4 feuilles à o^m,50 en tous sens. Après avoir coupé les feuilles, on ne doit pas enlever les racines, qui donnent des rejets que l'on repique dans le terreau léger, et que l'on met en place définitivement lorsque les racines sont poussées. Ces pousses peuvent aussi être consommées comme choux de Bruxelles. Les choux ne donnent pas de graine.

Le chou-rave vient également très bien, et l'on en consomme les feuilles et la rave.

Chou chinois. — Vient également bien aux colonies, et est préférable comme consommation, car il est beaucoup moins échauffant.

Ciboule. — Donne de bons produits. On sème les graines en lignes distantes de 15^cm à 20^cm. On éclaircit les pieds, et l'on repique les enlevés. Quand les pieds deviennent forts, on peut les diviser et repiquer les parties.

Concombre. — Vient très bien dans les pays chauds. Nous recommanderons le concombre *Serpent*, qui devient très grand et donne un excellent légume cuit.

On le sème en place, en lignes distantes de 1^m, et à 75^cm. On fait un trou, dans lequel on met 3 graines que l'on recouvre de feuilles mortes et ensuite de terre. On ne garde que les pousses les plus belles, à raison de deux brins par trou. On arrache l'autre. De temps en temps, recouvrir de paillis pourri ou de feuilles pourries. En saison sèche, arroser copieusement.

Cresson. — Vient mal aux colonies, à moins que l'on puisse trouver un coin de ruisseau bien ombré, et pouvant être détourné, pour permettre aux graines de lever. On détourne donc un coin d'un ruisseau à l'abri du soleil, on enlève les herbes du fond, et l'on sème les graines de cresson qui poussent très rapidement. On laisse alors filtrer au travers du barrage un filet d'eau qui tiendra le semis bien humide, et, quand les plantes auront déjà quelque hauteur, on pourra augmenter l'épaisseur de l'eau, qui ne doit jamais dépasser 15^{cm} à 20^{cm} de hauteur.

Le cresson donne un produit sain qui se renouvelle tous les 15 jours.

Épinard. — Vient très mal aux colonies, où l'on trouve abondamment du reste des produits pouvant facilement le remplacer, tels que : feuilles de patates, d'amarante, de manioc, de baselle, de morelle, que l'on peut employer mélangées ou séparément, ainsi que les feuilles de radis.

Haricot. — En toutes saisons, surtout les espèces grimpantes : Soisson blanc, Sabre, Coco blanc, Nains-riz, Noir d'Alger, etc. On sèmera en poches espacées de 30^{cm}, à raison de 3 ou 4 graines par trou, à 3^{cm} environ de profondeur.

Une sorte de haricot, spéciale aux colonies, la *Dolique asperge*, donne des produits abondants, et le pied peut durer plusieurs années. Le Haricot d'Espagne est également à recommander, et se sème au pied des arbres, de même que le haricot de Lima. Tous les haricots exigent beaucoup d'arrosage, surtout pour être mangés verts.

Enfin, la Dolique bulbeuse donne une rave excellente que l'on accommode comme les pommes de terre, et vient en tous terrains, mais les graines sont très vénéneuses.

Laitue. — Vient bien pour manger très petite, mais monte très vite.

On agit comme pour la chicorée.

Melon. — Vient bien, mais il faut préserver les fruits des piqûres de certaines mouches ; pour cela, on les enferme dans une sorte de cage en toile métallique en supportant ce fruit sur une planche recouverte d'un peu de paillis. On sème comme pour le concombre.

Navet. — Vient assez mal, par suite de piqûres d'insectes qui font pourrir le pied quand il commence à se former. On remplace du reste avantageusement le navet, qui prend un goût fort aux colonies, par le radis, qui donne un produit excellent, remplaçant, disons-nous, avantageusement le navet en tous ses emplois.

Patate. — Produit de tous les pays chauds. Tous les indigènes coloniaux connaissent sa culture. On mange les feuilles et le tubercule. Il en existe de nombreuses variétés.

Persil. — Vient très bien, à condition de préserver les jeunes pousses du soleil. On sème en caisses, et l'on peut repiquer en pleine terre, à 20^{cm}. On peut aussi semer en pleine terre, à l'ombre, en terrain humide.

Poireau. — Culture très facile. Se sème en caisse; quand les pousses atteignent la grosseur d'une plume d'oie, on les enlève de terre, on coupe les racines et le vert des feuilles, et l'on repique à une distance de 15^{cm} en tous sens, en enfonçant profondément.

Pois. — Ne pas essayer cette culture, qui ne donne aucun résultat.

Pomme de terre. — Vient également très mal. Si l'on a cependant un terrain sablonneux, riche en débris végétaux, très légèrement humide en saison sèche, on peut essayer sa culture. On fait un grand trou, et l'on met le tubercule au fond, très légèrement recouvert d'un peu de terre sableuse. On arrose tous les jours et, quand les feuilles commencent à pousser, on recouvre un peu plus. On agit ainsi jusqu'à ce que le terrain soit bien nivelé, et même jusqu'à ce que chaque pied soit un petit monticule. Quand les feuilles commencent à jaunir, on arrache.

Pourpier. — Se sème en toutes saisons, à condition de bien arroser. On mange les feuilles en salade, et feuilles et tiges comme légume cuit. Une variété à grande fleur donne des tubercules qui deviennent très gros si la plante est semée en terrain sablonneux.

Radis. — Tous viennent bien. Pour manger crus, il faut semer souvent. Pour légumes, on peut laisser en terre, et la racine devient très grosse.

On sème à la volée, en terrain bien remué. On éclaircit si les pousses sont trop serrées, et l'on repique les enlevés, comme on a fait pour les carottes. Les repiqués deviennent énormes. Il faut avoir soin, en saison sèche, d'arroser copieusement matin et soir. Nous recommanderons, pour la culture devant remplacer le navet, le radis rose de Chine. Quand les pousses sont jeunes, on peut manger les feuilles en salade, et les feuilles des grosses racines remplacent les épinards, après cuisson. Le radis noir est également très avantageux.

Tomate. — Vient admirablement en pays chauds. On sème en pépinières, en caisse, et l'on repique les plants les mieux venants, à o^m,6o en tous sens. Quand la plante atteint une certaine hauteur, on lui met un tuteur. On repique à 8 ou 10 feuilles.

Pour avoir de bons produits constants, on doit couper

tous les bourgeons en dessous du fruit ou des fleurs, car ces bourgeons se nourriraient au détriment des autres, et, quand ils tourneraient eux-mêmes en fruits, d'autres bourgeons pousseraient au-dessous d'eux, et ainsi de suite.

Demandent un terrain riche en débris végétaux.

Valériane d'Alger. — Donne une mâche très agréable et abondante. On sème à la volée, et l'on recouvre légèrement de terre légère sablonneuse.

———

Dans les colonies, on a avantage à faire les semis en caisses, car on peut recouvrir facilement ces caisses pour les protéger du soleil, et l'on peut les disposer à hauteur pour y travailler aisément. D'autre part, en pleine terre, les graines se trouvent emportées par les fourmis, ou mangées, quand elles sont seulement jeunes pousses, par des légions d'insectes, qui ne viennent pas dans des caisses.

Il est aussi important de détruire les nids de fourmis qui peuvent se trouver situés dans un rayon de 300^m à 400^m du jardin.

Pour ce faire, on creuse le nid jusqu'à ce que les œufs et larves soient mis au jour, on entasse des branches de bois en assez grande quantité, on met le feu, on laisse brûler 1 heure, on remet du bois, on recouvre de terre en laissant une petite ouverture, par laquelle, au dernier moment, on introduit 1^{kg} de soufre. On ferme alors hermétiquement en couvrant d'une épaisse couche de terre.

On devra choisir l'emplacement du jardin à proximité d'une source d'eau ou d'un ruisseau, car les jardins coloniaux demandent beaucoup d'eau.

On pourra enfin, si la source le permet, entourer le jardin d'une rigole d'eau qui empêche les insectes de venir dévorer les plantes.

Construction d'une charbonnière. — On aura besoin, pour le laboratoire, de charbon de bois, et peu de travailleurs, aux colonies, savent faire de bon charbon. Il sera donc utile que le chef de mission sache au moins comment il doit s'y prendre pour obtenir un bon produit.

Il faut premièrement faire abattre du bois très dur. Puis, à proximité, on recherche un emplacement aussi plan que possible. On y fait creuser une fouille de $0^m,40$ environ de profondeur sur la superficie que l'on juge nécessaire, 2^m par 4^m par exemple. Tous les 40^{cm} environ, et sur le bord de la fouille, qui doit servir de sole, on enfonce un pieu de gros bois de façon à servir de montant. Quand tout est bien entouré, on fait disposer par terre de gros morceaux de bois coupés à longueur, puis, sur ces gros morceaux, on dispose une couche de petit bois bien sec, et enfin, sur ce petit bois, du bois un peu plus gros, et, finalement, on entasse par couches successives le gros bois, qui constituera le charbon, en couches alternées, la première en long, la seconde en travers, etc.

Dans le bas, on ménage une sorte de soupirail, dans lequel on entassera du petit bois et des herbes sèches.

Quand tout le tas est élevé de $1^m,50$ au-dessus du niveau du sol, on fait empiler tout autour de la terre sur une forte épaisseur ; quand tout le tas est bien entouré, on fait couvrir le dessus, en laissant toutefois une petite cheminée du diamètre de 25^{cm} à 30^{cm}. Mais il faut, avant de jeter la terre sur le dessus, préserver celui-ci d'une couche d'herbes ou de feuilles, pour que la terre n'entre pas dans le tas. On recouvre d'une couche de terre de 30^{cm} à 35^{cm}. Enfin, on met le feu.

Quand le tas est bien pris, c'est-à-dire au bout de 4 heures, on bouche le soupirail du bas et la cheminée, celle-ci avec de la terre mouillée.

On arrose ensuite le tas tout entier, en faisant en sorte que l'eau ne détermine pas d'éboulements de terre.

On laisse brûler 8 à 9 jours, et, pour s'assurer de la bonne marche de la combustion, on pratique de temps en temps une petite cheminée avec un bâton, que l'on enfonce au-dessus, au travers de la terre, et par laquelle il doit s'échapper des gaz extrêmement combustibles et une fumée âcre. On rebouche après constatation.

Enfin, après 8 à 10 jours, la charbonnière est généralement à point, et l'on peut commencer à découvrir et à retirer le charbon.

Il est bien entendu que si, pendant ce laps de temps, la charbonnière vient à s'écrouler sur un certain point, il faut, sans perdre de temps, boucher le jour ainsi produit. De même si, par cause d'un léger retrait, une fente se produisait dans la terre, fente qu'il faudrait boucher immédiatement.

Si, dès le début, le feu avait l'air de s'éteindre, il faudrait y remédier en donnant un peu de tirage : on ouvrirait donc à nouveau une cheminée, et l'on déboucherait le soupirail du bas jusqu'à ce que le feu soit bien repris.

Fabrication du pain. — Dans beaucoup de pays, il n'est pas possible de trouver un indigène connaissant la fabrication du pain. Nous croyons donc utile de donner ici quelques notes concernant cette fabrication.

Il faut premièrement construire un four, si la contrée ne possède pas de termitière suffisamment grande pour y aménager un four qui, après quelque temps d'usage, sera parfait. Les premières fournées cuites en termitière ont un petit goût de fourmi, mais cette odeur disparaît très vite.

Pour construire un four durable, il faut premièrement fabriquer quelques briques sèches, en bonne terre que l'on moule dans une petite caisse de $15^{cm} \times 25^{cm} \times 35^{cm}$. Ensuite, on les dispose l'une sur l'autre en les liant avec de la terre mouillée, en faisant en sorte que la brique de

dessus déborde un peu à l'intérieur sur celle du dessous.
On élève ainsi trois épaisseurs de briques. Sur la dernière
rangée, on dresse les briques l'une contre l'autre (*fig.* 37),

Fig. 37.

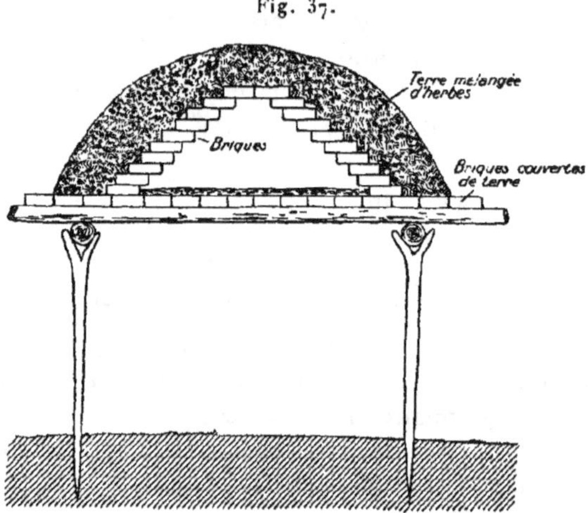

de façon à former un angle. Puis on recouvre le tout de terre
sur une assez forte épaisseur. Plus un four est épais, mieux il
cuit le pain. Pour la facilité de la mise au four, on peut
établir ce four sur une claie supportée par des piquets en
bon bois imputrescible.

Pour faire du pain, on commence par se procurer du levain,
et si l'on n'en a pas il faut en faire : on prend une cuillerée
à café de sucre que l'on met dans un bon verre d'eau,
avec le jus d'une orange. Quand la fermentation est bien
établie, on y mélange la valeur de 3 à 4 cuillerées de farine,
de façon à faire une sorte de colle de pâte. On enferme le
tout dans un grand bol, et on laisse deux jours, en arrosant
un peu chaque jour d'eau et en saupoudrant d'un peu de
farine fraîche.

A défaut de jus d'orange, on peut mettre à fermenter l'eau sucrée avec un peu d'épluchures d'ananas ou un morceau de canne à sucre.

Quand le levain est bien fait, on peut faire le pain : on délaie le levain, dans 1 litre d'eau légèrement salée pour 2^{kg} de farine, en incorporant la farine petit à petit, en pétrissant bien la pâte. Si elle s'épaissit par trop, on ajoute un peu d'eau. Il faut bien pétrir, ce qui demande une bonne heure pour 7^{kg} à 8^{kg} de farine qui donneront environ 11^{kg} à 12^{kg} de pain après cuisson.

Lorsque la pâte est bien pétrie, il faut la laisser lever un peu ; cette pâte doit être molle, non ferme. On la recouvre et on la laisse reposer environ 30 minutes. On la recouvre autant que possible avec une couverture de laine. Ensuite, on allume le four, qui doit être bien sec.

On divise la pâte en petites boules, auxquelles on donne la forme désirée. On couvre ensuite ces pains avec la couverture de laine, et on laisse lever environ 1 heure à 1 heure et demie. Pendant ce temps, le four chauffe. Quand le four est bien chaud, ce qui demande précisément le même temps que la levée du pain, on vide le four des charbons; on en laisse cependant quelques-uns bien rouges, ne fumant plus, sur les bords ; on nettoie la sole avec un balai de feuilles vertes, qui ne doivent pas donner d'odeur spéciale en brûlant, et, aussitôt la sole nettoyée, on dispose les pains, les uns à côté des autres, au moyen d'une planchette clouée au bout d'un manche. On bouche hermétiquement le four, que l'on n'ouvre qu'une demi-heure environ après pour s'assurer si les pains sont bien cuits. On les retourne et on referme 10 minutes.

Toutefois, si les pains sont très petits ou très plats, il faut ouvrir le four après 20 minutes, car ces pains cuisent plus vite que de gros pains. Si les pains sont bien cuits, on les retire vite, en ayant soin de les recouvrir de sacs bien secs, et on les met dans le pétrin, ou boîte dans laquelle on a pétri la farine .

Cependant on a conservé, lors de la fabrication du pain, un peu de pâte levée qui servira à la prochaine fabrication de pain. Si l'on doit fabriquer 12 pains, par exemple, on en gardera un pour cet usage, qu'on enrichit tous les jours avec un peu d'eau et de farine neuve. De temps en temps, on peut ajouter à l'eau qui doit servir dans ce but une petite pincée de sucre, qui donne un renouveau de force au levain, par suite de la fermentation qui se produit.

CHAPITRE IX.

LEXIQUE MINÉRALOGIQUE.

Acerdèse. — Sesquioxyde de manganèse hydraté (Mn² O³ H² O). Prismes droits, cannelés, filiformes, concrétionnés, gris d'acier métallique, rayons brun-rougeâtre. Densité : 4. Dureté : 4,5.

Aciculite ou *patrinite.* — Variété de sulfate de cuivre (Pb² Bi² Cu² S⁶).

Acide borique. — Blanc neige, floconneux, gras au toucher.

Acide titanique ou *rutile.* — Densité : 4,3. Dureté : 6. Cristaux quadratiques, souvent maclés. Éclat métallique, brun, rouge, jaune, noir. Poussière gris-brun. Soluble dans acides. Flèches d'Amour, dans le quartz et feldspath, en fils fins jaunes ou cheveux de Vénus. Souvent sur minerai de fer oligiste, en petits cristaux aplatis rouges (Ti O²).

Actinium. — Corps rare, radioactif de la pechblende.

Actinote. — Amphibole verte : fibreuse, radiée, couleur blanc-vert. Variétés : smaragdite, néphrite, etc. Dureté : 5.

Adulaire. — Variété feldspath orthose, blanc transparent.

Aégérine. — Pyroxène très sodique, dans lequel la chaux disparaît, faisant place à la soude.

Agate. — Variété calcédoine ou quartz, limpide concrétionné.

Aigue-marine. — Émeraude pâle : silicate d'alumine et glucine. Très claire, limpide, bleuâtre.

Aïkinite. — Bismuth sulfuré, plombo-cuprifère.

Albâtre ou *gypse* saccharoïde, ou sulfate de chaux. Aussi variété de calcite, formant les stalactites et stalagmites (albâtre oriental).

Albite. — Variété feldspath plagioclase. Silicium d'alumine et soude (6 Si O² Al² O³ Na² O).

Alexandrite. — Aluminate de glucine. Variété vert foncé de cymophane.

Allophane. — Variété argile, ou silicate d'alumine.

Alumine. — Un des corps les plus répandus dans la nature, entrant en composition dans la majeure partie des roches $Al^2 O^3$: corps naturel le plus dur après le diamant : Corindon. Les variétés hydratées sont la beauxite, le diaspore, etc. Le premier est le minerai le plus répandu de l'aluminium, très répandu à Beaux, près d'Arles, et au Canada, variété d'alumine, avec fer $H^2 (Al, Fe)^2 O^3$.

Alunite ou *alunogène*. — Sulfate d'alumine.

Ambligonite. — Fluophosphate d'alumine, avec lithine, soude potasse, gris-vert. Densité : 3. Dureté : 6.

Ambre. — Résine fossile, jaune, claire, plus ou moins transparente, combustible. Frotté sur de la laine, attire le papier. Dureté : 2,5.

Améthystes. — Variété quartz, violet. Aussi variété violette de Corindon (Orientale).

Amiante ou *asbeste*. — Variété amphibole claire ou trémolite ; floconneuse, fibreuse, parfois légèrement colorée en vert, bleu, rose, etc.

Ampelite. — Silicate d'alumine, alunifère, avec soufre et fer.

Amphibole $(RO Si O^2)$. — Silicates complexes, de même composition que les pyroxènes, mais plus hydratés, et dans lesquels, contrairement à ces derniers, la magnésie domine. Inattaquables aux acides. Variétés cristallisées, vitrifiées, fibreuses. La soude et la potasse disparaissent. Ces roches sont des produits d'altération, et s'altèrent elles-mêmes en produits serpentineux et chloriteux. Les trois principales sont : amphibole claire, ou trémolite ; verte ou actinote ; noire ou hornblende.

Amphibolite. — Variété de diorite, dans laquelle la feldspath plagioclase disparaît, faisant place à l'amphibole noire ou verte. Roches variant du noir au gris-vert.

Andalousite. — Silicate anhydre d'alumine. Cristaux prismatiques droits, à base carrée, de couleur rouge, brun, violet.

Andésine. — Pâte des roches andésitiques. Mélange de feldspaths plagioclases ; albite et anortite.

Andésite.—Trachite vitreux à base d'andésine. Pâte presque toujours poreuse. Diabase récente généralement verte. Nombreuses variétés ; andésite à amphibole, andésite à augite, à labrador, à biotite, etc.

Anglésite $Pb SO^2$. — Plomb sulfaté, cristallisé ou concrétionné, d'aspect résineux, blanchâtre. Fond facilement à la bougie. Densité : 6,3. Dureté : 3.

Anhydrite. — Sulfate de chaux ou gypse anhydre. $Ca SO^4, 2 H^2 O$.

Anortite ou *anorthite*. — Feldspath plagioclase, calcique, gris ou

verdâtre, rarement blanchâtre. Petits cristaux dans les roches volcaniques et quelquefois le granit. Densité : 2,7. Dureté : 7. Cristaux
obliques, prismatiques. Attaquable par acide chlorhydrique $6\,Si\,O^2$,
$Al^2\,O^3$, $Ca\,O$.

Anthracite. — Combustible, noir à reflets fauves. Rayure; mine de
plomb, cassante, conchoïdale, non friable.

Antigorite. — Serpentine lamellaire.

Apatite. — Phosphate de chaux, cristallisé, des roches potassiques.

Aphanite. — Variété de feldspath, oligoclase, à éléments très ténus.

Aplite. — Variété de microgranulite.

Arfvedsonite. — Variété amphibole sodique.

Argent. — Métal blanc, mélangé à certaines pâtes de roches, et jusque
dans le quartz en inclusions : aciculaires, arborescentes, lamelliformes,
et parfois en grosses masses. Densité: 11. Dureté: 2,5. Très attaquable
par acide nitrique.

Ardoise. — Schiste argileux, fortement comprimé, non délayable à
l'eau. Très clivable, de couleur généralement verdâtre. Densité : 2,2.
Dureté: 2 à 3.

Argile. — Silicate d'alumine impur.

Argyrose. — Sulfo-antimoniure d'argent, ou rosilcler noir.

Arkose. — Roche détritique, reconstituée avec les éléments du granite, dont elle a l'aspect : quartz, feldspath, mica.

Arquerite. — $Ag^2\,Hg$. Amalgame naturel d'argent, spécial à Arqueros
(Chili).

Asbeste ou *amiante* (voir ce mot).

Asbolite. — Variété de bioxyde de manganèse: noir, rayure brune,
tachant les doigts.

Asphalte. — Bitume compact noir, cassant, vitreux ou résineux.
Densité : 850 à 1150. Dureté : 2.

Auricalcite. — Variété de calamine ou zinc carbonaté.

Aventurine. — Variété feldspath orthose, rougeâtre ou brune, dont
la pâte est comme pétrie avec des paillettes d'or, qui sont du mica ou
du fer oligiste.

Aragonite. — Carbonate de chaux, en petits rhomboèdres. Se désa-
grégeant à chaud.

Argyrythrose. — Sulfure double d'antimoine et d'argent 3 Ag S Sb S³. Gris-plomb.

Augite. — Pyroxène vert foncé ou noir. Opaque, euritique, résineux, peu attaquable par les acides, dans les roches éruptives et volcaniques. Fond au chalumeau en verre noir (Ca O Mg O A² Ol³, 2 Si O²).

Azurite. — Cuivre carbonaté. Densité : 3,8. Dureté : 4.

Baryte ou *baritine.* — Sulfate de baryte, plus ou moins blanchâtre, compact, fibreux, menu, ou cristallisé.

Basalte. — Roches très dures, récentes (époque tertiaire). Au voisinage des anciens volcans. Rayant l'acier. Compactes, noires. Inattaquables aux acides. Sortes de diabases ou mélaphyres récents.

Bastite. — Variété de serpentine.

Bauxite ou *beauxite* (Al² O³, 2 HO²). — Il existe des variétés, dont un équivalent Al est remplacé par du fer. Peu dur dans la nature, mais extrêmement dur après fusion (diamantite) et volatilisé (rubis à polir). Parfois mélangé de silice, a l'aspect de marbre blanc.

Beryls. — Variété d'émeraudes incolores, ou légèrement bleuâtres.

Bioxyde de manganèse ou *pyrolusite* Mn O². — Aspect métallique, rayure noire, en masses compactes, structure fibreuse ou rayonnante. La perle de borax au chalumeau est violette à chaud, cassant au brun à froid. Densité : 4,8. Dureté : 2,5.

Bismuth. — Jaune miel. Cassure lamellaire. Fond à 264°. Soluble dans l'acide nitrique : précipité par l'eau, se volatilise au rouge blanc. Densité : 9,9.

Blende. — Sulfure de zinc. Masses généralement grenues, d'aspect métallique, à reflets résineux, de couleur brune, rayure rougeâtre. Densité: 4. Dureté: 4. Infusible au chalumeau. Avec la soude, sur charbon, auréole jaune à chaud, blanche à froid, dissoute par acide nitrique. Au voisinage des galènes, cadmium, cuivre, fer, argent. Dans les granites, les schistes, les grès, les calcaires, etc. Dans toutes les formations géologiques et à tous les étages. Variétés plombeuses, cadmifères, zingueuses. Radiée.

Bois silicifié. — Quartz impur, opaque, classé comme jaspe.

Boracite ou *borocalcite.* — Minerai de borax.

Borax. — Borate de soude. Cristallisé ou compact. Fond facilement. Au contact du gypse (Egypte, Turquie d'Asie).

Bornite. — Variété de chalcopyrite Fe Cu S².

Bort. — Diamant noir.

Bournonite. — Sulfo-antimoniure de cuivre et de plomb. Éclat métallique gris noir. Quelques cristaux ont la forme d'une roue dentée (Wheel ore).

Bromite ou *Bromargyre.* — Variété d'argent chloruré en cristaux cubiques gris vert bleu. Parfois en masses compactes, altérées par des gangues terreuses. Rayées, brillantes. Très mou, se coupe au couteau. Dans granites, gneiss, schistes, calcaires à tous les étages (Brésil, Chili, Mexique, Pérou).

Braunite. — Sesquioxyde de manganèse Mn² O³. En cristaux, en masses grenues, d'aspect plus ou moins métallique; noir brun, rayé noir brun. Densité : 5. Dureté : 6.

Bronzite. — Variété de pyroxène. Verdâtre ou brun. Caractérise certaines roches serpentineuses et certaines diabases.

Buratite. — Carbonate de cuivre et zinc hydraté.

Cacholong. — Variété quartz opale.

Caillasses. — Pierres siliceuses, variété de meulière, compacte.

Calamine ou *smithsonite* Zn OC O². — En stalactites ou en cristaux, en masses caverneuses ou terreuses. couleurs gris blanc, brunâtre, jaunâtre, vert, bleu. Rayure plus claire. Densité : 4,5. Dureté : 5. Sur charbon, auréole jaune devient blanche en refroidissant. Effervescente dans acides. Gîtes peu étendus dans les calcaires. Depuis le carbonifère jusqu'au tertiaire compris. Parfois siliceuse.

Calavérite. — Tellurure d'or. Jaune d'or brillant. Se décompose facilement. Au Te². En filons dans les roches éruptives, acides ou basiques : granites, diabases, andésites. Densité : 9.

Calcaire. — Nombreuses familles de pierres dont la base est la chaux. Effervescents dans les acides. De toutes structures, terreuses, saccharoïdes, cristallines, compactes. En association avec d'autres corps : magnésiens, marneux, siliceux, etc.

Calcédoine. — Variété quartz, mélangée d'alumine hydratée, translucide, blanche ou peu colorée, à cassures nettes : cornaline, agate, sardoine, héliotrope, jaspe, chrysoprase.

Calcite. — Carbonate de chaux cristallisé, blanc ou peu coloré. Provient ainsi que l'épidote de la serpentinisation de l'augite et du diallage

P.   18

dans un grand nombre de roches, où se trouvent l'augite et la diallage, et aussi d'autres pyroxènes.

Carbon. — Diamant noir (Bort).

Cargneule des Alpes. — Variété de Dolomie (Ca Mg) CO^2, craquelée, caverneuse, presque spongieuse d'aspect.

Carnalite (KCl, Mg Cl^2, 6 HO). — Dans les dépôts de gypses et de sel gemme.

Carnotite. — Oxyde d'uranium hydraté, avec silice, potassium, vanadium. Dans certains grès, avec de la malachite. Très radioactif.

Cassitérite (Sn O^2). — En masses cristallisées ou en cristaux quadratiques à huit pans, surmontés d'une pyramide. Souvent maclés par la base. Gris à noir. Cassure résineuse. Raye le verre et l'acier. Dureté : 7. Densité : 6,5 à 7. Fond sur le charbon avec du carbonate de soude, en laissant un culot d'étain. Dans granites, micaschistes, surtout le greisen, le quartz et les alluvions de ces roches.

Cérésine ou *ozokérite.* — Hydrocarbure minéral, au voisinage des terrains pétrolifères. Aspect de la cire. Riche en hydrogène et carbone. Jaune ou verdâtre, quelquefois noir. Soluble dans la benzine, les essences de térébenthine et de pétrole et le pétrole lui-même, et en faible quantité dans l'alcool. Fond dans l'eau chaude. Plus légère que l'eau. Contient parfois 5o pour 1oo de paraffine.

Cérium. — Métal rose, du groupe lanthane, gadolinium, samarium, didyme, europium.

Cérusite. — Plomb carbonaté, masses terreuses; parfois cristallisé. Blanc gris, Rayée blanc mat. Densité : 6,5. Dureté : 3,5. Fond au chalumeau et donne du plomb sur le charbon.

Chalcolite. — Phosphate de cuivre et uranium. Aspect micacé de couleur verte.

Chalcopyrite (Cu Fe) S^2. — En masses ou en cristaux groupés. Éclat métallique, couleur jaune d'or foncé, parfois irisée, à tons chauds. Poussière noire verdâtre. Au chalumeau, donne un globule magnétique. Associée souvent au quartz et à la pyrite de fer de laquelle on la distingue précisément par ses tons chauds.

Chalcosine Cu^2 S. — En masses cristallines, gorge-pigeon, gris-noir à reflets verdâtres chatoyants, bleus roux, rayée noire. Densité : 5,5. Dureté : 2,5.

Chalcostibine. — Variété cuivre gris, antimonifère. Cu^2 Sb^3 S^3. Masses cristallines gris plomb.

Charbon ou *houille*. — Combustible riche en carbone. Généralement friable, noir luisant, cassure feuilletée, éclat résineux. Poussière noire de fumée. En couches dans les grès et schistes. Parfois mélangé de silice et de pyrites, de soude et de potasse. Brûle en donnant une odeur caractéristique bitumineuse. Densité : 1,3. Dureté : 2.

China-clay ou *kaolin*. — Argile fine, servant à faire des poteries, provenant de la décomposition de l'orthose (feldspath potassique).

Chiviatite. — Variété cuivre gris, bismuthifère.

Chloantite. — Nichléine blanche $Ni As^2$. Cristaux cubiques gris clairs. Parfois cobaltifère ou ferrifère. Souvent recouverte d'un enduit vert d'arséniate. Soluble dans acide nitrique, en solution jaune ou jaune verdâtre.

Chlorites. — Silicates hydratés, provenant de la modification métamorphique des micas, pyroxènes, amphiboles, serpentines, péridots, attaque par acide chlorhydrique. Compactes, parfois fibreuses, lamelleuses, ou grenues. Variétés : pennite, répidolite, clinochlore, veridite, vermiculite.

Chloritoschistes. — Schistes à chlorites. Provenant d'une altération des éléments minéralogiques ayant constitué originellement ces schistes par une action métamorphique.

Chloritisation. — Phénomènes d'altérations des roches, principalement les roches feldspathiques, acides. Par suite du métamorphisme, les éléments de ces roches subissent une transformation complète: par exemple, les diabases, roches dures et massives, d'aspect granitique, se transforment en produits ligneux, fibreux. D'acides deviennent basiques.

Chromite. — Fer chromé de couleur noire. Minerai de chrome $(FeMg)$ $(Cr Al^4 OH)^2$ ou *sidérochrome*. Poussière brune. Infusible. Densité: 4,5. Dureté : 5,5.

Chrysolite. — Variété verte transparente des péridots.

Chrysotile. — Variété asbestiforme des serpentines. Il se distingue de l'asbeste en ce sens qu'il émet des vapeurs d'eau en le chauffant, et devient cassant.

Chrysoprase. — Quartz calcédonieux, vert, en plaques minces (nickellifère).

Cinabre. — Sulfure de mercure, $Hg S$. Associé au mercure natif, au quartz, aux pyrites de cuivre, à l'argent, à l'or, à l'étain. En masses rouges, brunes, rayures vermillon. Densité : 6 à 9. Dureté : 2,5. Émet des vapeurs de mercure, en le chauffant.

Cipolin. — Calcaire schisteux, cristallisé, micacé, parfois chloritisé ou talqueux.

Cleveite. — Oxyde d'uranium, riche en hélium. Combiné à d'autres oxydes rares. Très radioactif. Au voisinage des grands bancs de mica (Charlevoix).

Clinochlore. — Variété chlorite. Sous-silicate de magnésie, vert épinard, qui blanchit au chalumeau, et fond partiellement en émail jaune pâle. Densité : 2,7. Dureté : 2 à 3.

Cobalt. — Métal blanc ressemblant à l'acier, de la famille du nickel. Magnétique.

Coprolites. — Rognons de phosphate de chaux.

Corindon. — Alumine pur. Pierres dites gemmes orientales, très dures. Portent des noms différents suivant leur couleur. Le corindon impur est l'émeri, qui est souillé de fer et d'autres oxydes.

Cornaline. — Calcédoine rouge, translucide.

Covelline. — Cuivre sulfuré, ou *cuprine*, ou *chalcosine* bleue. Lamelles hexagonales bleu indigo. Cu S. Densité : 5,5. Dureté : 2 à 3.

Craie. — Calcaires très tendres.

Craie rouge. — Variété d'hématite Fe^2O^3.

Cryolite. — Fluorure d'aluminium : $6\,Na\,Fl + Al^2\,Fl^6$. Masses lamellaires clivables : blanc, jaunâtre ou noirâtre. Éclat nacré. Fond à la bougie et colore la flamme en jaune, et devient opaque en refroidissant. A chaud, avec acide sulfurique, dégage acide fluorhydrique. Densité : 3. Dureté : 2,5.

Cubanite. — Variété chalcopyrite. Sulfure de Fe et Cu.

Cuivre. — Métal rouge, malléable et mou. Se trouve parfois en petits ou grands cristaux, noirâtres, dans le sable ou en bancs (octaèdres).

Cuprine, cupréine ou *covelline,* ou *chalcosine* bleue.

Cuprite. — Cuivre oxydé : Cu^2O. Terreux, compact ou cristaux rouge sombre. Rayure rouge brun. Ressemble au cinabre et à l'hématite. Dureté : 4. Densité : 6. Parfois recouvert d'un enduit léger vert d'hydrocarbonate. Fond sur le charbon et donne du cuivre.

Cuproschelite. — Tungstate de chaux et de cuivre.

Cymophane. — Aluminate de glucine. $Cl\,A\,I^2\,O^2$, de couleur verdâtre, dits aussi *crysopâle*. Remarquable par son éclat laiteux, qui semble flotter dans la pierre, en reflets bleuâtres: Dureté: 8,5. Dans les roches primitives.

Conglomérats. — Roches composées de fragments agglutinés par un ciment quelconque. On distingue les poudingues à fragments roulés, les brèches à fragments anguleux, les grès composés de sables plus ou moins fins, l'arkose ou granite reconstitué : quartz, feldspath, mica.

Danaite. — Variété cobaltifère de mispickel (6 à 8 pour 100 de cobalt).

Dechemite. — Variété vanadinite Pb $V^2 O^2$.

Descloizite. — Variété vanadinite $Pb^2 V^2 O^2$.

Diabases. — Roches porphyriques très dures : pâte de feldspath plagioclase avec pyroxènes, principalement augite, et de nombreux éléments secondaires : pyrites, mica, quartz, calcite, magnétite, olivine, etc. Se nomme aussi communément *Ophite*. Certains prospecteurs lui donnent la dénomination de *green stone*, que lui donnent les prospecteurs anglo-saxons. C'est une roche intéressante, car elle indique souvent le voisinage de gites métallifères. Variétés : gabbros, euphotite. Diabases quartzeuses. Roches à Ravets (Guyane). Diabase à olivine, etc.

Diallage. — Pyroxène verdâtre ou gris, Ca O, Mg O, $Fe^2 O^3$, Si O^2, et quelquefois $Al^2 O^3$. Ecailles nacrées, généralement courbes.

Diallogite Mn CO^2. — Ressemble au calcaire compact brun clair, au noir. Rayure rougeâtre. Noircit à l'air. Densité : 3,6. Dureté : 4.

Diamant. — Le plus dur de tous les corps connus. Dureté : 10. Donne par rayonnement de vifs éclats. Quelquefois colorés. Se trouve dans des argiles anciennes bleues ou dans les alluvions de roches très anciennes.

Diaspore. — Variété alumine hydratée : $H^2 Al^2 O^4$. Inattaquable. Infusible au chalumeau, mais décrépite.

Didyme. — Métal rare.

Diopside. — Pyroxène vert pâle ou vert herbe. Ca O, Mg O, Si O^2, avec fer, et parfois alumine. Aspect quadratique, et souvent maclé. Rarement incolore, mais translucide ou transparent. Fusible au chalumeau, mais inattaquable par les acides.

Diorite. — Roche amphibolique et feldspath albite ou anortite. gris ou vert. Passe à l'amphibolite lorsque l'amphibole domine. Généralement très dure, grâce aux éléments qui la composent. Très lourde également, par suite des composés de fer, entrant dans la composition des éléments. Variétés : micacée, quartzeuse, orbiculaire, kersanton, rosso, antico, etc.

Dioritine. — Porphyrite micacée noirâtre.

Dolomie. — Carbonate double de magnésie et de chaux. Compacte, grenue, cristallisée, à structure carverneuse ou euritique. Blanc, jaune ou gris.

Disthène. — Prismes plats, brillants et limpides, micacé sur une face, vitreux sur les autres. Incolore, ou bleu, parfois verdâtre ou noirâtre. Infusible.

Disprosium. — Métal rare du groupe yttrium.

Dolérite. — Peut être considérée comme une diabase récente, grenue ou euritique. Vitreuse, et quelquefois poreuse. Verte, brune ou noire. La pâte est un mélange de feldspath plagioclase et de pyroxène augite.

Domite. — Trachyte blanc-jaunâtre, à pâte poreuse à gros cristaux de sanidine ou orthose vitreux, fendillé, spécial aux roches volcaniques.

Dunite. — Péridotite dont le péridot est associé à la spinelle.

Écume de mer ou *sepiolite.* — Hydro-silicate de magnésie. En amas dans les schistes talqueux, les roches serpentineuses et magnésiennes. Roche très légère et tendre.

Elvan. — Granite à grain fin, porphyrique, presque euritique, gris clair.

Embolite. — Variété d'argent chloruré.

Émeraudes. — Silicates d'alumine et de glucine, d'un beau vert. Aussi une pierre formée d'alumine pure ou corindon vert, ou émeraude orientale. Les deux espèces sont pierres précieuses.

Emplectite. — Cuivre gris, bismuthifère.

Énargite. — Cuivre gris, arsénifère.

Enstatite. — Pyroxène clair, nacré, gris ou jaune. Silicate magnésien, en prismes à clivage facile. Fond sur les bords au chalumeau. Dureté: 5,5. Densité : 3.

Épidote. — Pyroxène altéré d'augite et de diallage. Généralement vert pistache et polychroïque, par transparence. Au chalumeau, se boursoufle, et peut fondre si le composé contient beaucoup de fer.

Érythrine ou *cobalt-arsénié*. — Couleur rose-fleur de pêcher, en petits cristaux et plus souvent en enduit. Soluble dans l'acide chlorhydrique en solution rose.

Erbium. — Métal rare, du groupe yttrium.

Erubescite. — Variété de chalcopyrite.

Étain. — Métal blanc, ductile et malléable, qui fond facilement à la flamme de la bougie. Ne se rencontre pas dans la nature, à l'état libre. Son minerai le plus commun est la cassitérite.

Euphotite. — Diabase, genre gabbro, dont le feldspath est altéré en saussurite.

Eurite, felsite ou *pétrosilex*. — Forme vitrifiée, d'aspect résineux, à cassure anguleuse de feldspath orthose.

Europium. — Métal rare du groupe cérium.

Eucolite. — Silico-zirconate de chaux, fer, manganèse, tantale, lanthane et cérium en cristaux roses ou rougeâtres.

Euxénite. — Niobotitanate d'yttrium, uranium, alumine, thorium, magnésie. Compact, noir brillant, éclat vireux. Dureté : 6,5. Rayure brune.

Famatinite. — Variété cuivre gris.

Feldspath. — Silicates très communs, d'alumine, de potasse, soude, chaux. Orthoclase ou orthose. Plagioclases : albite, anortite, oligoclase, andésine, labrador. Donnant, par altération des roches, le kaolin, les argiles, la sanidine. etc. Les feldspaths peuvent être associés à la baryte, et s'appellent alors feldspaths barytiques. On peut aussi ranger dans cette catégorie deux corps dont la composition classique diffère un peu des feldspaths. Ce sont deux silicates d'alumine, l'un de potasse, l'autre de soude : la leucite, la néphéline.

Felsite, eurite ou *pétrosilex* (voir *Eurite*).

Fer. — Métal blanc, dur, malléable; ne se rencontre jamais à l'état pur dans la nature, mais ses composés accompagnent presque toutes les roches.

Ferbérite. — Tungstate de fer et manganèse, mais dans lequel ce dernier corps tend à disparaître.

Fergusonite. — Tantalo-niobate d'yttrium, etc., est, avec la samarskite le minerai de Tantale.

Ferrochrome ou *chromite* Fe Mg $(Cr, Al)^2 O^4$. Densité : 4,5. Dureté : 5,5. En masses grenues, noirâtre, rayure brune.

Flèches d'amour. — Variété de rutile (acide Titanique) $Ti O^2$. Cristaux aciculés, jaune d'or, pénétrant dans le quartz.

Flint. — Variété de quartz.

Fluocérine. — Fluorure de cérium, yttrium. Cristaux opaques rouge foncé, dans le quartz et l'albite.

Fluorine. — Spath fluor, ou fluorure de chaux. Cristaux cubiques, jaunes, verts, violets. Densité : 3,2. Dureté : 4. Éclat vitreux, gras. Fluorescente. Avec acide sulfurique, donne un dégagement de vapeurs d'acide fluorhydrique.

Franklinite $(Fe Mn)^2 O^2 + Fe Zn) O$. — Minerai de zinc en cristaux octaédriques ou dodécaédriques, ou en masses grenues. Éclat métallique noir du fer; ressemble à la magnétite, et est légèrement magnétique. Densité : 5. Dureté : 6.

Freieslébénite. — Variété de rosicler ou sulfure d'argent et plomb.

Frébergite. — Variété cuivre gris, argentifère.

Friedilite. — Variété manganèse silicaté.

Frigidite. — Variété cuivre gris, nikellifère.

Gabbros. — Diabases dans lesquelles le diallage remplace l'augite. Variétés: gabbro rosso, gabbro antico, euphotite, etc. De structure généralement granitique.

Gadolinite. — Terre rare. Silicate d'yttrium, etc.

Gadolinium. — Métal rare du groupe cérium.

Galène. — Pb S. Texture cristalline, en grosses masses (cubique). Gris noir, éclat métallique. Densité : 7,5. Plus les cristaux sont gros, plus la galène est pure.

Garniérite. — Hydrosilicate de nickel $(Mg O N i O) Si O^2 + n H^2 O$. Masses amorphes, friable, vert pâle.

Gemmes orientales. — Corindon ou alumine pure, colorée par des sels de métaux. Améthyste, violet; rubis, rouge; émeraude, vert; saphir, bleu; topaze, jaune. Dureté : 9.

Genthite. — Variété de garniérite.

Gibbsite. — Hydrosilicate d'alumine.

Giobertite ou *magnésite*. — $Mg\ CO_2$. Blanc, parfois coloré par le fer en rouille. Densité : 3. Dureté: 4. En amas fibreux parfois compacts, ou en filons dans le calcaire. Infusible. Dans les roches magnésiennes : talschistes, serpentines, etc.

Glaucophane. — Amphibole hornblende sodique. Cristaux prismatiques gris bleu.

Glauconie. — Silicate d'alumine, fer, potasse, chaux, magnésie, de couleur verdâtre. Sorte de zéolite, remplissant les cavités de roches, ayant subi l'hydratation, ou en grains ou rognons, dans certains terrains stratifiés.

Glucinium. — Métal rare.

Gneiss. — Roches des terrains primitifs et primaires. Sorte de granite à texture schistoïde.

Gossan. — Chapeau de fer oxydé, recouvrant les filons, et provenant de la décomposition des pyrites contenues dans la pâte des roches, formant des filons.

Granites. — Roches éruptives formées de quartz, feldspath, mica, et de divers éléments accessoires : magnétite, béryls, grenats, etc. Éléments cristallisés.

Granulites. — Sorte de granite à grains très fins, dont le mica tend à disparaître.

Graphite ou *mine de plomb*. — Carbone allotropique, presque pur, noir, onctueux. En masses souvent rouillées par le fer et l'argile, ou en grains dans les alluvions : en aiguilles, en cristaux, dans les roches anciennes. Dans les schistes, il se rencontre en masses terreuses, mélangé de calcite, de pyrites, de mica et de feldspath plus ou moins décomposé.

Grès. — Pierres siliceuses, dont le ciment peut être quartzeux, argileux, calcaire, ferrugineux. Variétés : grauwake, psammite, arkose, etc. Contient parfois des grains de cuivre oxydé.

Gypses. — Sulfate de chaux, plus ou moins hydraté. Structure compacte, fibreuses, cristalline. Variétés : albâtre, fer-de-lance, sélénite, pierre à plâtre (compacte). Ce sont des minéraux calcaires très tendres.

Halloysite. — Variété de silicate d'alumine, genre argile.

Hazburgite ou *saxonite*. — Péridotite à enstatite.

Haussmanite $Mn_2\ O_2$. — Petits cristaux noir brun, octaédriques, striés, rayés brun rougeâtre. Densité : 4,7. Dureté : 5,5. Généralement sous forme de gangue. Généralement compacte, en masses grenues, lorsqu'elle se trouve en dépôt.

Héliotrope. — Variété de jaspe opaque.

Hématites. — Variété de fer oxydé. Rouge : fer oligiste Fe^2O^3, rayé rouge cerise, parfois magnétique, quelquefois micacée. Brune : sorte de limonite, moins riche en fer (60 pour 100 au lieu de 75 pour 100) ; est rayée en jaune. Lentement soluble dans acide chlorhydrique.

Hermésite. — Variété de cuivre gris mercurifère.

Holmium. — Métal rare, du groupe yttrium.

Hornblende. — Amphibole noire ou vert foncé. En prismes, fibres, lamelles, grains. Enveloppe normale de la cassitérite.

Hornblendite. — Diorite à Hornblende.

Houilles (voir *Charbon*).

Huantajayite. — Variété d'argent chloruré sodique.

Hubnérite. — Variété de wolfram (tungstate de fer et magnésie).

Hyalite. — Variété quartzo pale.

Hyalonicte. — Variété de gneiss.

Hyalophane. — Feldspath-plagioclase barytique. Sorte de labrador à baryte.

Hydrophane. — Variété de quartz opale.

Hydrozincite ou *zinconite.* — Variété de calamine ou zinc carbonaté.

Hyperstène. — Pyroxène vert ou brun nacré à reflets rougeâtres. Clivage facile.

Hypersténite. — Porphyrite à hyperstène. Grain fin, presque euritique (Trapp).

Idocrase $H^4 Ca^{12} Al^6 Si^{10} O^{42}$. — En cristaux striés, vitro-résineux, vert, jaune, rouge, bleu. Fond au chalumeau, en bouillonnant. Densité : 3,4. Dureté : 6,5. Grand nombre de facettes.

Illménite. — Fer titané en cristaux, noir, d'aspect métallique, aplatis, rarement en grenaille. Rayure franchement métallique. Très friable, quoique assez dur : 6. Influence faiblement l'aiguille aimantée.

Iridium. — Métal rare, associé parfois à l'or, et surtout au platine.

Itabirite. — Silicate de fer, spécial au Brésil, généralement au contact des gites aurifères.

Itacolumite. — Variété de micaschiste dont les éléments principaux sont le quartz, le mica, la calcite, le feldspath. Le quartz y est remarquablement friable et s'écrase sous les doigts, en sable fin. C'est plutôt une terre faite de roches décomposées, de couleur variant du jaune au rouge, spéciale au Brésil, et dans laquelle on trouve de l'or en petits grains fins, presque en farine. Contient aussi de la monazite, et souvent une forte proportion de fer magnétique en fines particules:

Jade. — Variété d'amphibole claire (trémolite). Roche qui sert aux Chinois à faire des objets d'ornement. Densité: 3. Dureté: 6 à 7. Blanc marbré de vert. Fusible au chalumeau.

Jadéite. — Variété d'augite terreuse, colorée en vert, Peu attaquable aux acides, fond en un verre noir au chalumeau, plus facilement que le jade.

Jais. — Variété de lignite très dur, dont on fait des objets d'ornement; noir vitreux-résineux, rayure brune.

Jaspes. — Variété: quartz opale. Parfois rubané. Bois silicifié, dont l'aspect est dû au rutile.

Kaïnite. — Chloruro-sulfate de potasse et de magnésie hydraté. Dans le sel gemme et le gypse.

Kalgoorlite. — Variété: tellurure d'or, genre calavérite (sulfotellurure d'or et mercure spécial à Kalgoorlie ($Au^2 Ag^4 Te^4 Hg$). En petits filons, dans le quartz.

Kaolin. — Silicate d'alumine, provenant de la décomposition des feldspaths-orthoses dont le potassium a disparu par hydratation.

Kórarcyre. — Variété d'argent chloruré.

Kersantite ou *kersanton.* — Variété de diorite de couleur foncée, souvent verdâtre, remplic de druses (cavités) pleines de calcaire plus ou moins coloré par le fer.

Kieselghur. — Variété quartz opale terreuse.

Kiéserite. — Sulfate de magnésie : $Mg SO^2 + H^2 O$.

Kupfernickel. — Nickléine rouge Ni As. Rouge à rayure brun foncé. Densité: 7,5. Dureté: 5,5. Soluble dans l'acide azotique. Fond au chalumeau.

Labrador. — Mélange de feldspaths plagioclases, anortite et albite, incolore, blanc, brun, noirâtre, attaqué par l'acide chlorhydrique.

Labradorite. — Labrador contenant du fer titané (ilménite) et du pyroxène hyperstène.

Lampadite. — Variété bioxyde de manganèse (Wad.) hydraté, brun noir. Rarement pur.

Lanthane. — Métal rare, du groupe cérium.

Latérites. — Feldspath-orthose décomposé, rougeâtre. Cette décomposition est spéciale aux pays tropicaux (latéritisation). Certaines contrées en sont totalement recouvertes (Guinée française). En se décomposant, l'alumine des feldspaths s'est trouvé mis en liberté, sous forme de pierres précieuses plus ou moins volumineuses. Roche rougeâtre, dure, très chargée en produits ferrugineux. Se désagrège à l'eau, pour se reprendre en roche dure, en séchant.

Laves. — Roches d'origne volcanique, de toutes couleurs.

Lépidolite. — Mica lithique, violet, en écailles menues accolées, quelquefois jaune verdâtre.

Leptynite. — Granulite à grain très fin, stratiforme, dont la pâte ne contient pas ou peu de mica, et, dans ce dernier cas, se trouve interstratifié entre les feuillures de la roche. Souvent très grenatique (Haute-Guyane).

Leucite. — Silicate d'alumine et potasse, que nous avons classé avec les feldspaths. Dans les roches récentes et volcaniques actuelles. Densité : 2,5. Dureté : 6. Cristaux trapézoèdres, ternes et grisâtres, aux faces striées. Rayure blanche. Infusible. Soluble dans acides. Aspect vitreux-résineux.

Lherzolite. — Péridotite dans lequel l'enstatite et le diopside chromique sont associés au péridot.

Lignites. — Combustibles brun noir, résineux, légers et friables. Longue flamme fuligineuse à odeur forte. Se dissout dans la potasse chaude à 10 pour 100.

Limonite. — Sesquioxyde de fer $2\,Fe\,O^2\,3\,H^2\,O$. Compact ou terreux, du jaune au noir, à rayure jaune. Densité : 3,5. Dureté. 5. Infusion au chalumeau.

Liparite. — Trachyte vitreux, quartzifères, granitoïde. Sorte de syénite récente.

Loess. — Sorte de limon éolien, formé de sable extrêmement fin et d'argile jaune. En immenses dépôts en Chine (Petchili), où il se forme encore de nos temps, à diverses époques de l'année (vert jaune) qui vient de Mongolie en nuages épais obscurcissant l'atmosphère. Dure pendant la sécheresse, boue pendant les pluies.

Magnésium Mg. — Métal très répandu dans la nature, sous forme de composés. Peu de roches sont dépourvues de magnésie : le quartz et les feldspaths.

Magnésite ou *gioberlite* (voir ce mot).

Magnétite ou *fer oxydulé* ou *oxyde magnétique* Fe O Fe² O³. — Noire, rayure noire, 70 pour 100 de fer. Octaèdres ou dodécaèdres, cristaux rhomboédriques à facettes régulières. Densité : 5. Dureté : 6 à 6,5. En dépôts massifs dans certaines syénites (Manche), en petits cristaux ou en poussières dans les alluvions, les schistes métamorphiques, les serpentines, etc. (Blak sand des prospecteurs).

Malachite 2 Cu O, Cu O², H² O. — Densité : 4. En masses concrétionnées, compactes, ou fibreuses, vert de gris. Rayure plus pâle. Dureté : 4. Ce corps n'est jamais isolé, il forme le chapeau plus ou moins épais des gisements de chalcopyrites. Dissout par ammoniaque et les acides. Fond au chalumeau sur charbon, en laissant un bouton métallique.

Malacolite. — Variété d'augite, dite *augite blanche.*

Manganèse Mn. — Ses oxydes salissent les doigts, et se trouvent dans les granites ou les terrains sédimentaires.

Manganite. — Variété d'acerdèse, ou sesquioxyde de manganèse.

Manganocalcite. — Variété de manganèse carbonaté ou diallogite.

Manganocollomsite. — Tantalo-niobate de manganèse (minerai de Tantale).

Manganosite Mn O. — Protoxyde de manganèse, couleur émeraude, noircit à l'air.

Marbres. — Calcaires saccharoïdes de toutes couleurs. Quelques variétés sont translucides.

Marcassite. — Pyrite blanche de fer. Cristaux prismatiques, rhomboïdaux droits. Parfois maclés et striés. Densité : 5. Dureté : 6.

Marne. — Argile mélangée de chaux et d'autres éléments secondaires. Ouctueuse, généralement verdâtre.

Marmolite. — Une des nombreuses variétés de serpentines.

Martite. — Variété du sesquioxyde de fer. Noir de fer, poussière et rayures rouges. Peu magnétique. Densité : 4,8. Dureté : 6 à 7.

Mélaconite. — Variété cuivre oxydulé (cuprite) Cu O. Noir.

Mélaphyres. — Roches feldspathiques et pyroxéniques (augite) enfermant dans la pâte des cristaux de feldspaths plagioclases, de péridot et d'augite. Sortes de basaltes anciens, vert noir ou jaunâtre, s'ils sont oxydés.

Mélilites. — Variété de téphrites, ou basalte, dont le feldspath est remplacé par un silicate d'alumine potassique (néphéline) ou sodique (leucite).

Mélose ou *sulfénite*. — Molybdate de plomb, Pb. OMo O^2. Prismes carrés jaune cire. Transparents ou translucides. Décrépitent sur le charbon. Densité : 7. Dureté : 7.

Mélonite. — Tellurure de nickel. Ni^2 Te^3.

Mercure. — Métal blanc, très fluide. Dans des granites souvent très altérés. Se trouve à l'état natif au voisinage du cinabre. On en trouve au Limousin, dans des granites pourris.

Métacinabre. — Sulfure noir du mercure, minéral spécial à la Californie.

Méulières. — Pierres siliceuses très légères, spongieuses. Pierres dures métamorphiques, dans la pâte desquelles se trouvent incrustées des empreintes de coquillages de l'époque tertiaire (oligocène).

Micas. — Silicates extrêmement complexes d'alumine, soude, potasse, magnésie, fer, lithine, etc. Le mica blanc se nomme muscovite; noir, biotite; jaune, sericite; rose, lépidolite (parfois légèrement violet). La dureté moyenne est 2,5. Naturellement très clivable, écailleux, onctueux.

Micaschistes. — Roches dont un des éléments constitutifs, le mica, donne à la structure une apparence feuilletée, d'autant plus accentuée que le quartz est plus rare. Lorsque le feldspath domine, la roche tourne au gneiss, et, lorsque le mica tend à disparaître, elle tourne au quartzite. Le grenat est un des éléments secondaires les plus abondants.

Microgranite. — Variété de granite, à éléments très fins. Le microgranulite en est une variété, dont les éléments ont une disposition particulière, tous orientés dans le même sens, moins enchevêtrés que dans les granites.

Microline. — Orthose dont l'angle de clivage n'est pas droit.

Mimetese Pb^2 Cl As^2 O^1. — Cristaux en forme de barils, jaune à brun. Od. aliacée sur charbon.

Minette. — Variété de sidérose ou fer carbonaté.

Mispickel. — Pyrite arsénicale : Fe S² Fe As². Dans les roches cristallines, principalement le quartz, avec d'autres sulfures métalliques, et souvent de l'or. Blanc gris, rayure noir. En prismes surmontés d'une pyramide obtuse. Densité : 6. Dureté : 6.

Molybdenite Mo S². — Minerai de molybdène ressemblant au graphite, mais émet des vapeurs de soufre en le chauffant, et sa rayure est verdâtre. Dans les galènes.

Monazite. — Phosphate de cérium, etc. Petits cristaux rouge brun ou jaune miel. Gris à chaud.

Muscovite. — Mica blanc potassique et sodique, dans les roches anciennes (K² ONa² O, H² O AI² O³) 2 Si O². Quelquefois coloré en vert ou en jaune (séricite) par suite d'un phènomène métamorphique. Éclat nacré, très clivable, lames élastiques.

Monzonite. — Genre de syénite contenant plus de pyroxène augite que d'amphibole.

Nagyagite. — Variété de tellurure d'or.

Neukirchite. — Variété d'acerdèse ou sesquioxyde de manganèse hydraté.

Népheline. — Silicate d'alumine et soude. Remplace le feldspath dans certaines roches basaltiques: mélilites, téphrites, néphélinites, etc.

Néphrite. — Variété d'amphibole actinote verte.

Nickléine blanche. — Variété d'arséniure de nickel, ou chloatite Ni As².

Nickléine rouge ou *Kupfernickel* (voir ce mot).

Norites. — Variété de porphyrite à enstatite et hyperstène.

Obsidiennes. — Trachytes ou andésites non hydratées ou verrevolcanique. Verdâtre plus ou moins foncé. Densité : 2,5. Dureté: 7. Fondent au chalumeau en un verre blanchâtre.

Ocres. — Variété d'oxydes de fer (hématite).

Ocre d'uranium. — Variété de pechblende ou pechurane.

Œil-de-chat. — Variété quartz calcédoine.

Okonite. — Variété ozokérite. Sorte d'isolant.

Oligiste. — Sesquioxydes de fer Fe² O³. Noir ou gris d'acier quand il est cristallisé et brunâtre lorsqu'il est amorphe. Rayure rouge vif. Parfois légèrement magnétique. Sur le charbon, à la flamme réductrice, devient noir et magnétique. Variétés : hématite, sanguine, etc. 60 à 70 pour 100 de fer.

Oligoclase. — Feldspath plagioclase, sodico-calcique. Mélange d'anortite et albite.

Olivine. — Péridot 2 (Mg Fe) O Si O². Vert olive, translucide, parfois transparent, vitreux. Infusible. Densité: 3. Dureté: 6 à 7. Variété: chrysolite.

Onyx. — Variété : quartz calcédoine translucide, en plaques.

Opales. — Variété : quartz. Opale noble, à reflets irisés. Hydrophane, cachelong, hyalite, jaspe, opales terreuses, tripoli, randanite, kieselghur.

Ophite. — Diabases ou diorite de couleur verdâtre (greenstones des prospecteurs).

Orangite. — Silicate hydraté de thorium, etc. Masses brun foncé, dans les syénites.

Orpiment As² S³ . — Beaux cristaux jaune clair. Densité : 3,5. Dureté : 2.

·*Orthose* ou *orthoclase* K² Al², O³ 6 Si O². — Dit aussi felsite ou eurite, ou pétrosilex quand on le rencontre à l'état isolé. Feldspath commun. Variété : sanidine (feldspath vitreux), adulaire, aventurine, etc.

Orthophyre. — Porphyre à base d'orthose : syénite à grains microscopiques.

Osmium. — Métal rare de la famille du platine et l'or, avec lesquels il entre en mélanges intimes, ainsi qu'avec l'irridium (osmiure d'irridium).

Ouralite. — Amphibole hornblende fibreuse. Pseudomorphe de l'augite.

Ouralitisation. — Un des phénomènes d'altération des roches, par décalcification. Atteint les pyroxènes qu'il transforme en amphibole, principalement l'augite, qui perd aussi une partie de sa silice et de son fer. Nous avons vu que la latéritisation oxyde le fer et libère l'alumine, les feldspaths; que la chloritisation altère principalement les roches acides en roches basiques, micas et pyroxènes.

Ozokérites. — Hydrocarbure solide, dit *cire minérale* ou *céresine.* Dans les schistes ou en filons. Densité : 0,85 à 0,96. Du jaune vert au brun rouge. Très mou, fond dans l'eau bouillante.

Palladium. — Métal rare, en combinaison avec le platine, l'or, le rhodium, etc.

Panabase. — Cuivre gris. Gris d'acier à noir de fer. Rayure brun noir. Minerai très complexe : cuivre, fer, antimoine, argent, zinc, le tout

sulfuré, et parfois arsénié. La forme générale des cristaux est tétrae-
drique. Densité : 5. Dureté : 4.

Pandermite ou *borocalcite*.

Patronite. — Sulfure de vanadium. Gris de plomb, noircissant rapidement.

Pechblende ou *pechurane*. — Noir de poix, rayure verdâtre, aspect
résineux, minerai souvent mélangé au manganèse, au plomb, à la silice,
au nickel. Densité : 7 à 8. Dureté : 5,5. Très radioactive. VO^2.

Pegmatite. — Granite à gros grains de feldspath, aplatis, et de quartz.
Passe au quartzite, si le feldspath disparaît. Le feldspath est généralement à faces polies et brillantes; le quartz intercalé y forme comme des
craquelures. Souvent, la pâte est parsemée de druses (vides), dont on
dirait que les cristaux qui les remplissaient ont disparu.

Pennite. — Variété de chlorite à base triangulaire, rhomboédrique,
faces luisantes. Vert.

Péridots ou *olivine* 2 (Mg Fe) O Si O^2. — Vert translucide, parfois
transparent, vitreux. Élément essentiel des basaltes et des roches dites
péridotites. Roches dures.

Perlite. — Trachyte vitreux gris vert renfermant des globules brillants.

Pétrole. — Hydrocarbures plus ou moins liquides. Lorsqu'il est
fluide, brun et plus léger que l'eau. Liquide : mazou ; visqueux : bitumes ;
solide : ozokérite. Dans les terrains métamorphiques, grès, schistes
ou calcaires, en poches plus ou moins vastes. Donne souvent naissance,
dans les pays où il est gîté, à des dégagements de gaz combustibles.

Petzite. — Variété de tellurure d'or.

Phénacite. — Silicate de glucine. Gros cristaux durs : 8. Dans les
gisements d'émeraudes et de topazes (Oural), dans les micaschistes.

Phénomènes d'altérations. — Chloritisation : Altération des micas,
pyroxènes, amphiboles et péridots, en produits chloriteux; sortes de
composés à aspect plus ou moins micacé, gras, de couleur verdâtre
ou rougeâtre, par suite de l'oxydation des composés de fer.

Latéritisation : Altération des feldspaths, dans les diabases, en roches
rouges, ferrugineuses, mettant l'alumine en liberté.

Ouralisation : Altère les roches pyroxéniques en roches amphiboliques, en leur faisant perdre du fer, de la chaux et de la silice.

Serpentinisation : Les diabases, péridots, diorites, gabbros, roches
dures, vertes, se transforment en produits serpentineux.

P.   19

Phillipsite. — Variété de chalcopyrite.

Philipium. — Métal rare, du groupe yttrium.

Phlogopite. — Mica magnésien (genre biotite, peu ferrugineux). Vert ou brun doré. Partiellement soluble par acide sulfurique, laissant un squelette siliceux.

Phosphates de chaux. — Dans presque tous les étages géologiques. Cristallisé: Apatite, mais le plus souvent terreux, ou en nodules. Souvent coloré par des matières charbonneuses ou ferrugineuses.

Phyllades. — Sortes d'ardoises de la période primaire. Roches métamorphiques; se nomment aussi *phyllites.*

Picotite. — Spinelle chromifère, dureté : 8; spéciale à la Nouvelle-Zélande.

Picrite. — Roches péridotites, avec augite, diallage ou hyperstène.

Picrolite. — Variété de serpentine.

Pinite. — Feldspath plagioclase. Albite altéré. en cristaux blancs.

Plagioclases. — Variété de feldspaths.

Platine. — Métal rare, se trouve dans certains alluvions de roches anciennes, classé mécaniquement par gravitation, dans des placers. On en trouve rarement en place; petits cristaux cubiques, d'un **gris** d'acier, Rarement pur, associé le plus souvent à l'irridium, à l'osmium. au palladium.

Soluble dans l'eau régale. Les roches dont la décomposition, ou plutôt l'usure, a donné naissance aux sables alluvionnaires, sont des serpentines dans l'Oural et au Brésil, et en général dans l'Amérique du Sud, des syénites traversées par des filons aurifères de quartz à argile jaune. Densité : 21,5.

Polonium. — Métal radioactif, de la famille du radium.

Polybasite. — Variété cuivre gris, antimonifère.

Ponces. — Variété d'obsidiennes très légères, provenant des éruptions volcaniques. Très dures, poreuses, généralement grises. Fondent au chalumeau en un verre émail laiteux.

Porphyres. — Sortes de granites ou syénites, mais dans lesquels il est difficile de distinguer dans la pâte les divers éléments, qui sont soudés ensemble, donnant à la pâte un aspect euritique. Parfois, cependant, quelques cristaux de quartz se détachent franchement: porphyrite-quartzifère.

Porphyrite. — Roches pyroxéniques ou amphiboliques, d'aspect vitreux (Trapp), pâte de feldspath plagioclase, avec cristaux bien nets de feldspath orthose et oligoclase. Vert, brun noir.

Poudingues. — Roches formées de graviers roulés ou anguleux : (brèches), ou enfin de sables (grès). Ce sont en somme des conglomérats, cimentés avec soit de l'argile ou des produits ferrugineux, ou de la silice. Généralement en filons, remplissant des fentes de roches (Afrique du Sud), et parfois très riches en or, lorsque les éléments, formés de graviers de quartz roulés, sont cimentés par de la silice contenant des pyrites, parfois assez complexes. Certains poudingues rouillés sont aussi aurifères. La rouille provient probablement de l'oxydation des pyrites enfermées dans le ciment siliceux.

Protogine. — Granulite dont le mica est altéré, en produit talqueux, verdâtre.

Proustite. — Variété de sulfo-arséniure d'argent, ou rosicler rouge $Ag^6 As^2 S^6$. Rouge vif, éclat adamantin. Fond facilement, donnant un globule métallique, cassant. Densité : 5,5. Dureté : 2,5.

Psammites. — Grès micacé à ciment argileux : grès houiller, grauwakes, etc.

Pyrites. — Terme général donné aux sulfures métalliques cristallisés.

Pyrolusite. — Bioxyde de manganèse.

Pyromorphite. — Phosphate de plomb, vert ou brun. Densité : 6 à 7. Dureté : 4. Résineux, fond facilement et donne par refroidissement un bouton polyédrique.

Pyrochlore. — Niobate de chaux. Densité : 5,4. Dureté : 5,5. Petits cristaux jaunes ou bruns. Dans les roches volcaniques, résineux, infusible.

Pyrargyrite. — Variété : sulfure d'argent et d'antimoine. Cristaux à reflets rouges adamantins ou gris de plomb. Parfois transparents. Décrépite et fond sur le charbon, avec soude; globule d'argent.

Pyroxènes. — Pâtes des roches pyroxéniques, calco-magnésiennes. $RO \, Si \, O^2$, RO étant de la chaux, de la magnésie, du manganèse, du fer, de l'alumine. Peu attaquable par acides.

Pyrrhotite. — Variété : sulfure de fer, parfois nickellifère. Structure écailleuse, jaunâtre, soluble dans les acides. Souvent magnétique, avec acide chlorhydrique, donne HS. Densité : 4,5 à 4,6. Dureté : 4 à 4,5. Parfois en cristaux hexagonaux, aplatis, avec clivage facile et net.

Quartz — Une des roches les plus importantes. Formée de silice $Si \, O^2$, presque pure. Cristallisée, claire, limpide, se nomme cristal de roche et quartz hyalin; en masses blanches, calcédoine, parfois teintées, opâles, etc.; terreuses : tripoli, etc. Dureté : 6 environ. Le quartz intéressant, pour le minéralogiste, le chercheur de métaux, est le quartz commun, calcédonieux, rouillé en surface, rouille provenant de l'oxydation des particules ferrugineuses, incluses dans la pâte. Parfois la minéralisation est très visible, et des métaux peuvent y être inclus, en cristaux très nets, la plupart du temps, en produits sulfurés : pyrites, ou en métal pur : or, argent.

Quartzites. — Sortes de grès métamorphiques, composés de quartz, et dont le ciment est de la silice. Souvent, très souvent même, minéralisés. Roches très acides : 90 pour 100 de silice. Quelques quartzites sont cependant d'origine éruptive, notamment celles qui proviennent du passage d'une roche au quartzite, comme par exemple certaines pegmatites.

Radium. — Métal très radioactif, de la famille du polonium et uranium. S'extrait des terres rares : monazite, samarskite, etc., qui sont des oxydes de ces métaux.

Randanite. — Variété de quartz opale.

Reinite. — Variété de wolfram, tungstate de fer et de manganèse.

Rétinite. — Variété vitreuse-résineuse d'obsidienne : brun, noir, vert. Décrépite sur le feu, ou à la flamme du chalumeau.

Réalgar. — Disulfure d'arsenic, rouge orangé. Volatil à la chaleur.

Rhodium. — Métal rare, accompagnant souvent le platine.

Rhodocrosite. — Spath rose diallogite $Mn\,O\,CO^2$, ou manganèse carbonaté.

Rhodonite. — Manganèse silicaté $Mn\,O\,Si\,O^2$. Masses compactes rosées, dures, parfois en petits cristaux, nacrés ou vitreux, rouges ou bruns, noircissant à l'air; l'acier ne le raye que difficilement. Densité: 3,5. Dureté : 6.

Riebeckite. — Amphibole sodique.

Ripidolite. — Variété chlorite.

Rosicler. — Sulfo-antimoniure et arsénium d'argent, noir ou rouge (Argyrose).

Rosso. — Variété : diorite avec épidote rouge.

Rubis. — Alumine rose rouge. Dureté : 9. Aluminate de magnésie dite aussi spinelle rouge. Dureté : 8,5.

Ruthénium. — Métal rare, en combinaison avec le platine.

Rutile ou *acide titanique* Ti O^2, Ti, 40 à 60 pour 100. Rouge brun, à éclat vif, en cristaux vitreux, rayure brun pâle. Densité : 4,2. Dureté : 6 à 6,5. En fins cheveux dans le quartz ou le feldspath (flèches d'Amour, cheveux de Vénus).

Ryolites. — Trachytes vitreux quartzifères, granitoïdes. Sortes de syénites récentes.

Sables. — Produits plus ou moins fins, provenant de la désagrégation des roches.

Samarium. — Métal rare du groupe cérium.

Samarskite. — Urano-tantale. Terre rare, en petits grains ou cristaux, noir velouté, devient incandescent au rouge. Dureté : 6. Dans les granitoïdes.

Sanguine. — Variété d'hématite rouge. Onctueuse.

Sanidine. — Feldspath orthose vitreux.

Saphir. — Alumine bleue. Dureté : 9.

Sardoine. — Variété brune de quartz calcédoine.

Sassolite. — Acide borique, en lames neigeuses (Sasso, Italie).

Saussurite. — Feldspath plagioclase altéré blanc.

Saxonite ou *hazburgite.* — Péridotite à enstatite, tacheté de blanc.

Scheelite. — Tungstate de chaux Ca O WO^2. Cristaux formant parfois de grosses masses, vitreux, éclat métallique. Blanc ou jaunâtre. Densité et dureté : 6. Fond imparfaitement sur les bords en émail noir. En filons dans le quartz et ses alluvions.

Schistes. — Roches dont l'aspect est particulier, par suite de la disposition en couches feuilletées des éléments constituants.

Schwartzite. — Variété : cuivre gras, mercurifère.

Schwezerite. — Variété serpentine.

Sélénite. — Gypse laminé ou spathique, parfois coloré en vert et un peu phosphorescent.

Sel gemme. — Chlorure de sodium, en grands bancs, mélangé à des sels de chaux, soude, potasse, magnésie.

Senarmonite $Sb^2 O^3$. — En filons, cristallisé en octoédres plus ou moins transparents, parfois en grandes masses compactes, blanc gris, Densité : 5. Dureté : 3. Teneur maximum en stibine, 83 pour 100. Fond sur le charbon, en anneau blanc, avec petite gouttelettes métalliques et fines aiguilles.

Sépiolite ou *écume de mer.*

Séricite. — Variété : mica muscovite, fluorifère, par métamorphisme. Jaune d'or, onctueux.

Serpentine. — Silicates magnésiens hydratés 3 Mg O, 2 Si O^2 + aq. Du vert au noir, parfois translucide sur les bords. Cassure cireuse, 40 variétés.

Serpentitnisation. — Phénomène métamorphique, qui atteint les roches primaires, éléments pyroxéniques ou feldspathiques, qu'il transforme en produits serpentineux.

Siderochrome ou *chromite.*

Sidérose ou *fer carbonaté* Fc CO^2 (48 pour 100 fer). — Compact, blanc jaunâtre, s'altère à l'air en hématite. Densité : 3 à 4. Dureté : 4. Effervescent avec acide chlorhydrique.

Silex. — Variété : Quartz, dite *pierre à feu.*

Silice Si O^2 ou *quartz.* — Une des roches fondamentales, entrant dans la composition de presque la majorité des roches intéressant le prospecteur. Densité : 2,65. Dureté : 7.

Quand elle est nettement cristallisée, elle présente habituellement six pans, en prisme plus ou moins parfait, surmonté d'une pyramid plus ou moins bien régulière, et s'appelle alors cristal de roche. La silice entre en combinaison avec un grand nombre d'agents chimiques : magnésie, alumine, chaux, manganèse, etc.

Sur la quantité de silice contenu dans les roches, les minéralogistes ont établi une classification de ces roches, sur l'acidité. Il est en effet remarqué que, plus une roche contient de silice, plus elle est acide ; d'où la classification des roches en roches acides et en roches basiques.

Roches ultra-acides de 75 à 90 pour 100 de Si.

Quartz, quartzite et autres silices (pour 100)................. 90
Eurite, feldspath, alumine...................................... 80
Granulite, pegmatite (quartz, feldspath, mica)................. 75

Roches acides de 56 à 75 pour 100 de Si.

Porphyres quartzifères (quartz, mica, feldspath).............. 72
Granites (quartz, mica, feldspath)............................ 70
Syénites (quartz, feldspath, amphib.)......................... 68
Porphyrites (feldspath, plagioclases, orthose) 67
Andésites (quartz, augite, feldspath, plagioclases)........... 56

Roches basiques de 45 à 55 pour 100 de Si.

Porphyres dioritiques (amphib., feldspath, plagioclases)......... 55
Diorites (amphib., feldspath, plagioclases).................... 50
Diabases (pyrox., feldspath, plagioclases).................... 50
Rhodonite (silicate de Mn : $MnSiO^3$)........................ 45

Roches ultra-basiques.

Péridotite (péridot. pyrox.).................................. 43
Serpentine (serpentines complexes).......................... 40
Diabases amygdaloïdes (complexes) 36

Pour en terminer avec la silice, nous dirons que, dans le cristal de roche, les macles sont fréquentes, et que les faces du prisme sont souvent striées horizontalement, et que les faces les plus développées sont généralement les plus brillantes et les plus lisses.

Smaragdite. — Variété amphibole verte.

Smithsonite ou *calamine.* — Zinc carbonaté (voir ce mot).

Soufre. — Métalloïde, jaune, parfois cristallisé en longues aiguilles, ou en octaèdres, ou en masses jaune sale ou brunâtre, résineuse. Brûle en donnant une odeur caractéristique d'anhydride sulfureux.

Spath fluor ou *fluorine* Ca Fl⁴. — Cristaux cubiques, jaune, vert, violet. Densité : 3. Dureté 4. En veines dans beaucoup de terrains, souvent au contact des minerais d'étain ou de plomb.

Sperrylite Pt As². — Dans les pyrrhotites nickellifères (Canada).

Sphène. — Silico-titanate de chaux, dans quelques diabases, et parfois dans le granite.

Stannite. — Sulfure complexe d'étain et de cuivre. Gris acier. Dissous partiellement par acide nitrique, et résidu blanc.

Stassfurtite ou *boracite* (voir ce mot).

Steaschistes. — Schistes sériciteux, qui ne contiennent pas de calcaire (stéatite). Gras onctueux, parfois verdâtres ou rouillés.

Stéatite ou *talc.* — Silicate, très hydraté, de magnésie

$$Mg^2 3\,Mg\,O,\, 2\,Si\,O^2 + aq.$$

Devient éclatant au chalumeau et fond faiblement sur les bords. Éclat nacré, légèrement coloré, en gris, vert. Faiblement attaqué par ébullition dans les acides. Gras, onctueux. Roches d'altération, provenant de la décomposition de l'enstatite. Dans les roches feuilletées. Densité : 2,7. Dureté : 1.

Stéphanite. — Variété : rosicler ou sulfo-antimoniure d'argent.

Stibine. — Sulfure d'antimoine, $Sb^2 S^3$ max : 70 pour 100. En masses gris plomb métallique. Rayure noire. Densité : 4,5. Dureté : 2. En filons ou en poches dans le quartz ou les roches éruptives, avec des minerais d'argent, de plomb, de zinc. Dans certains calcaires et argiles du crétacé.

Stibiotantalite. — Minerai de tantale jaune.

Syénites. — Roches éruptives d'aspect gneissiques ou granitiques, composées de quartz, feldspath orthose généralement teinté en rose, et d'amphibole hornblende, et parfois quelques grains de pyroxène non encore altéré ou enrobé dans une croûte d'amphibole.

Sylvianite. — Variété de kalgoorlite, ou tellurure d'or et mercure.

Sylvine. — Chlorure de potassium, dans les gisements de sel gemme.

Talcite (voir *Stéaschistes*).

Talc (voir *Stéatite*).

Tantale. — Minéral rare. Densité : 10,8. Gris.

Tantalite. — Tantalate de fer. Densité : 7. Dureté : 6. Noir.

Téphrite. — Basalte dont le feldspath est remplacé par la néphéline.

Tétraédrite. — Cuivre gris (voir ce mot).

Thorium, Thullium, Titane. — Métaux rares.

Topaze. — Alumine jaune, dite *orientale*. Densité : 4. Dureté : 9. Ou encore du silico-fluorure d'alumine. Densité : 3,5. Dureté : 8. Jaune. Cristaux généralement prismatiques à huit pans, surmontés d'une sorte de pyramide brachyforme.

Tourbe. — Minéral combustible végétal, non entièrement consititué. Complètement séchée, elle peut donner 5000 calories. S'enflamme vers 250°. Densité : 0,35 à 0,45. Parfois en couches de 15^m à 20^m d'épaisseur.

Tourmalines. — Borosilicates d'alumine, fluorifères. Pierres de toutes couleurs. Certaines sont lithinées ou magnésiennes, ou ferrifères, ou ferro-magnésiennes. Cristallisent sous forme de prismes à neuf pans, plus ou moins bien définis et surmontés d'une sorte de pyramide à trois arêtes, trois faces, mais chaque face ayant trois côtés à la base. Densité : 3 environ. Dureté : 7 à 7,5. Les tourmalines peuvent aussi traverser les quartz, quartzites, certains micaschistes ou dolomies, et prendre alors une forme plus ou moins cylindroïde-cannelée. Souvent, les cristaux de tournaline sont plus teintés à une extrémité qu'à l'autre.

Trachytes. — Roches volcaniques récentes, sans quartz, à pâte de feldspath-plagioclase, anortite et oligoclase altéré (sanidine). Rude au toucher, ce qui lui a donné son nom. Sorte de syénite moderne, sans quartz. Pâte à éléments généralement très fins, parsemée de vides remplis de cristaux de même nature que la pâte, donnant une apparence poreuse. Généralement verdâtres. Souvent environnées de cendres volcaniques. Quelques variétés sont cependant quartzeuses (rhyolites, liparites, etc., d'aspect granitique).

Trapp. — Appellation anglaise des porphyrites et mélaphyres.

Trémolite. — Amphibole claire: blanc, gris, verdâtre; longs cristaux vitreux, parfois asbestiformes. Variétés : jade, asbeste ou amiante, liège de montagnes, etc.

Tridymite. — Variété de quartz.

Tripolis. — Variété de quartz opales terreux.

Trogarite. — Variété de pechblende très radioactive.

Tufs. — Terres calcaires, qui se trouvent au-dessous de la terre végétale qui n'est plus pierre et pas encore terre. Calcaire moderne, dont on ne peut faire aucun usage. Généralement poreux, formé par le dépôt des eaux douces ou marines.

Tungstène. — Métal tiré du wolfram.

Turquoise $H^{12} Al^4 P^2 O^1$. — Masses compactes ou rognons, vert émeraude ou bleu verdâtre. Densité : 2,6 à 2,8. Dureté : 6. Dans des argiles. Noircit en chauffant au chalumeau, et émet de la vapeur d'eau. Soluble dans l'acide chlorhydrique.

Uranite ou *chalcolite.* — Phosphate d'uranium et de cuivre ; ressemble au mica de couleur vert émeraude. Dans des filons cobaltifères ou argentifères, dans des pegmatites et des granites.

Valentinite. — Variété de sénarmonite.

Vanadinite. — Chloro-vanadate de plomb, Prismes brillants hexagonaux. Rouge, jaune brun, rougeâtre, translucides. Densité : 7. Dureté : 3. Dans des galènes.

Vermiculite. — Variété chlorite jaune ou brun. Structure micacée.

Verre volcanique. — Variété obsidienne.

Véridite. — Variété chlorite, attaquable par les acides.

Vivianite. — Phosphate ferreux hydraté $Ph^2 O^5 3 Fe O + 8$ aq. Prismes bleus, légèrement courbés reniformes, ou en rognons cristallins. Densité : 2,6. Dureté : 1.5.

Wad. — Mélange d'oxydes hydratés de manganèse ferreux.

Wallerite. — Variété de chalcopyrite.

Wavelite. — Phosphate d'alumine. Nodules radiées, dans des argiles à minerais de fer et magnésie. Ressemble à l'apatite, mais est plus légère et moins dure. Blanc, gris, verdâtre. Densité : 2,35. Dureté : 4.

Wherlite. — Péridotite instable, qui se serpentinise très rapidement.

Wheel ore. — Variété de bournonite.

Willemite. — Zinc silicaté 2 Zn O.Si O².58 pour 100 Zn maximum. Dite improprement calamine. En masses blanchâtres, parfois colorée en jaune, vert, brun, rouge, souillé. Rayure plus claire. Densité : 4. Dureté: 5,5. Fond difficilement au chalumeau. S'altère à l'air et brunit. Souvent au contact de la véritable calamine ou d'oxydes ferreux manganiques.

Wolfram. — Tungstate de manganèse et de fer. Minerai de tungstène 60 pour 100 maximum. Éclat métallique, parfois terne. Noir à rayure brun rouge. Massif ou cristallisé. Dans des alluvions stannifères.

Wulfénite (mélose).

Ytterbium. — Métal rare du groupe yttrium.

Yttrium. — Métal rare.

Zéolites. — Petits cristaux de feldspath, tapissant les druses des roches fedspathiques altérées.

Zinc carbonaté ou *calamine, Zinc silicaté* ou *willenite* (voir ces mots).

Zircon. — Silicate de zirconium de toutes couleurs. Densité : 4,6. Dureté : 7. Cristaux cubiques à cassure conchoïdale brillante. Infusible au chalumeau, mais perd sa couleur.

Zirconium. — Métal rare, chef du groupe thorium, titane, germanium.

MINÉRAUX TACHANT LES DOIGTS.

Absolane (Wad.). — Presque infusible. Radio-fibro-cristallin. Dégage du chlore par l'attaque de HCl. Noirâtre.

Craie. — Variété de carbonate de chaux blanchâtre, terne. Effervescence dans les acides.

Graphite. — Variété carbone. En masses lamelleuses gris noirâtre. Onctueux, inattaquable, infusible. Trait noirâtre sur le marbre.

Hématite. — Variété sanguine terreuse. Devient noir par calcination.

Limonite. — Variété d'ocre. Argile ferrugineuse. Parfois attaquable par HCl.

Molybdénite Mo S². — Cristaux hexagonaux. Gras résineux. Trait vert sur le marbre, infusible. En partie attaquable par Az O³ H, bouillant, laissant un résidu blanchâtre. Partiellement soluble dans KHO bouillant. Aspect graphitique.

Oxydes de manganèse. — Noirs, friables. Donnent du Cl avec HCl.

Tripoli. — Variété de quartz terreux en masses rosâtres.

MINÉRAUX A EFFETS CHATOYANTS.

Aventurine. — Variété feldspath mi-vitrifié. Rouge brun, à paillettes de mica miroitantes et de fer oligiste brillant.

Corindon à astérie. — Bleu. La base du prisme est étoilée.

Cymophane, labrador, chrysopale. — Éclat laiteux remarquable, semblant flotter à l'intérieur du minéral.

Marbre lunachelle. — Calcaire à reflets rougeâtres produits par de la nacre non altérée.

Opale noble. — Variété de quartz à beaux reflets de lumière dans la masse du minéral.

Orthose opalisante. — Variété orthose à reflets bleuâtres.

Pierre de lune et *pierre soleil.* — Feldspath oligoclase vitrifié à reflets opalisants rougeâtres produits par de l'oxyde de fer.

Œil-de-chat. — Variété de quartz calcédonieux avec inclusions de fibres chatoyantes d'amiante.

MINÉRAUX LIMPIDES CRISTALLISÉS INCOLORES.

Adulaire. — Gros cristaux vitreux de feldspath, orthose. Dureté : 7.

Albite. — Petits cristaux de feldspath plagioclase sodique en forme de gouttières. Inattaquable par les acides.

Anglésite Pb SO³. — Cristaux ou masses résineuses. Fond à la bougie.

Analcime. — Silicate d'alumine calco-sodique (zéolites). Dureté 5,5. Très fusible.

Anortite. — Feldspath calcique. Rarement blanc. Gris vert. Attaquable par HCl. Densité : 2,7. Dureté : 7.

Apatite. — Phosphate de chaux fluoré. Prismes hexagonaux. Vif éclat, mais rarement incolore. Dureté : 5. Densité : 3. Soluble dans HCl.

Aragonite. — Variété de carbonate de chaux. Prismatique. Se désagrège par la chaleur, et devient effervescent par les acides.

Barytine. — Sulfate de baryte. Rarement cristallisé, orthorhombique aplati. Sur charbon avec soude dégage du soufre.

Béryl. — Variété émeraude incolore. Silicate de Al et Gl. Colonnes hexagonales. Dureté : 8.

Boracite. — Minerai de borax. Dureté : 7. Cubes taillés. En poudre fine, devient partiellement soluble dans HCl et Az O^3 H.

Cérusite. — Plomb carbonaté, décrépite et fond. Éclat adamantin. Effervescent avec HCl. Sur le charbon donne un bouton de Pb.

Corindon. — Alumine pure, vif éclat vitro-chatoyant. Très dur : 9.

Diamant. — Carbone pur. Vif éclat. Parfois coloré. Dureté : 10.

Dolomie. — Carbonate de (Ca Mg) CO^3. Cristaux rhomboédriques. Difficilement effervescent dans HCl.

Fluorine. — Rarement incolore. Fluorure de calcium. Cubique. Très mou. Attaquable par $H^2 SO^4$, avec dégagement de HFl. Souvent fluorescente.

Gypse. — Sulfate de Ca O. Prisme oblique. Très clivable. Rayé à l'ongle. Perd sa transparence vers 120°. Sur charbon avec soude, donne S.

Muscovite. — Mica potasso-sodique. Très clivable. Lamelles élastiques nacrées.

Néphéline. — Feldspathoïde soldique. Petits cristaux hexagonaux. Rendu nuageux par HCl.

Quartz. — Prisme haxagonal pyramidé. Silice pure. Dureté : 7,5 à 8.

Scheelite. — Vitreux, vif éclat. Tungstate de Ca O. Fond imparfaitement sur les bords en émail noir. Dureté : 5. Densité : 6.

Senarmonite $Sb^2 O^3$. — Octaèdre ternissant à l'air. Assez fusible. Sur le charbon, donne un globule métallique et un anneau blanc entouré de fines aiguilles. Dureté : 3. Densité : 6,3.

Smithsonite ou *zinc carbonaté*. — Petits cristaux brillants, effervescents. Dureté : 5. Densité : 4,5.

Topaze. — Silicate fluoruré d'alumine. Dureté : 8. Généralement jaune.

Tourmaline. — Boro-silicate d'alumine fluorifère. Prismes cylindriques cannelés, se teintant vers une extrémité. Dureté : 7,5. Densité : 3.

CRISTAUX LAITEUX BLANCS.

Apatite. — Phosphate de chaux fluoré. Prisme hegagonal. Blanc mat. Généralement coloré. Densité : 3. Dureté : 5. Soluble dans HCl.

Calcite. — Carbonate de chaux. Dureté : 3. Densité : 2,7. Très effervescente.

Dolomie. — Carbonate de Ca O et Mg O. Saccharoïde. La poudre fait effervescence dans HCl.

Quartz Si O². — Densité : 2,5. à 2,8. Dureté : 7,3. En primes hexagonaux pyramidaux. Parfois en masses laiteuses.

Trémolite. — Amphibole claire. Généralement en longs cristaux fibreux soyeux (amiante).

MASSES LAITEUSES BLANCHATRES.

Acide borique. — Flocons gras au toucher. Fond à l'eau bouillante.

Albâtre ou *gypse*. — Sulfate de Ca O. Masses cristallines. Rayure facile.

Amiante. — Amphibole hydratée en masses fibreuses assez tendres, onctueux.

Anhydrite. — Albâtre saccarhoïde (voir *Albâtre* ci-dessus).

Barytine Ba SO⁴. — Densité : 4,5. Dureté : 3. Masses souvent nacrées. Insoluble dans les acides. Décrépite au feu sans fondre.

Calcédoine Si O². — Quartz en masses laiteuses résineuses. Cassure nette. En filons ou veine. Dureté : 7 à 7,5.

Cryolite.— Fluorure de Al et Na. Densit é: 2,9. Dureté : 2,5. Masses laminaires clivables. Vitro-nacré. Fond à la bougie. Avec H²SO⁴ à chaud donne HFl. Colore la flamme en jaune.

Opale. — Variété quartz calcédoine, à reflets chatoyants souvent colorés.

Scheelite. — Tungstate de Ca O. Densité : 6. Dureté : 5. Vif éclat vitreux. En poudre très fine, attaquable par Az O³ H, avec dépôt jaune.

MASSES BLANC MAT.

Barytine (voir ci-dessus).

Dolomie (voir ci-dessus).

Giobertite Mg CO³. — Amas fibreux, rarement compacts. Toucher

rugueux. Soluble dans HCl, et devient effervescent dans acide chaud
Dureté : 4,5. Densité : 3. Infusible. Souvent taché de rouille.

Gypse (voir plus haut *Albâtre*).

Kaolin. — Silicate d'alumine hydraté. Terre à porcelaine. Densité·
2,2. Infusible. Inattaquable aux acides, sauf acide sulfurique bouillant.
Plastique dans l'eau, durcit au feu.

Marbre. — Variété calcaire. Effervescent aux acides.

Phosphorite. — Masses arrondies mamelonnées. Variété d'apatite.
Soluble dans HCl. Densité : 3. Dureté : 4 à 5. Parfois radiées.

Saussurite. — Feldspath plagioclase altéré d'albite. Inattaquable par
les acides.

Stéatite ou *talc*. — Silicate très hydraté de Mg O. Insoluble. Très
difficilement fusible sur les bords. Généralement fibreux ou écailleux.
Écailles non élastiques. Souvent légèrement coloré. Gras au toucher,
onctueux. Très facilement rayé à l'ongle.

Zinconite. — Zinc carbonaté $Zn\,CO^3$. Aspect terreux. Effervescent
avec HCl. Soluble dans KHO bouillant. Rugueux. Densité : 3,5. Généralement coloré.

ÉCLAT MÉTALLIQUE BLANC.

Antimoine Sb. — Eclat blanc. Très cassant. Fond à 450°, en se vapo-
risant en vapeurs d'oxyde si l'on élève la température. Sur le charbon
donne des fumées et une auréole blanche. Cristallise en refroidissant.
Lentement attaquable par $H^2\,SO^4$ et HCl.

Argent natif. — Arborescences, fibres, cristaux, fils, lamelles. Blanc,
lorsqu'il n'a pas été altéré, mou, soluble dans $Az\,HO^3$.

Chloantite $Ni\,As^2$. — Cristaux ou masses blanc gris. Soluble en jaune
plus ou moins verdâtre dans $Az\,OH^3$. Densité : 6,5. Généralement
recouvert par un enduit verdâtre d'arséniate.

Cobaltine $Co\,As\,S$. — Densité : 6. Dureté : 5,5. Blanc gris, à reflets
rougeâtres. Poussière noirâtre. Fait feu au briquet. Soluble en rose dans
$Az\,O^3\,H$, avec résidu d'arsenic.

Mercure argental. — Cristaux cubiques. Chauffé au tube, donne des
vapeurs de mercure qui se déposent en se condensant sur les parois du
tube.

Mispickel $Fe\,As\,S$. — Densité : 6,4. Dureté : 6. Rayure noire. Prisme
rhomboédrique, surmonté d'une pyramide obtuse. Sur charbon, donne
une odeur d'ail. Fait feu au briquet.

Sylvianite. — Tellurure de Au et Ag. Cristaux très maclés ou aciculaire, gris blanc. Densité : 8. Dureté : 1.5. Sur charbon, donne globule : Au Ag, avec dégagement d'odeur caractéristique de tellure.

Tellure Tc. — Densité : 6,3. Dureté : 2 à 2,5. Blanc, très fusible. Au tube ouvert, donne un sublimé blanc d'acide tellureux. Soluble dans Az O³ H. Se trouve généralement en masses grenues.

CRISTAUX ROSES.

Adamine. — Zinc arsénié. Petits cristaux arrondis. Dureté : 3,5. Sur le charbon, donnent une odeur d'ail.

Diallogite Mn CO². — Noircit à l'air. Densité : 3,5. Dureté : 4 à 4,5. Vitro-nacre. En poudre fine, soluble dans HCl avec effervescence. Petits cristaux lenticulaires. Parfois masses mamelonnées. Décrépite au chalumeau et devient noirâtre.

Érythrine. — Cobalt arsénié, Cristaux ou fibres cristallines, fleur de pêcher. Densité : 3. Dureté : 2.5. Soluble en rose dans HCl.

Fluorine. — Fluorure de calcium clivable. Cristaux cubiques taillés. Fluorescent. Éclat vitro-résineux. Densité : 3,2. Dureté : 4.

Lépidolite. — Mica lithique, écailles menues accolées. Dureté : 3. Densité : 3.

Microline ou *amazonite.* — Variété orthose en lamelles minces. Dureté : 6.

Orthose. — Feldspath rose à section carrée. Dureté : 6.

Pétalite. — Variété orthose en écailles, ou lamelleux.

Rhodonite Mn O Si O². — Densité : 3,6. Dureté : 6 à 6,5. Masses ou cristaux roses sur certaines faces, verdâtres sur les autres. Très fusible. Partiellement attaquable par les acides, et décoloré. Nacré. Noircit à la chaleur de la calcination, et s'altère à l'air.

Rubis balais. — Octaédrique. Vif éclat vitreux. Variété spinelle rose. Dureté : 8 à 8,5.

Tourmaline. — Boro-silicate fluorifère d'alumine. Prismes cylindriques cannelés. Dureté : 7,5. Plus coloré à une extrémité qu'à l'autre.

ROUGE VIF.

Cinabre Mg S. — Éclat adamantin, rayure vermillon. Densité : 8. Dureté : 3. A chaud, donne des vapeurs de mercure qui se subliment sur les parois du tube.

Proustite. — Ag⁶ As² S⁶. Densité : 5,6. Dureté : 2,5. Prismatique, terminé par une pyramide, vif éclat adamantin, transparent. Sur le charbon, donne un bouton d'argent cassant, et dégage des vapeurs arsénicales. Au tube, donne un sublimé de sulfure d'arsenic, brun.

Quartz hyacinthe. — Petit prisme bipyramidé. Opaque rouge sang. Dureté : 7.

Réalgar As S. — Prisme oblique orangé rouge. Brûle et se volatilise en dégageant S et As.

Rubis spinelle. — Octaédrique. Vif éclat. Dureté : 8,5.

Vanadinite. — Chloro-vanadate de plomb. Prisme hexagonal brillant vitreux. Dureté: 3. Sur charbon, donne bouton de Pb. Généralement en tablette. Particllement soluble dans HCl, en vert, avec dépôt de chlorure de Pb.

Wulfenite ou *mélose.* — Molybdate de plomb. Densité : 7. Dureté : 3. Cristaux tabulaires, souvent jaunes. Vif éclat. Décrépite et fond facilement. Soluble dans HCl bouillant.

Zincite Zn O. — Aspect micacé ou grenu. Rayure jaune. Infusible, soluble avec effervescence dans Az O³ H.

Zircon Zn O Si O². — Densité : 4,5. Dureté : 7,5. Cristal quadratique surmonté d'une pyramide. Parfois plat et hexagonal. Vitro-adamantin. Se décolore au chalumeau et devient phosphorescent. La poudre est lentement soluble dans H² SO⁴. Faux diamant jaune des alluvions aurifères.

CRISTAUX ROUGE FONCÉ.

Argyrythrose. — Sulfure d'antimoine et d'argent. Adamantin. Décrépite, fond. Au tube, donne un sublimé rouge brun.

Rutile Ti O². — Densité : 4,2. Dureté : 6 à 6,5. Prismes à nombreuses faces et angles rentrants. Généralement maclés. Sur l'oligiste, les cristaux sont plats, rouge vif.

CRISTAUX ROUGE BRUN.

Cassitérite Sn O². — Densité : 7. Dureté : 7. Quadratique taillé, ayant l'apparence octogonale. Macle fréquente. Surmonté d'une pyramide. Parfois en masses. Infusible au chalumeau, mais fond sur le charbon, avec addition de soude, et donne de l'étain métallique. Insoluble dans acides.

Grenat. — Silicates complexes dodécaédriques. Dureté : 8. Fond au chalumeau. ,

Mimétèse Pb Cr O⁴. — Prisme oblique base rhombe. Sur charbon avec KCy, donne bouton de Pb avec auréole jaune.

Pyrochlore ou *pyromorphite* Pb⁵ Ph³ o¹² Cl. — Densité: 7. Dureté: 4 à 5. Souvent arsénical et fluorifère. Masses aciculaires, résineux, translucide. Poussière jaunâtre. Fond facilement sur charbon et donne bouton qui cristallise en nombreuses facettes. Soluble dans Az O³ H.

Sphène. — Silico-titanate de Ca O. Forme de toit aplati. Dureté : 5. Soluble dans H² SO⁴.

CRISTAUX ROUGES A ÉCLAT MÉTALLIQUE.

Cuprite Cu² O. — Densité : 6. Dureté: 4. Cubique, translucide, Ressemble au cinabre, mais n'est pas volatil. Soluble dans Az O³ H. Sur charbon, avec soude, donne bouton cuivre.

Proustite. — Voir rouge vif.

Pyrargyrite Ag² Sb S³. — Densité : 5,8. Dureté : 2,5. Prismatique pyramidé, six pans. Adamantin, poussière rouge. Fond en décrépitant. Sublimé au tube. Soluble avec dépôt blanc dans Az O³ H.

MINÉRAUX NON CRISTALLISÉS, ROSES.

Opale tripoli. — Variété silice terreuse. Raye le verre.

Rhodonite. — Voir cristaux roses.

ROUGE.

Blende Zn S. — Densité : 4. Dureté : 3,5. Masses généralement grenues à aspect métallique, ou résineux. Cassure lamelleuse. Souvent phosphorescent par frottement. Décrépite sans fondre. Difficilement attaquable par H² SO⁴, avec dégagement H² S.

Cinabre. — Voir cristaux rouge vif.

Cornaline. — Quartz calcédonieux rouge translucide. Dureté : 7.

Cuivre natif. — Grains ou rognons, ou plaques minces. Mou. Rayure métal.

Friedélite. — Manganèse silicaté. Parfois cristallin. Dureté : 5,5. Densité : 3,6.

Hématite sanguine. — Variété Fe² O³. Infusible au chalumeau. Soluble dans HCl, et donne précipité d'ocre par addition d'Az H³.

Opale rouge. — Variété quartz calcédonieux.

P.   20

JAUNE. CRISTAUX ORANGE.

Orangite. — Silicate de terres rares, petits cristaux quadratiques. Infusibles. Parfois en masses résineuses.

Orpiment As^2 S^3. — Beaux cristaux clairs, prismatiques. Parfois en lamelles. Très volatil. Densité : 3,5. Dureté : 2. Soluble dans KH O et eau régale. En fondant, dégage du S et de l'As. Au tube, donne une bague d'arsenic.

Pyromorphite ou *pyrochlore.* — Voir cristaux rouge brun.

Thorite. — Petits cristaux jaunes. Minerai de terres rares. Résineux.

JAUNE FRANC.

Bronzite. — Pyroxène lamellaire difficilement fusible. Éclat métallique.

Chrysotile. — Variété serpentine asbestiforme. Soyeux, flexible à froid, cassant à chaud.

Mimétèse. — Voir cristaux rouge brun.

Serpentine noble. — Jaune mat onctueux. Coupe au couteau.

Soufre. — Octaèdre, aiguilles ou masses résineuses. Brûle avec odeur.

Uranite ou *chalcolite.* — Phosphure d'uranium, paillettes micacées, d'aspect quadratique. Parfois en cristaux orthorhombiques.

JAUNE SOUFRE.

Apatite. — Voir minéraux limpides cristallisés incolores.

Barytine. — Voir minéraux cristallisés incolores.

Béryl. — Variété émeraude Gl^3 Al^2 Si^6 O^{18}. Densité : 2,7. Dureté : 7,5 à 8. Souvent fluorifère. Hexagonal, strié.

Blende. — Voir minéraux non cristallisés rouges.

Calcite. — Voir cristaux laiteux blancs.

Fluorine. — Voir cristaux incolores.

Scheelite. — Voir masses laiteuses blanchâtres.

Sidérose Fe CO^3. — Densité : 3,8. Dureté : 3,5. S'altère à l'air, devient rouge. Rhomboédrique fragile. Décrépite à chaud. Effervescent dans HCl bouillant. Souvent lenticulaire. Après calcination, devient magnéiq ue et noirâtre.

Soufre. — Voir jaune franc.

Topaze. — Minéral spécial au Brésil, $Al^2 O^3 Si O^2 Fl^2$. Densité: 3,5. Dureté : 8.

Topaze citrin. — Variété quartz. Dureté : 7. Densité : 2,8.

Topaze orientale. — Variété corindon jaune. Densité : 4. Dureté : 9.

Wulfenite ou *mélose.* — Voir cristaux rouge vif.

Zincite. — Voir cristaux rouge vif.

JAUNE VERT.

Béryl. — Voir ci-dessus jaune soufre.

Olivine. — Variété péridot vert olive. Vitreux, translucide, gras. Quelquefois transparente. $2 (Mg Fe) O Si O^2$. Densité : 3. Dureté : 6 à 6,5. La variété limpide se nomme chrysolite et contient de l'alumine. Infusible. Parfois en grains: péridot granulaire.

Sphène. — Voir cristaux rouge brun.

ÉCLAT MÉTALLIQUE JAUNE.

Bismuth. — Jaune paille, lamelles cassantes. Fond à 265°. Soluble dans $NO^3 H$. Précipite par addition de H^2O. Volatif au rouge blanc.

Chalcopyrite $(Cu Fe) S^2$. — Jaune or, à reflets chatoyants verdâtres. Rayure noirâtre. Densité : 4,2. Dureté : 3,5. Fond sur le charbon avec étincelles. Soluble dans $NH O^2$.

Erubescite. — Variété ci-dessus, plus chatoyante.

Marcassite. — Pyrite de fer prismatique, rhomboédrique, droit. Souvent strié sur ses faces. Reflets verdâtres. Mâcle fréquente. Soluble dans $NH O^3$. Chauffé au tube, donne sublimé de soufre.

Millerite ou *trichopyrite* $Ni S$. — Cristaux capillaires. Dureté : 3,5.

Nickeline ou *kupfernikel* $Ni As$. — Reflets rougeâtres. Rayure noirâtre. Fond au chalumeau, avec odeur d'ail. Attaque $NH O^3$.

Or. — Mou, malléable, lourd, attaquable seulement à l'eau régale.

Pyrrhotine $Fe S$. — Magnétique. Densité : 4,6. Dureté : 4 à 4,5. Généralement en masses écailleuses ou en grains. Poussière noir gris, magnétique. Très difficilement soluble dans HCl avec dégagement de HS, et dépôt de soufre. Au tube ouvert, donne acide sulfureux. Souvent associé au Ni et au Co.

MINÉRAUX NON CRISTALLISÉS. JAUNE.

Ambre. — Résine légère fossile. Combustible. Dureté : 2,5. Frotté sur de la laine, attire le papier.

Argent corne Ag Cl. — Cubique ou octaédrique. Fond facilement en liquide jaune. Soluble dans NII O³. Se coupe au couteau.

Rétinite. — Variété obsidienne vitro-résineux, décrépite au feu. Dureté : 6.

Soufre. — Friable. Fond à 114°. Brûle avec odeur forte.

Silex. — Variété silice, dite *pierre à feu* avec l'acier.

VERT. CRISTAUX VERT CLAIR.

Béryl. — Voir cristaux jaune soufre.

Chalcolite ou *uranite.* — Voir cristaux jaune franc.

Diopside. — Pyroxène transparent, cassure conchoïdale par HCl. Fusible au chalumeau. Presque inattaquable par HCl.

Péridot. — Variété olivine verdâtre. Généralement granulaire. Parfois limpide. Chrysolite 2 (Mg Fe) O Si O². Infusible.

Pyromorphite. — Voir cristaux rouge brun.

Talc. — Silicate de magnésie hydraté. Densité : 2,8. Dureté : 1 à 1,5. Lames minces hexagonales nacrées. Gras onctueux. Au chalumeau, donne une lumière très vive, et devient dur. Fond légèrement sur les bords, et tombe en feuilles minces. La stéatite est le talc compact.

Tourmaline. — Voir cristaux roses.

CRISTAUX. VERT.

Amazonite. — Variété orthose, en gros prismes verts. Inattaquable.

Cymophane ou *crysopale* C⁴ Al² Ol. — Densité : 3,7. Dureté : 8 à 8,5. Hexagonaux généralement maclés. Vitreux, transparents ou opalins. Inattaquable. Éclat semblant flotter à l'intérieur en reflets bleuâtres.

Émeraude ou *béryl.* — Voir cristaux jaune soufre.

Fuschite. — Variété de mica vert.

Uranite ou *chalcolite.* — Phosphate d'uranium et cuivre, aspect micacé.

CRISTAUX. VERT FONCÉ.

Actinote. — Variété amphibole. Longs prismes fibreux. Densité : 3. Dureté : 5. Fond au chalumeau en bouillonnant.

Apatite. — Voir cristaux limpides incolores.

Clinochlore. — Variété chlorite, d'aspect nacré. Densité : 2,7. Dureté : 2.

Diallage. — Variété pyroxène nacré, laminaire. Densité : 3,3. Dureté : 4. Inattaquable, assez difficilement fusible. Poussière blanche.

Epidote. — Variété pyroxène altéré. Densité : 3,3. Dureté : 6,5. Cristal allongé cannelé. Au chalumeau, se boursouffle. Attaquable après calcination.

Hornblende. — Variété d'amphibole. Densité : 3. Dureté : 5,5. Vitreux, généralement en écailles minces. Difficilement fusible en bouillonnant.

Idocrase. — Silicate hydraté d'alumine et chaux. Densité : 3,4. Dureté : 6,5. Prisme à base carrée taillé sur les angles (8 pans). Parfois tabulaire. Strié longitudinalement. Vitro-résineux. Fond en bouillonnant. Peu attaquable. Minéral d'origine volcanique.

Obsidienne. — Verre volcanique, ou *andéside*, ou trachyte vitreux. Variété d'orthose. Densité : 2,5. Dureté : 7. Fond au chalumeau, en verre blanchâtre. Les ponces sont des obsidiennes poreuses.

Olivénite. — Arséniure de Cu. Beaux cristaux verts à vif éclat vitreux. Poussière vert clair. Fond en colorant la flamme en vert bleu. Sur charbon, donne une odeur d'ail, et avec soude, donne un bouton métal. Cu.

Pennite. — Variété chlorite à base triangulaire, dite mica triangulaire. Densité : 2,7. Dureté : 2,5.

Tourmaline. — Voir cristaux roses.

MINÉRAUX NON CRISTALLISÉS. VERT.

Actinote. — Variété amphibole, fibro-radié. Densité : 3. Dureté : 4 à 5. Soyeux.

Amiante ou *asbeste.* — Amphibole genre actinote, très hydraté.

Buratite. — Carbonate de Cu et Zn, fibreux, nacré. Effervescent avec HCl.

Chrysoprase. — Variété quartz en plaques minces. Dureté : 7.

Garniérite. — Hydro-silicate de Ni. Sorte de terre halloysite.

Hornblende. — Amphibole. Densité : 3. Dureté : 5. Vert en écailles minces, noirâtre en masses. Lorsqu'il s'altère, devient fibreux, lamelleux. Très faiblement fusible en bouillonnant.

Jadéite. — Variété augite terreuse. Difficilement attaquable par les acides. Très facilement fusible en verre noir. Dureté : 6 à 7.

Malachite. — Variété d'oxyde de Cu altéré. Densité : 4. Dureté : 4. Masses plus ou moins radiées, fibreuses. Chapeau des chalcopyrites. Poussière vert de gris. Friable. Dissout pas $Az\,H^2$ et $NH\,O^2$, dans ce dernier ; effervescence.

Rétinite. — Variété obsidienne. Vitro-résineux, décrépite et fond en verre blanc au chalumeau. Dureté : 7.

Serpentine. — Silicates magnésiens, hydratés. Une cinquantaine d'espèces. En masses concrétionnées ou en fibres, imitant l'amiante, attaquables par HCl.

Stéatite ou *talc.* — Variété amorphe (voir cristaux vert clair).

BLEU. CRISTAUX BLEU CLAIR.

Aigue marine. — Variété émeraude (voir béryl, cristaux jaune soufre).

Anhydrite ou *gypse.* — Voir minéraux limpides cristallisés incolores.

Azurite $Cu^3 C^2 H^2 O^8$. — Densité : 3,8. Dureté : 3,5. Cristaux plats clivables, ou masses cristallisées. Poussière plus claire. Soluble dans acides avec effervescence, et dans HN^3 en liqueur bleue (à Chessy).

Barytine. — Voir minéraux limpides cristallisés incolores.

Disthène. — Silicate d'alumine. Prisme plat, vitreux sur certaines faces, nacré sur les autres. Densité : 3,6. Dureté : 5. Infusible, inattaquable.

Idocrase. — Silicate calcique d'alumine. Densité : 3,4. Dureté : 6,5. Prisme à base carrée, arêtes taillées (8 pans) parfois tabulaire. Fond en bouillonnant. Peu attaquable.

Saphir. — Alumine pure. Dureté : 9. Très vif éclat.

Topaze de Sibérie. — Variété aigue marine (voir ci-dessus).

CRISTAUX BLEU FONCÉ.

Azurite. — Voir ci-dessus bleu clair.

Boléite. — Variété azurite en cristaux cubiques (voir ci-dessus).

Hauyne. — Variété lapis, genre feldspathoïde calco-potassique sodique. Densité : 2,5. Dureté : 5. Vitro-translucide. Fragile, décrépite et fond. Fait gelée et se décolore dans HCl. Cristaux ou grains des roches volcaniques.

Tourmaline. — Voir minéraux limpides cristallisés incolores.

NON CRISTALLISÉS BLEU CLAIR.

Allophane. — Variété argile translucide.

Azurite. — Variété amorphe (voir cristaux bleu clair).

Buratite. — Voir minéraux non cristallisés vert.

Turquoise. — Phosphate d'alumine. Densité : 2,6. En rognons. Aspect de la porcelaine. Décrépite et devient noir ou brunâtre. Soluble dans HCl.

BLEU FONCÉ.

Glaucophane. — Variété amphibole hornblende sodique en masses fibreuses, parfois cristallines, assez dures : 6,5.

MINÉRAUX GORGE PIGEON.

Chalcopyrite (Cu Fe) S^2. — Densité : 4,2. Dureté : 3,5. Masses cristallines jaune d'or à tons chauds irisés. Poussière verdâtre foncé. Fond sur le charbon avec étincelles. Soluble dans NH O^3.

Chalcosine Cu^2 S. — Densité : 6,5. Dureté : 3. Masses ou cristaux aplatis. Noir gorge pigeon, rayure noire. En particules minces, fond à la bougie, colorant la flamme en bleu. Sur charbon avec soude, donne du Cu. Soluble avec dépôt de S, dans NH O^3.

VIOLET. CRISTAUX VIOLET.

Améthyste. — Variété quartz (voir minéraux limpides cristallisés).

Apatite. — Voir minéraux limpides incolores cristallisés.

Axinite. — Sorte de tourmaline (voir ce mot).

Diaspore. — Alumine hydratée en tablettes aplaties. Densité : 3,5. Dureté : 7. Décrépite, mais infusible et inattaquable.

Fluorine. — Voir minéraux limpides cristallisés incolores.

Lépidolite. — Mica lithique, écailles menues accolées.

BRUN. CRISTAUX BRUN.

Andalousite Al^2 Si O^5. — Densité : 3,2. Dureté : 7,5. Souvent kaolinisé en surface.

Lignite. — Variété charbon. Combustible, brûle avec flamme fuligineuse. Dissout par KHO à 10 pour 100, en liqueur brune.

Monazite. — Phosphate complexe de cérium et terres rares. Petits cristaux translucides. En chauffant, devient gris ou jaune miel.

Pinite. — Silicate magnésien alumino-ferreux hydraté. Prisme oblique. Albite ou cordiérite altéré. Dureté : 2.

Ripidolite. — Variété chlorite altéré. Écailleux, attaquable par HCl. Souvent terreux. Densité : 2,9. Dureté : 1,5. Dans les zones non altérées, vert plus ou moins brunâtre.

Rétinite. — Variété obsidienne vitro-résineuse. Décrépite et fond en verre blanc. Dureté : 7.

Sidérose. — Voir cristaux jaune soufre.

MINÉRAUX NON CRISTALLISÉS. BRUN.

Asphalte ou *bitume.* — Résineux. Fond en brûlant avec odeur forte et flamme fuligineuse. Dureté : 2. Souvent noir.

Bol. — Variété argile très ferrugineuse. Happe à la langue.

Hématite. — Voir minéraux non cristallisés rouge.

Obsidienne altérée. — Voir cristaux vert foncé.

Orangite. — Silicate hydraté de thorium, complexe en terres rares. Masses résineuses brun foncé.

BRUN AVEC ASPECT MÉTALLIQUE.

Blende Zn S. — Cristaux cubiques noirâtres, à cassure rougeâtre, lamelleuse. Masses grenues. Souvent phosphorescent par frottement. Décrépite, mais infusible. Difficilement soluble, dans H^2SO^4, avec production H S à l'ébullition. Sur charbon, auréole jaune à chaud, blanc à froid.

Calamine. — Silicate de Zn. Stalactiforme. Densité : 3,3. Dureté : 5. Phosphorescent par frottement. A chaud, devient très lumineux et gonfle. Attaquable aux acides, et forme gelée. NH^3 précipite, mais excès redissout. Sur charbon, même caractéristique que blende.

Franklinite. — Oxyde complexe de Zn Fe Mn. Cristaux cubiques plus ou moins moins octaédriques. Densité : 5,6. Dureté : 5,5 à 6,5. Insoluble dans HCl, mais dégage odeur de Cl. Ressemble à la magnétite, également rayure rouge, et parfois aussi magnétique.

Magnétite ou *fer oydulé* Fe^3O^4. — Densité : 4 à 5. Dureté : 5 à 6,5. Aimant naturel. Cristaux cubiques plus ou moins octaédriques. Très lentement soluble dans HCl. Difficilement fusible, et perd son pouvoir magnétique.

GRIS. CRISTAUX.

Disthène. — Voir cristaux bleu clair.

Exitèle Sb^2O^3. — Densité : 3,7. Dureté : 2,5. Octaèdres résineux. Facilement fusible et volatil. Se sublime dans le tube. Soluble dans HCl.

ÉCLAT MÉTALLIQUE.

Argyrythrose. — Sulfure complexe de Ag. Cristaux hexagonaux. Poussière rougeâtre.

Bournonite. — Sulfo-antimoniure de Cu et Pb. Ayant souvent la forme d'engrenages. Décrépite au tube. Densité : 5,8. Dureté : 3. Sur charbon avec soude, donne du Cu.

Galène Pb S. — Densité : 7,5. Dureté : 2,5. Masses cristallines. Bouillonne sur charbon. Soluble dans NH O³ avec dépôt de soufre et sulfate de plomb.

Graphite. — Voir minéraux tachant les doigts.

Molybdénite Mo S². — Densité : 4,5. Dureté : 1. Aspect plus ou moins micacé un peu bleuâtre. Toucher gras. Ressemble au graphite, mais donne une marque verdâtre sur le verre dépoli. Infusible. Dans NH O³, masse blanche en partie soluble dans KHO bouillant (spécial aux gîtes d'étain).

Nagyagite. — Tellurure d'or complexe. Tendre, rayé à l'ongle. Soluble dans l'eau régale. Cristaux tabulaires, flexibles et ductiles. Un peu noirâtre. Parfois en lames minces courbes.

Panabase. — Cuivre gris. Sulfure complexe. Densité : 5. Dureté : 4. Poussière un peu rougeâtre. Au tube, donne de l'oxyde d'antimoine, avec Cu et Ag.

Stibine Sb² S³. — Densité : 4,7. Dureté : 2. Longs cristaux plus ou moins bacillaires. Poussière noire. Fond à la bougie. A chaud, perd son soufre et dégage acide sulfureux. Sur charbon avec soude, donne globules blancs dans enduit blanc. Attaquable par acides avec dégagement de HS.

GRIS NOIR MÉTALLIQUE.

Argyrose Ag² S. — Coupé au couteau. Sur charbon, décrépite et fume, et globule d'argent.

Bournonite. — Voir ci-dessus.

Chalcosite. — Voir minéraux gorge pigeon.

Galène. — Voir minéraux tachant les doigts.

Magnétite. — Voir minéraux brun aspect métallique.

Platine. — Grains ou paillettes, très lourd. Infusible. Soluble dans eau régale.

Pyrolusite Mn O^2. — Voir oxydes de manganèse : minéraux tachant les doigts.

Stannite. — Sulfure complexe Sn Cu. Soluble dans NHO^3 en bleu avec résidu blanc.

Stibine. — Voir ci-dessus : gris aspect métallique.

NOIR. CRISTAUX.

Augite. — Pyroxène. Opaque résineux. Densité : 4. Dureté : 6. Prisme octogonal court. Fond en verre noir. Peu attaquable par les acides.

Blende. — Voir brun à aspect métallique.

Cassitérite Sn O^2. — Densité : 7. Dureté : 7. Apparence huit pans, en prismes surmontés d'une pyramide. Infusible, mais fond sur charbon avec soude, et donne étain métallique. Insoluble dans acides. Tirant parfois sur le brun, ayant souvent une base blanchâtre.

Chromite ou *fer chromé.* — Densité : 4,5. Dureté : 5,6. Généralement masses grenues. Infusible. Insoluble.

Diamant noir. — Très dur : 10. Peut rayer le diamant blanc. En grains.

Dolomie ferrifère. — Carbonate calco-magnésien, coloré par du fer. Densité : 2,9. Dureté : 3,5. La poudre fait effervescence dans l'acide HCl. Aspect saccharoïde, ou grenu.

Hornblende. — Amphibole. Prismatique hexagonal court. Densité : 3. Dureté : 5,5. Les débris minces sont verdâtres par transparence. Difficilement fusible en bouillonnant.

Mica-biotite. — Lames minces flexibles, élastiques. Dureté : 2,5.

Tourmaline. — Voir minéraux limpides cristallisés incolores.

MINÉRAUX. NOIR.

Anthracite. — Reflets fauves. Non friable. Brûle sans flamme.

Arsenic. — Reflets gris. Se volatilise vers 400°, avec odeur d'ail.

Fer oxydulé ou *magnétite.* — Voir minéraux brun aspect métallique.

Houille. — Très facilement combustible. Flamme fuligineuse, odeur caractéristique âcre. Plus ou moins schisteuse.

Jais. — Variété lignite dure. Aspect vitro-résineux (voir cristaux bruns).

Péchurane UO^2. — Aspect résineux. Densité : 8. Dureté : 5,5. Radio-actif. Poussière verdâtre. Soluble en jaune dans NHO^3.

Rétinite. — Variété d'obsidienne noire (voir cristaux vert foncé).

Silex. — Variété silice ou pierre à feu. Dureté : 8.

Wad. — Voir oxydes de manganèse, minéraux tachant les doigts.

Wolfram (Mn Fe) WO^4. — Densité : 7,5. Dureté : 5. Poussière brunâtre. Structure lamelleuse. Facilement fusible, grain magnétique. Aspect plus ou moins métallique.

ÉCLAT MÉTALLIQUE.

Acerdèse. — Sesquioxyde de Mn. Prismes droits cannelés filiformes. Dureté : 4,5. Densité : 4. Rayure brunâtre. Avec HCl, dégage du Cl.

Braunite $Mn^2 O^3$. — Voir oxydes de manganèse, minéraux tachant les doigts.

Illménite. — Fer titane $(Ti Fe)^2 O^3$. Cristaux lamelleux aplatis. Peu magnétique. Rayure métallique. Très friable. Dureté : 6. Infusible. Parfois recouvert d'un enduit jaunâtre ou grisâtre de $Ti O^2$.

Martite. — Variété noire d'hématite (voir minéraux non cristallisés rouge).

Mélaconite. — Variété noire de cuprite (voir cristaux rouge à éclat métallique).

Stéphanite $Ag^5 Sb S^4$. — Densité : 6,2. Dureté: 2,5. Parfois en masses cristallines hexagonales. Très fragile. Sur charbon, avec soude : culot métallique d'argent. Avec NHO^3, laisse un dépôt de S et d'oxyde de Sb.

Wolfram. — Voir minéraux noirs.

TABLE DES MATIÈRES.

Chapitre IV. — *Traitement préparatoire.*

Chapitre V. — *Cyanuration.*

Chapitre VI. — *Devis et renseignements.*

Chapitre VII. — *Traitement des alluvions.*

Chapitre VIII. — *Conseils divers.*

Chapitre IX. — *Lexique minéralogique*. 269

PARIS. — IMPRIMERIE GAUTHIER-VILLARS ET Cie,

Quai des Grands-Augustins, 55.

60080-20